中国页岩气开发
环境影响评价和监管制度研究

ENVIRONMENTAL IMPACT ASSESSMENT OF SHALE GAS
EXPLOITATION AND ITS ENVIRONMENT REGULATORY FRAMEWORK IN CHINA

刘小丽　田磊　杨光　杨晶◎等著

北　京

图书在版编目（CIP）数据

中国页岩气开发环境影响评价和监管制度研究／刘小丽等著.
北京：中国经济出版社，2016.12
ISBN 978－7－5136－4343－6

Ⅰ.①中… Ⅱ.①刘… Ⅲ.①油页岩—油田开发—环境影响—研究 Ⅳ.①P618.130.8
②X741

中国版本图书馆 CIP 数据核字（2016）第 194466 号

责任编辑　姜　静
责任审读　贺　静
责任印制　马小宾
封面设计　华子图文

出版发行　中国经济出版社
印 刷 者　北京艾普海德印刷有限公司
经 销 者　各地新华书店
开　　本　710mm×1000mm　1/16
印　　张　18.75
字　　数　246 千字
版　　次　2016 年 12 月第 1 版
印　　次　2017 年 3 月第 2 次印刷
定　　价　68.00 元
广告经营许可证　京西工商广字第 8179 号

中国经济出版社 网址 www.economyph.com **社址** 北京市西城区百万庄北街 3 号 **邮编** 100037

本版图书如存在印装质量问题，请与本社发行中心联系调换(联系电话:010－68330607)

前　言

天然气是中国近中期能源转型的桥梁能源。尽管近十年中国国内天然气产量快速提升，但仍不能满足日益增长的需求，目前天然气对外进口依存度已超过32%，未来还将进一步攀升，因此开发利用潜力巨大的页岩气资源，已成为提高中国天然气供应能力、保障能源安全和促进经济社会发展的重要举措。中国政府高度重视页岩气开发，制定了页岩气发展规划、出台了页岩气补贴政策，并设立了四个页岩气开发国家级示范区，积极推进页岩气资源的开发利用。

然而，美国页岩气开发的实践证明，在页岩气生产过程中要面临水资源消耗与污染、温室气体排放、诱发局部微地震和生态破坏等诸多环境和社会问题，这些问题已成为页岩气发展面临的严峻挑战。中国页岩气资源主要集中在水资源短缺、生态环境脆弱的中西部地区，同时页岩气开发主体也将进一步多元化，上述问题将更加凸显。因此，以往以行业自律为主的环境管理模式亟待改进，应着力建立起法治环境和监管制度，引导页岩气勘探开发环境友好地发展。

面对新形势和新任务，亟须深入研究页岩气开发对生态环境的影响，提出适用于中国页岩气开发的环境监管框架和政策措施建议，为促进中国页岩气产业发展提供政策参考。基于此，本书系统探究了页岩气开发的环境风险及控制策略这一重大问题，通过实证分析与调查研究，较为系统地评估了中国页岩气开发过程中可能面临的环境风险，并提出了中国页岩气环境监管制度体系的政策建议。具体内容安排如下：

第一章“世界和中国页岩气开发现状及展望”，分析了世界主要国家页岩气勘探开发趋势及对其能源战略的作用，结合中国能源战略和中国页岩气资源开发现状及技术特点等对中国页岩气发展进行了展望。

第二章"页岩气开发面临的环境影响和评估方法"以美国页岩气开发实践为例，归纳总结了页岩气开发对水资源、温室气体排放和生态环境的影响，并综合国内外研究成果分析了页岩气开发各项活动对环境影响的种类。通过实地考察、问卷调研、专家访谈等方式综合分析总结了中国页岩气开发环境影响，以及目前中国石油天然气开发实践中采用的相关环境影响定量评价方法和一般技术，并结合页岩气勘探开发特点给出了页岩气开发的环境影响因素和评价因子及定量评价方法。

第三章"中国四川盆地页岩气开发对环境的影响评价"综合运用环境经济学、技术经济学等理论和评价方法，理论定性分析和模型定量分析相结合，以中国页岩气优先开发区域——四川盆地为例，系统评估了中国页岩气开发对水资源、土地资源和大气环境的影响。

第四章"重庆涪陵国家级页岩气示范区页岩气开发环境影响分析"实证研究了重庆涪陵国家级页岩气示范区页岩气开发对地表水环境、地下水环境、大气环境和生态环境等方面产生的环境影响。

第五章"中国陆上石油天然气勘探开发环境监管制度"重点梳理了中国陆上油气勘探开采行业管理和监管体系，从水、大气、土地三个主要环境要素入手，分析总结了与中国陆上油气勘探开采行业环境相关的法律、法规、条例、规章、标准和政策，剖析了行业环境监管存在的主要问题。

第六章"重庆涪陵国家级页岩气示范区页岩气勘探开发环境监管实践"重点剖析了重庆涪陵国家级页岩气示范区的环境管理制度现状和执行情况，以及存在的主要问题。

第七章"主要国家页岩气勘探开发环境监管政策"重点梳理了美国页岩气开发环境相关法律法规体系和监管体系，并从政府监管和环境友好开发技术两方面归纳总结了美国、加拿大和欧盟页岩气开发环境风险控制措施。

第八章"中国页岩气示范区环境监管制度研究"通过对重庆涪陵国家级页岩气示范区环境保护和环境监管现状和存在的主要问题深入剖析，从环境保护管理办法、地方标准、环境基准研究与全过程环境监测、规划环评和项目环评、环境监理制度、信息公开和公众参与、监管能力建设、环境影响机理和环保技术研发八个方面提出了制定中国页岩气示范区环境监管制度需要涵盖的内容和建议。

第九章“主要结论与政策建议”归纳总结了对页岩气开发环境影响风险的认识和判断，提出了保障中国页岩气产业健康快速发展的政策措施。

本书的创新研究成果主要有：

第一，美国页岩气开采实践表明，页岩气开发会对当地环境和居民生活造成一定影响，存在较大的潜在环境威胁。但是，通过合理的监管制度和不断完善的环境友好开发技术可以控制页岩气开发带来的环境风险，实现页岩气环境友好开发。

第二，研究表明，四川省水资源比较丰富，单从水资源总量和2020年四川盆地页岩气产量规模400亿立方米上看，页岩气开发所需用水量仅占当年全部工业用水量的0.5%，对该地区工农业及居民用水供应影响不大，但是页岩气开发对水资源的影响还取决于取水地点和取水季节。重庆涪陵国家级页岩气示范区生产用水主要取自乌江，从2020年页岩气开发规模看，其对乌江水资源影响很小。对于中国其他页岩气资源有利区而言，由于其水资源条件不同，页岩气勘探开发是否会面临水资源可获得性的限制，仍需要开展更广泛的研究。

第三，提出了在当前页岩气开发规模不大的条件下，通过较成熟的开发技术和完善现有环境管理办法可以将水污染、大气污染、生态环境破坏的影响控制在可接受水平上，但随着未来勘探开发规模的不断扩大和油气行业改革所致的勘探开发主体的多元化，亟须创新环境友好开发技术，制定出台更为全面、细致的环境保护监管制度。

第四，中国油气行业环境监管体系基本形成，应通过完善法律法规和行业标准、提高监管能力、改进污染治理技术等方式建立更加适应页岩气开发特点的环境监管制度。

第五，页岩气示范区是当前中国页岩气开发的主战场，页岩气开发过程中各种环境问题将提前出现，基于“先行先试”指导思想，提出了研究制定示范区内页岩气开发环境监管框架和相关配套制度是当前的紧迫任务，并给出了页岩气示范区环境监管制度所需的内容和建议。同时，指出通过示范区内环境监管及相关制度实践，可为制定全国页岩气开发环境管理相关政策提供经验借鉴。

本书是在国家发改委能源研究所2012年课题“非常规天然气开发环境影响初步评价和框架研究”和2014年课题“中国页岩气示范区环境监管及相关制度研究”基础上修订完成的，课题组长为王仲颖研究员、技术负责人为刘小丽研究员。刘小丽研究员负责全书统稿与审定，田磊负责部分章节统稿，各章节撰写分工如下：引言，刘小丽、田磊；第一章，田磊、杨光、杨晶；第二章，田磊、刘小丽、杨晶；第三章，杨晶、杨光、刘小丽；第四章，杨光、王尧、杨晶、刘小丽；第五章，杨光、刘小丽、田磊；第六章，杨光、刘小丽；第七章，田磊、刘小丽；第八章，刘小丽、杨光、田磊、杨晶；第九章，刘小丽、田磊、杨光、杨晶。在研究过程中，课题组得到了中国石化集团公司发展计划部邓瀚深主任、重庆市涪陵环保局金吉中副局长、重庆地质矿产资源研究院谢庆明高级工程师、重庆市涪陵页岩气环保研发与技术服务中心熊德明博士和大成律师事务所李治国等专家、学者的协助，在此表示衷心感谢！

随着研究的不断深入，我们愈加意识到页岩气开发对环境影响和监管制度研究难度之大、问题之多、涉及面之广，且国际上对页岩气开发环境风险具体种类、影响程度等还存在一些争论，相关研究仍在继续进行。而中国页岩气开发刚刚步入商业化阶段，许多环境问题有待进一步研究。由于作者研究水平所限，书中难免有不当和错漏之处，敬请批评指正。

作者

2016年9月

目　录

引　言

一、中国能源低碳绿色化转型势在必行 …… 3
二、天然气是中国能源低碳绿色转型的桥梁能源 …… 5
三、页岩气是中国天然气发展的重要领域 …… 8

第一章　世界和中国页岩气开发现状及展望

一、世界主要国家页岩气开发进展和发展趋势 …… 13
二、中国页岩气发展现状和展望 …… 19

第二章　页岩气开发面临的环境影响和评估方法

一、美国页岩气开发的环境影响 …… 39
二、页岩气开发对环境影响的种类 …… 43
三、页岩气开发环境影响问卷调研 …… 46
四、环境影响定量分析方法 …… 56

第三章　中国四川盆地页岩气开发对环境的影响评价

一、页岩气开采工艺 …… 65
二、水资源影响评价 …… 68
三、土地资源影响评价 …… 85
四、大气环境影响评价 …… 91
五、小结 …… 102

第四章 重庆涪陵国家级页岩气示范区页岩气开发环境影响分析

一、对水资源的影响评价 …… 107
二、对大气环境的影响分析 …… 116
三、对生态环境的影响分析 …… 118
四、小结 …… 122

第五章 中国陆上石油天然气勘探开发环境监管制度

一、陆上石油天然气环境与环境监管有关的法规、条例和政策 …… 127
二、陆上石油天然气开采行业的环境监管体系 …… 145
三、存在的主要问题 …… 158

第六章 重庆涪陵国家级页岩气示范区页岩气勘探开发环境监管实践

一、环境管理机构 …… 167
二、环境管理制度及执行现状 …… 169
三、环境保护研究现状 …… 175
四、环境保护和环境监管方面存在的主要问题 …… 176

第七章 主要国家页岩气勘探开发环境监管政策

一、美国页岩气开发环境政策 …… 181
二、欧盟页岩气开发环境政策 …… 199
三、加拿大页岩气开发的环境政策 …… 205
四、IEA 非常规天然气开发黄金规则 …… 207
五、启示 …… 211

第八章 中国页岩气示范区环境监管制度研究

一、制定示范区页岩气开发环境保护管理办法 …… 217

二、制定出台页岩气开发环境保护的地方标准 …… 218
三、统筹管理机构设置与职能 …… 220
四、开展环境基准研究和全过程环境监测 …… 220
五、强化规划环评和项目环评 …… 223
六、完善推广环境监理制度 …… 225
七、健全信息公开制度，拓宽公众参与渠道 …… 227
八、加强环境监管基础能力建设 …… 230
九、加强污染物处理处置技术研发 …… 231

第九章 主要结论与政策建议

一、主要结论 …… 235
二、政策建议与保障措施 …… 240

参考文献 / 244

附 录

附录 1 油气勘探开发环境监管相关的法律法规 …… 251
附录 2 页岩气开发环境影响评估调研问卷 …… 254
附录 3 页岩气环境友好压裂技术进展 …… 269

引　言

一、中国能源低碳绿色化转型势在必行

当前我国高度依赖煤炭的粗放低效能源发展方式，不仅导致了资源大量浪费，而且造成了极为严重的环境污染和生态环境恶化，同时也加大了我国陷入“中等收入陷阱”的风险。粗放低效能源发展方式是当前及今后一段时期我国发展的瓶颈问题，推进能源低碳绿色化转型势在必行。

一是粗放低效能源发展方式引发诸多问题。第一，粗放低效的能源开发利用导致能源极大浪费。我国能源资源开采率普遍较低，煤炭资源整体回采率仅为30%。能源加工转储运和终端利用的综合效率仅为38%，比发达国家低10%以上。[①] 我国GDP能源强度、单位GDP电耗均是世界平均水平数倍以上（如图0-1所示）。第二，大规模使用化石燃料造成了极为严重的环境污染。我国二氧化硫（SO_2）、氮氧化物（NOx）、烟粉尘和可吸入颗粒物排放总量长期高居世界首位。2013年以来，部分区域多次出现大规模雾霾天气，这与煤炭消费量大密切相关。2012年我国单位国土面积的煤炭消费量为367吨/平方千米，是美国的4倍，其中，大气污染较为严重的京津冀、长三角、广东省单位国土面积的煤炭消费量更是分别高达1794吨/平方千米、2267吨/平方千米、981吨/平方千米。第三，长期高强度的能源开发利用严重破坏了区域生态环境。我国煤矿采空区累计已超过1万平方千米，煤炭开发已造成西北地区约245平方千米范围的水土流失，石油天然气资源开发是造成我国华北地区地下水形成“漏斗”的重要原因之一。水能资源高强度开发显著改变江河湖湿地生态，核能开发对周边环境造成长期隐患。第四，应对温室气体减排国际压力日益增强。我国已成为世界上最大的二氧化碳（CO_2）排放国，超过80%的排放由化石能源消费所致。2014年我国人均排放超过7吨，已经高于世界平均5吨的水平。

① 王仲颖，张有生，等．生态文明建设与能源转型［M］．北京：中国经济出版社，2016.

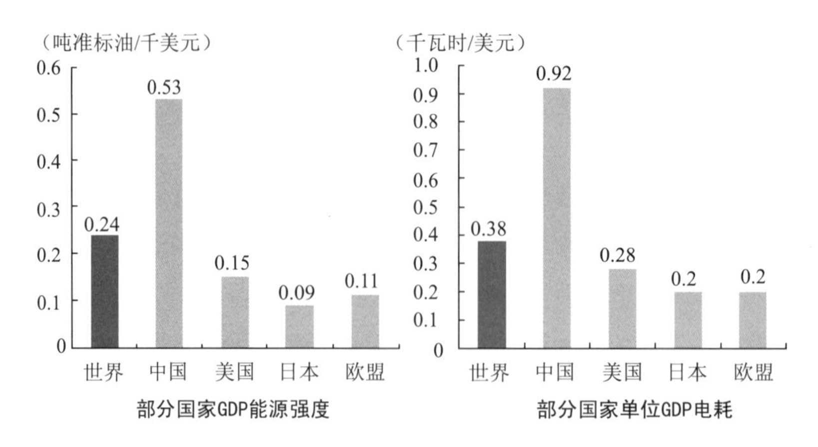

图 0-1 部分国家 GDP 能源强度和单位 GDP 电耗

注：按 2005 年美元不变价计算，中国为 2015 年数据，世界为 2013 年数据。

数据来源：IEA.

二是经济转型为能源转型提供了机遇，也提出了新要求。我国经济进入新常态，能源发展也随之呈现低增速、低增量的新态势。能源消费总量增速由 2003—2011 年的年均 8.1% 降至 2012—2014 年的不到 4%，增量也由 2003—2011 年的年均 2.1 亿吨标准煤降至 2012—2014 年的年均 1.3 亿吨标准煤，能源保供压力大大减轻。这为我国加快能源结构调整和优化升级，进而推动能源革命带来重要机遇。与此同时，服务业、高新技术产业和装备制造业将成为重要增长点，经济发展将更多依靠人力资本提升和技术进步，经济转型要求能源向高效、便捷、低污染、低碳转型，同时低碳能源产业发展也将对经济转型提供重要支撑。

三是能源低碳绿色发展已被确定为能源革命战略核心内容。2014 年 6 月，我国提出“能源生产和消费革命”战略，总体目标是通过一系列革命性举措，力争实现能源生产和消费方式向低碳化和绿色化转变。具体而言，一方面，加强能源消费总量管理，强化煤炭等高碳能源减量替代，大力推进系统节能，不断提高能源效率；另一方面，大幅增强能源绿色开发和清洁转化水平，大规模提高天然气开发利用量，高比例发展非化石能源，积极建设新型智能电力系统和能源互联网，努力构建清洁、高效、安全、可持续的现代能源体系。

四是能源低碳绿色化发展已成全球共识。为应对气候变化挑战，2015年12月，巴黎气候变化大会达成了《巴黎协定》，确立了2020年后以“国家自主贡献”为主体的国际应对气候变化机制安排，将极大地推动全球能源消费从煤炭、石油向天然气、新能源转变。①② 全球能源低碳绿色化发展早期阶段，即2030年之前，化石能源时代不会结束，天然气将成为过渡时期全球增长最大的单种能源。BP预计，从现在到2035年，天然气将是增长最快的化石燃料，年均增长率达到1.8%，在2035年能源结构中天然气占比将达到26%，将取代煤炭成为第二大燃料源。IEA预计，2040年前天然气消费将以年均1.4%的速度增长，是化石燃料中增长最快的品种，天然气消费量将从2013年的3.51万亿立方米增长到2040年的5.16万亿立方米。

二、天然气是中国能源低碳绿色转型的桥梁能源

历史上，几乎所有工业化国家都曾出现过以煤为主的能源结构导致的严重空气污染问题。国际经验表明，大力发展天然气是发达国家能源系统优化升级过程中的典型做法。从发展方向看，当前技术经济条件下，一方面单靠非化石能源难以实现能源转型的重任，另一方面发展天然气也是促进可再生能源消纳、提高电力系统稳定性和可靠性的重要手段。因此，发展天然气是我国实现能源从高碳向低碳及无碳能源转型的现实选择，且目前我国也具备大规模利用天然气资源的条件和发展基础，可在我国能源结构转型中起承上启下的作用，在相当长时期内可以作为我国能源低碳化的重要依托。

第一，提升天然气利用规模和比例是实现大气污染治理目标和减少碳排放的核心手段。在工业燃料领域，天然气与煤炭、燃油相比，减排SO_2近100%，减排烟尘60%以上。在发电领域，与煤炭相比，按照相同供电

① New Policies Scenarios, IEA World Energy Outlook 2015.

② BP世界能源展望2016版。

和供热量，燃气电厂相比“超低排放”燃煤电厂减排烟尘96%、减排SO_2近100%，减排NOx55%。测算表明，燃烧1立方米天然气与等量热值煤炭相比，可减排二氧化碳47%~84%。只要环保措施得当，改用天然气的环保效益将非常显著。我国正在着力提升天然气利用规模和比例。到2030年，预计天然气将替代3亿~4亿吨分散煤炭的使用，粗略估算，可以将PM2.5的浓度降低10%以上，并大幅减少碳排放，这对国民健康、幸福感提升和完成碳减排目标具有重要价值。

第二，天然气是支撑我国新型城镇化建设的主力优质能源。2015年我国城镇化率刚刚达到56%，按照规划目标，2030年我国常住人口城镇化率将达67%左右，届时将实现超过1.8亿农业转移人口和其他常住人口在城镇落户。根据经验数据分析，城镇化率每提高1个百分点，将拉动能源消费约8000万吨标准煤，意味着我国城镇化率由2015年的56%提高到2030年的67%时，将带来近9亿吨标准煤的能源需求增长。新型城镇化建设中，随着农村人口进入城市，生活能源需求尤其是天然气等优质能源需求将快速增加。我国城乡居民生活用能水平和用能方式差异较大，城镇人均能源消费为农村人均能源消费的3~3.5倍，而且城镇化生活方式需要更多的天然气、电力、油品等优质能源。从2012年能源消费数据看，我国城镇居民生活能源消费中油气占50%（油品占28%，天然气占22%），电力和热力等二次能源占41%，煤炭消费仅占不到9%。而我国农村居民生活用能中52%为煤炭，油气消费仅占不到18%。因此，作为支撑我国新型城镇化快速发展的主力优质能源，天然气不仅是满足能源增量的主要品种，而且是替代煤炭的现实选择。

第三，推广利用天然气有助于提升我国能效水平。在最重要的能源转化环节——发电领域，常规的火电机组由于其自身设备及系统的限制，热效率已很难有突破性的提高。目前最为先进的超超临界发电机组，理论发电效率也仅为48%~57%。与之相比，燃气—蒸汽联合循环发电效率目前已接近60%，且仍在不断提高，是当今应用效率最高的发电技术之一；天然气热电联产的效率可达60%~80%，热电冷联产系统的效率可高达90%，在已商业化的、可大规模实现的能源转换技术中效率最高。根据国际经验，发展热电联产，特别是小型热电冷联产，是合理利用天然气资源的最佳途径和最有效手段，它将能大大提高能源的利用效率。此外，天然气用于分布式能源系统，对能源实现梯级利用、减少中间输送环节损耗、实现资源利用最大化、提高能源利用效率具有非常重要的意义。

第四，天然气可促进可再生能源发展，加速我国低碳化进程。天然气发电具有良好的调节能力和调峰性能，燃气轮机从启动到带满负荷运行，一般不到 20 分钟，且出力在 0 ~ 100% 范围内连续可调。使用燃气轮机和燃机—蒸汽联合循环作为调峰电站，在世界上已形成共识，并已有取得成功的先例。随着我国风电、光电等波动性电源的迅速发展，发展燃气调峰电站，已成为促进风电和太阳能资源开发的有效手段。国家发改委能源研究所的“燃气发电提高电网消纳风电能力研究”表明，华北、华东、东北电网地区燃气装机规模若增大 350 万千瓦，将推动上述地区的风电开发规模增加约 3500 万千瓦。此外，分布式天然气发电也可在偏远地区对可再生能源发电构成补充，可以确保大规模高压输电系统的高效利用。

第五，非常规油气技术突破是新一轮能源革命的重要组成部分，将助力我国能源产业转型升级，带动经济增长。新一轮能源革命的路径是从油气为主导的化石能源时代，发展过渡到可再生能源为主导的新能源时代。2030 年前世界仍处于油气时代，在我国能源革命的进程中油气资源将起过渡和支撑的重要作用。我国非常规油气资源品种多、资源丰富，是支撑油气产业未来可持续发展的关键。我国非常规油气技术正在加速发展，页岩气勘探开发已取得重要突破，2015 年产量达到 46 亿立方米，煤层气开发稳步推进。以页岩气为代表的非常规油气技术突破将带动目前需求拉动的“跟随”式创新，逐步向需求拉动与技术推动的双重作用转变，发挥技术引领作用，同时将进一步引发能源产业在制造水平、生产效率和产业组织形式方面的飞跃。因此，页岩气等非常规油气资源勘探开发进一步规模化展开，将有效带动整个非常规油气技术突破，不仅将有效保证我国能源结构转型过程中的油气供应需求，而且将带动能源产业转型升级，并拉动钢铁、水泥、化工、装备制造、工程建设等相关行业和领域的发展，促进地方经济乃至国民经济的可持续发展。

三、页岩气是中国天然气发展的重要领域

全球页岩气资源丰富，据美国能源信息署评估，世界五大洲页岩气资源技术可开发量为204.4万亿立方米，与常规天然气资源开发潜力相当。近年来，随着水平钻井和水力压裂等关键开采技术的重大突破，页岩气已成为全球油气资源开发的新热点。美国页岩气产量占其天然气产量的比重从1996年的1.6%猛增至2014年的约50%，并使美国超过俄罗斯成为世界第一大天然气生产国。在美国页岩气革命带动下，已有约30个国家开展了页岩气的勘探开发工作。非常规油气在未来世界油气供应中将扮演越来越重要的角色，IEA预测页岩气产量在世界天然气产量供应中的比重到2040年将达到20%。

面对较快增长的天然气需求，尽管近几年我国国内天然气产量快速提升，但目前我国天然气对外进口依存度已超过31%，未来将进一步攀升。因此，开发潜力巨大的页岩气资源是我国的战略选择，页岩气开发将成为提高我国天然气供应能力的重要措施之一。我国高度重视页岩气开发，制定了页岩气发展“十二五”规划、出台了页岩气补贴政策，并设立了重庆涪陵国家级页岩气示范区、四川长宁—威远国家级页岩气示范区、滇黔北昭通国家级页岩气示范区和延安国家级陆相页岩气示范区四个页岩气开发国家级示范区，希望通过示范区发展带动全国整体页岩气开发，并取得了显著进展。

我国页岩气资源丰富，开发潜力巨大。我国富有机质页岩储量丰富，海相、海陆过渡相和陆相页岩广泛分布，尤其是海相页岩具有高有机质丰度、高—过成熟等特点，含气量较高。多家机构对我国页岩气资源潜力进行了研究，测算表明我国页岩气资源量在10万亿~32万亿立方米，如图0-2所示。虽然不同机构数据存在一定差异，但都表明我国具有加快页岩气勘探开发的巨大资源基础。

我国成功研发了适应复杂地质和地表条件的海相页岩气勘探开发技术体系。我国南方海相页岩地层形成时代老、成熟度高、构造活动强烈，页岩储层普遍致密，储层物性非均质性强，地表条件极为复杂，与美国相比勘探开发难度大。依靠科技进步、技术创新和集成创新，我国在勘探理论

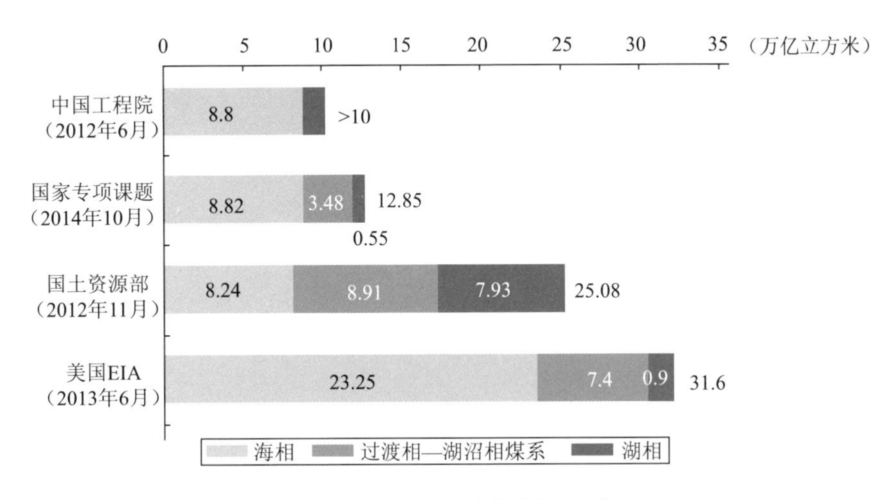

图 0－2　中国页岩气资源预测

和开发技术系列、开发模式、产业化发展模式和装备研发制造等方面取得了重要突破，初步形成了具有自主知识产权的页岩气开发配套技术体系。一方面，为世界各国研发适合本国页岩气资源条件的勘探开发技术提供了有益借鉴和参考；另一方面，打破了技术垄断，有望加速世界范围内页岩气勘探开发技术转移。

我国成功实现了页岩气商业化开发。2015 年，我国页岩气勘探开发取得重大进展，建成两个国家级页岩气示范区，年产能超过 70 亿立方米，探明地质储量超过 5000 亿立方米。在我国页岩气勘探开发取得突破之前，仅有北美地区凭借较好的资源赋存条件、先进的勘探开发技术、成熟的储运基础设施和活跃的天然气投资市场等因素成功实现了商业化开发，大多数国家仍处于资源前期评价和基础研究阶段。我国自 2012 年开始加大页岩气勘探开发投入，仅用 4 年时间产量即达到 45 亿立方米/年，相较于美国利用约 10 年时间将产量提升至约 40 亿立方米，表明我国正加速迈进大规模开发阶段。在国际油气价格大幅下滑、世界非常规油气勘探开发遇冷大背景下，虽然页岩气产量距“十二五”产量目标仍有一定距离，但我国已成为世界上第三个页岩气商业开发国家，引起世界瞩目。

目前，页岩气已成为我国天然气发展的重要领域，这对缓解我国天然气供需矛盾、降低对外依存度、促进节能减排和防治大气污染都有重大意义。

第一章

世界和中国页岩气开发现状及展望

一、世界主要国家页岩气开发进展和发展趋势

页岩气（Shale Gas）是指赋存在富有机质泥页岩及其夹层中，以吸附态或游离态为主要存在方式的非常规天然气。美国能源信息署（U. S. Energy Information Administration，EIA）发布的结果显示，包括美国在内的世界10个地理区域的42个国家、95个页岩气盆地共137套页岩地层，页岩气地质资源量约为1013万亿立方米。页岩气技术可采资源量为220.69万亿立方米。目前，全球已有30多个国家陆续开展了页岩气资源的前期评价和基础研究，其中，美国和加拿大实现了大规模商业化开发，中国进入了商业化开发阶段，其他国家仍处于页岩气开发起步阶段。

（一）世界主要国家页岩气开发进展

1. 美国页岩气产业持续发展，是支撑当前美国能源独立战略和未来低碳化能源战略的核心之一

美国是世界上页岩气资源勘探开发最早、技术最成熟的国家。自1982年开始探索开采页岩气，1997年形成水力压裂技术，1999年掌握重复压裂技术，2003年实现水平井开采，目前勘探开发技术已经较为成熟。

在能源独立政策驱动下，美国页岩气产量近年来仍在持续提升，2012年产量为2880亿立方米，2013年达到3240亿立方米，2014年继续提升至3637亿立方米，2015年前9个月产量达到3230亿立方米，年均产量增速一直保持在10%以上。全美页岩气井由2000年的2.8万口增加至2014年的4万余口，页岩气开发极大地改善了美国天然气供应格局和能源安全状况，其占美国天然气产量的比重从1996年的1.6%猛增至2014年的超过50%，并使美国在2009年超过俄罗斯成为世界第一大天然气生产国和资源国。目前，商业开采主要集中在巴奈特（Barnett）、海恩斯维尔（Haynes-ville）、马塞勒斯（Marcellus）、费耶特维尔（Fayetteville）、伍德福德（Woodford）和鹰滩（Eagle Ford）页岩区块。该6个区块页岩气储量占全

美总储量的93.7%，预计2014年页岩气产量占全美页岩气产量的92%左右。其中，Marcellus地区是当前美国页岩气开发的主力层位，2014年6月，该地区页岩气产量占总产量的比例达38.4%。有数据表明，美国水平井钻完井、压裂施工周期为20～30天，单井成本低于3000万元人民币。页岩气开采的湿气组分如乙烷、丙烷等随着页岩气增产而增加，可以为下游化工业提供丰富廉价的原料。据统计，美国规划或正在建设的页岩气及化工项目达197个，总投资在1250亿美元左右。

页岩气产量剧增，有力地促进了能源的低碳化发展。2013年，美国二氧化碳排放量比2007年降低近10%。此外，页岩气革命使大量低价天然气在运输行业与石油竞争时具有优势。2014年初，奥巴马总统在发表国情咨文时表示，未来美国能源策略的重心还将放在页岩油气、太阳能和气候变化方面。同年6月，奥巴马政府正式颁布了减排新规，提出到2020年，全美燃煤电站实现减排20%，各州可制定灵活的减排计划，通过交易碳税、采用提高能效的技术以及使用可再生能源或节能项目等方式实现。随后，白宫发布了《全面能源战略》报告，提出了美国未来低碳化发展的主要措施，内容涵盖提高能效、加强天然气的核心作用、支持可再生能源、核电以及清洁煤技术发展、推动交通领域清洁化发展等方面。

2014年下半年以来，国际油价大幅下跌，对美国非常规油气产业发展产生了一定影响，但整体上对页岩气产量影响较小。低油价对美国非常规油气公司的经营业绩形成了较大冲击，众多以页岩油为主要产品的公司已经处于净亏损状态，中小型公司负债率接近40%～50%。原有的高油价下依靠大规模融资再进行大规模钻井开发的模式难以为继，非常规油气公司采取了多种手段维持经营性现金流，包括降低投资、削减钻井数、延缓打井速度、油气销售进行套期保值、裁减人员、出售非核心资产等，同时一些公司采用暂缓完井的策略对完成钻井的水平井暂不压裂，以推迟投产时间、控制产量增长。但值得指出的是，由于美国天然气市场与外部市场相对隔离，且价格一直维持在较低水平，因此国际油价下跌主要冲击了页岩油生产，对美国天然气生产影响不大。虽然有部分小型非常规油气公司破产，但由于80%以上页岩气产量集中在掌握较好区块的较大型公司手中，在当前价格情况下，此类公司仍能继续盈利，因此页岩气产量仍在扩张。与此同时，非常规油气企业也在通过缩短钻井时间、提高采收程度、将钻井集中到甜点区等方法提升勘探开发效率，页岩气成本也在明显下降。虽然美国 2015 年活跃天然气钻机数同比下降了 40% 左右，但大量资金仍看好非常规油气产业，预计 2017 年投资将大幅反弹。整体来看，未来数年美国页岩气产量仍将持续增加，但产量增速可能出现一定程度的下滑。

中长期来看，页岩气等非常规油气勘探开发仍被看好。根据美国能源信息署（EIA）《年度能源展望 2016》中的参考情景，预计到 2040 年，美国页岩气产量有望翻倍，从当前的 370 亿立方英尺/日增加到 790 亿立方英尺/日，届时页岩气将占美国天然气总产量的 70%。国际能源署测算认为，美国页岩气产量在 2025 年左右将达到峰值 5700 亿立方米，且稳产至 2035 年左右占美国天然气总产量的比重将达到 2/3。总体来看，未来美国页岩气产量的快速上升将有效抵补其他种类天然气逐步下降的开采量，并满足天然气需求的持续增加，不断降低美国天然气进口需求，预计美国将在 2021 年成为天然气净出口国。

2. 加拿大页岩气成功实现商业化开发，补充其常规天然气产量下降的缺口

除美国外，加拿大是世界上另一个对页岩气进行成功商业化开发的国家。2014 年加拿大页岩气产量约为 215 亿立方米，在天然气总产量中的比重约为 15%，占到加拿大天然气消费量的 21.4%。加拿大自 2001 年起天然气产量停滞不前，从 2006 年开始，天然气产量逐年下滑，页岩气的成功开采，弥补了该国天然气产量不断下降的缺口。

加拿大页岩气成功开发得益于本国国家政策的大力支持。加拿大政府在制定天然气产业扶持政策时，主要参考了美国的产业政策，例如对生产商提供一定税收优惠，对技术研发项目给予一定扶持，以及在水处理和环境保护方面出台指导意见。在加拿大从事油气勘探和开采，可享受联邦和省区两级政府的各项税收优惠政策。对于页岩气开发等高风险投入的矿产行业，加拿大财政部将给予税收补贴鼓励，投入当年减免税率为 100%，相当于生产前全额减免税率；在生产期，政府还会对高风险、低收益的项

目进行一定的税额减免，最高减免额度为项目当年缴纳税额的30%。

加拿大政府在研发资金和技术支持方面资助了很多研究机构和大学开展页岩气开发技术的研发。政府除设立专项基金外，还召集一些研究机构和私人石油公司联合成立产业内技术研发项目，专门针对页岩气进行技术攻关和研发，一般项目研究时间为2~3年，项目的知识产权归政府或牵头机构所有，其他项目参与者都可以共享或优先购买研发出的新技术或新型产品。

同时，在天然气管网建设方面，加拿大学习美国的管网运营模式，鼓励天然气管网的建设，为天然气管道公司提供一定的贷款和税收减免政策，发达的天然气管网为中小型公司开发页岩气提供了便利。例如，在加拿大西南部的不列颠哥伦比亚省和阿尔伯达省，这两个省拥有丰富的页岩气资源和复杂的天然气管网，这为中小型公司开发泥盆纪/密西西比区块提供了便利，所产页岩气不但可以供给国内天然气需求，还可以通过洲际管线出口到美国等国家。

3. 波兰制定了积极的开采计划，但进展缓慢

波兰页岩气技术可采储量达到5.3万亿立方米，居欧洲各国之首。为改变能源长期依赖进口的局面，波兰政府计划大力开采其页岩气资源，制定了较高的页岩气产量目标，但遇到技术、资金等问题，导致进展缓慢。

截至目前，波兰环境部已向埃克森美孚、雪佛龙、Lane能源以及波兰PGNiG和PKN Orlen等公司发放页岩气开采许可70多份。同时，波兰有计划地创建由财政部监管的国有企业——国家矿业资源运营者（NOKE），意图将页岩气的生产集中管理，按5%的比例承担项目的融资并享有利润分配。但2014年下半年以来，国际油价急剧下行，使波兰页岩气勘探开发陷入困境，所有页岩气项目均被迫停止。迄今仍未钻出一口商业井，因投资成本过高，埃克森美孚、马拉松石油、道达尔和雪佛龙先后撤离，唯有康菲石油和一些小公司仍在继续勘探。波兰石油天然气公司（PGNiG）预计，波兰页岩气实现营利性工业生产至少需6年。

2013年底以来，波兰受页岩气开发进展缓慢以及埃克森美孚、道达尔和马拉松石油等一批国外公司离开的影响，开始意识到需要采取一些页岩气勘探开发的优惠举措。立法部门对制约页岩气发展的法律法规进行了重

新梳理与修订，进一步明确了财税方面的规定，但对是否给予页岩气补助尚无明确信息。

4. 英国积极推动页岩气开发，对环境保护和公众参与越发重视

随着北海油气产量日益减少，英国政府希望向美国学习，通过开发页岩气，以遏制其天然气进口不断增长的趋势，同时助推低碳经济发展。英国地质调查局发布报告认为英国目前发现的页岩气储备量是之前估计的两倍，在英格兰北部鲍兰德（Bowland）盆地下面可能蕴藏着40万亿立方米的页岩气。报告还称，开发页岩气将帮助英国降低天然气对外依存度，与页岩气相关的产业每年可为英国吸引37亿英镑的投资，同时创造7.4万个就业机会。美国能源信息署报告认为，利用当前技术，英国可开采出26万亿立方英尺的页岩气，相当于英国9年的天然气消费量。

2014年，英国政府颁布了一系列刺激政策，如减少税收，设立200万英镑奖金征集页岩气生产开发的创新技术，同时筹备成立一批国家级页岩院校培养相关人才等。2015年1月，出于对环境的担忧，英国宣布禁止在国家公园内利用水力压裂法开采页岩气。同时，苏格兰政府宣布暂停发放非常规油气开发许可证，停止使用水力压裂法。此外，苏格兰议会决定推迟英国Cuadrilla页岩公司的两个水力压裂项目。但整体上，这些并未影响英国政府对页岩产业的信心和态度，页岩开发进程也并未受到大的影响。2015年3月，英国页岩气开发商IGas与瑞士石化和炼油企业Ineos签署了一项3000万英镑的页岩气勘探开发协议。2015年8月，英国针对页岩气开发出台了新的专门程序和措施，加速页岩气勘探开发的审批过程，防止长时间拖延，减少企业面临的不确定性。

尤其值得指出的是，英国各地出现了多次反对水力压裂的游行示威活动，主要担心水力压裂操作带来环境风险，由此英国政府对页岩资源开发中的环境保护和公众参与愈发重视。2014年，针对页岩气产业，英国政府成立了专案审查小组。2015年3月，专案审查小组发布了一份关于页岩气项目规划和监管的临时报告。报告提出了设立页岩气开发独立监管机构的必要性，认为英国需要设立分别针对陆上和地下能源资源的监管机构，进一步明确各机构之间的责任分工，强化项目审查和监测力度，以便能更有

效地督促页岩气开发商加大与当地社区的合作。同时，建议新监管机构对页岩开发地区进行独立监测，邀请当地社区成员一同参与调研活动，提高公众对页岩产业的信心。2015 年 8 月，政府提出将确保当地居民对其所在区域的页岩气开发和勘探拥有话语权，可参与页岩气规划的制定，以确保页岩气开发和勘探在合适的地点以安全的方式开发。

5. 南非页岩气开发重新起步，目前已获大量投资

美国能源信息署（EIA）的评估数据显示，在全球页岩气技术可采总量中，非洲页岩气开采技术可开采量占到 15% 以上。与此同时，在包揽了全球技术可开采页岩气储量 85% 的 10 个国家中，非洲国家有 3 个，南非正是其中之一。

南非政府对页岩气勘探开发的态度曾出现反复。2011 年之前，南非曾颁发过页岩气勘探许可，但考虑到环保等问题一度暂停。南非对煤炭的依赖十分严重，95% 的电力都来自煤炭。2013 年 5 月，由于煤炭供应不足导致全国大停电令南非开始考虑逐步调整能源结构，增加天然气的使用。南非政府已经意识到，开发本国天然气资源对加强能源保障、改善能源消费结构具有重要意义。南非政府提出，在 10 年内，将天然气在其能源消费中所占比重从 3% 提升至 10%，而页岩气正是其中的“主力”。与此同时，页岩气产业兴起对南非经济发展、拉动就业都有好处。

截至目前，南非政府已经在卡鲁盆地划出了 35 个勘探区块，收到国际油气公司的勘探申请超过 90 份。其中，壳牌于 2011 年获得勘探许可证，成为第一个进入南非页岩气领域的国际公司。随后，澳大利亚 Bundu 油气公司（Bundu Oil & Gas）、南非沙索（Sasol）和美国切萨皮克能源公司（Chesapeake Energy）相继与南非政府签订了技术合作合同。2012 年 12 月，美国雪佛龙和英国 Falcon 油气公司也与南非政府签订了卡鲁盆地为期 5 年的勘探许可证协议；另外，挪威国油（Statoil）也表示了对南非页岩气的兴趣。目前，整个卡鲁盆地区域已经成为非洲面积最大的页岩气开发区。

（二）世界页岩气发展趋势

截至目前，在北美地区之外，欧洲、亚洲等地区已有大约 30 个国家开

展了页岩气的勘探开发工作。从目前情况看，这些国家页岩气勘探开发总体上还处于初级阶段，短期内难以取得大的突破，主要原因包括三个方面。一是各国页岩气资源赋存条件差异较大，目前成熟技术通用性差。美国页岩气资源禀赋优异，具有埋藏深度适中、单层厚度与整体厚度大、基质渗透率高、成熟度适中、有机碳含量大和页岩脆性好等特点。这些特点决定了美国对页岩气开采技术的难度要求要明显低于亚洲与欧洲国家，也决定了美国技术难以在其他地区直接应用。二是页岩气开采经济性不足。北美地区发展页岩气不仅开采成本更低，而且经过多年积累发展起了较为成熟和完善的储存、液化和传输基础设施网络。其他地区相关基础设施不足，发展页岩气在短期内需要大量的投入，在当前天然气价格明显下跌的情况下企业投资热情将受到明显抑制。三是页岩气在开采过程中涉及多方面的环境挑战。

虽然存在着诸多困难，但在美国页岩气革命取得巨大成功的示范作用下，各国从保障能源安全、加快能源结构调整、促进低碳发展等角度出发，均提出了较为宏伟的页岩气发展目标。同时，各国也具有后发优势，即可以通过借鉴美国的经验获得清晰的发展路线图。预计未来 5 ~ 10 年某些资源丰富地区基本上能够实现技术突破，大幅降低开采成本，从而进入快速发展轨道。但页岩气开发潜在的环境风险将是各国必须面对和解决的问题。

二、中国页岩气发展现状和展望

（一）我国页岩气资源潜力与地质特点

中国页岩层段多、分布广，形成条件多样，整体上页岩气资源潜力很大。

根据沉积环境，可将富有机质页岩划分为海相页岩、海陆过渡相页岩、陆相页岩 3 种基本类型，中国海相、海陆过渡相以及陆相页岩分布广泛（见表 1 – 1），图 1 – 1 为依据中国页岩发育的层系和分布特点编制的三类页岩分布图。古生代在中国南方、华北及塔里木地区形成了广泛的海相和海陆过渡相沉积，发育多套海相富有机质页岩和海陆过渡相煤系炭质页岩。在后期改造过程中，部分古生界海相页岩经历了挤压变形或隆升，如南方的扬子地区多为后期隆升改造。四川盆地、华北地区、塔里木盆地构造相对稳定，地层保存条件较好。中、新生代以来，形成了中国独特的陆相湖盆沉积。陆相沉积盆地一般面积不大，但在盆地稳定沉降阶段常形成分布广泛的陆相生油岩，生烃潜力很大，如松辽盆地下白垩统青山口组、鄂尔多斯盆地上三叠统延长组陆相页岩，均是盆地主要烃源岩。

表 1-1　中国页岩分类及分布地区

沉积类型	分布地区
海相页岩	扬子地区古生界，华北地区元古界—古生界，塔里木盆地寒武系—奥陶系等
海陆过渡相页岩	鄂尔多斯盆地石炭系本溪组、下二叠统山西组—太原组，准噶尔盆地石炭—二叠系，塔里木盆地石炭—二叠系，华北地区石炭—二叠系，中国南方地区二叠系龙潭组等
陆相页岩	松辽盆地白垩系，渤海湾盆地古近系，鄂尔多斯盆地三叠系，四川盆地三叠系—侏罗系，准噶尔盆地—吐哈盆地侏罗系，塔里木盆地三叠系—侏罗系，柴达木盆地第三系等

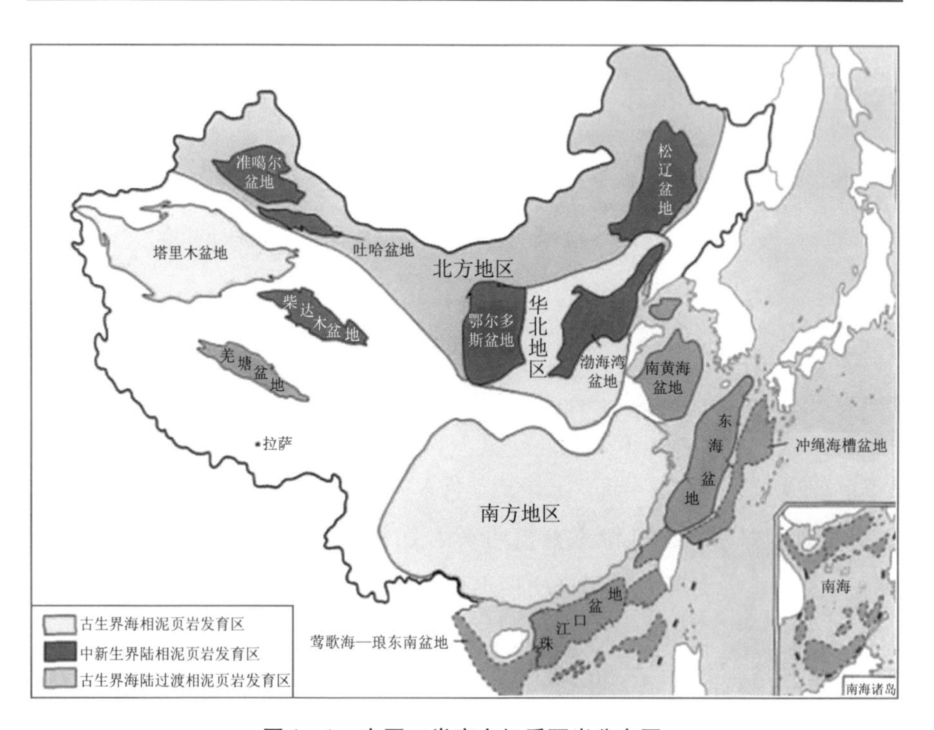

图 1-1　中国三类富有机质页岩分布图

不同沉积环境形成的有机质类型不同，倾油、倾气性也有差别，如表1-2所示。中国海相页岩是一套高有机质丰度（TOC为1.0%~5.5%）、高—过成熟（Ro值为2.0%~5.0%）、富含页岩气（含气量1.17~6.02立方米/吨）、以陆棚相为主的沉积，主要分布在华南扬子地区古生界、华北地台古生界和塔里木盆地寒武系—奥陶系；海陆过渡相煤系炭质页岩有机质丰度高（TOC为2.6%~5.4%）、成熟度适中（Ro值为1.1%~2.5%）；中新生界陆相页岩有机质丰度高（TOC为0.5%~22.0%）、低熟—成熟（Ro值为0.6%~1.5%）。

表1-2　中国三类页岩有机地球化学参数

页岩类型	地区	地层及岩性	TOC（%）		Ro（%）	干酪根类型
			范围	平均值		
海相	四川盆地	寒武系黑色页岩	1.0~5.5	—	2.3~5.2	Ⅰ~Ⅱ1
		志留系龙马溪组黑色笔石页岩	2.0~4.0	—	1.6~3.6	Ⅰ~Ⅱ1
	塔里木盆地	寒武系深灰色泥灰岩、黑色页岩	0.18~5.52	2.28	1.9~2.04	Ⅰ~Ⅱ1
		下奥陶统黑色泥岩	0.17~2.13	1.15	1.74	Ⅰ~Ⅱ1
	上扬子东南缘	五峰组—龙马溪组底部	1.73~3.12	2.46	1.83~2.54	Ⅰ
海陆过渡相	河西走廊	石炭系暗色泥岩	0.19~37.98	4.2	0.6~1.9	Ⅱ~Ⅲ
		炭质泥岩	0.27~50.52	5.44	—	—
	鄂尔多斯盆地	黑色、深灰色炭质页岩	2.68~2.93	—	1.1~2.5	Ⅲ
陆相	鄂尔多斯盆地	三叠系延长组黑色页岩	6.0~22.0	14	0.9~1.16	Ⅰ~Ⅲ
	松辽盆地	白垩系青山口组黑色页岩	0.5~4.5	—	0.6~1.2	Ⅰ~Ⅲ

国内外学者对中国页岩气资源潜力进行初步估算（见表1-3），估算结果都表明，中国页岩气资源丰富、类型多、分布广、潜力大，勘探开发前景好，具有加快勘探开发的巨大资源基础。

表1-3　各机构对中国页岩气资源量的测算　　单位：万亿立方米

发布时间	研究机构	地质资源量	可采资源量
2008年6月	中国地质大学张金川等	—	15~30

续表

发布时间	研究机构	地质资源量	可采资源量
2009 年 12 月	中国地质大学张金川等	—	26
2010 年 9 月	中石油勘探开发研究院廊坊分院刘洪林等	—	21.5 ~ 45
2011 年 4 月	美国能源信息署（EIA）	144	36.1
2012 年 3 月	国土资源部	134.42（不含青藏区）	25.08（不含青藏区）
2012 年 6 月	中国工程院	—	11.5

中国地质大学张金川等通过各种方法估算的中国主要盆地和地区页岩气资源量约为 15 万亿 ~ 30 万亿立方米；后又采用统计法、类比法以及德尔菲法等估算得出，中国页岩气可采资源量约为 26 万亿立方米。按照类比法，中石油勘探开发研究院廊坊分院估测的中国页岩气资源量为 21.5 万亿 ~ 45 万亿立方米。美国机构及专家对中国页岩气资源量的评价则更为乐观，据 EIA 2011 年 4 月对全球 32 个国家 48 个页岩气盆地进行资源评估的初始结果显示，中国页岩气资源量为 100 万亿立方米，可采资源量为 36.1 万亿立方米，具有较大开发潜力，如表 1 – 3 所示。

2012 年，中国研究机构对于页岩气资源量较为细致的评估结果纷纷发布。2012 年 3 月，国土资源部公布“全国页岩气资源潜力调查评价和有利区优选成果”，中国陆域页岩气地质资源潜力为 134.42 万亿立方米，可采资源潜力为 25.08 万亿立方米（不含青藏区）。2012 年 6 月，中国工程院在《我国页岩气和致密气资源潜力与开发利用战略研究》中评价了中国页岩气资源量，认为中国页岩气技术可采量为 11.5 万亿立方米。

工程院的评价结果远低于国土资源部，差异主要在对陆相页岩和海陆过渡相煤系页岩的评价上（如图 1 – 2 所示）。值得注意的是，随着认识的深化和对开采成本的考虑，EIA 对美国页岩气可采资源量的评价结果也出现大幅下降，2012 年评价结果仅为 13.6 万亿立方米，比 2011 年 23.4 万亿立方米下降了 41%。页岩气资源量评价结果的变化说明，业内对页岩气资源的认识逐渐趋于深入和理性。对中国而言，页岩气资源调查和评价工作有待实行，只有基于大规模勘探钻井的实际数据得出的资源量评价结果才具有较高的可信度。

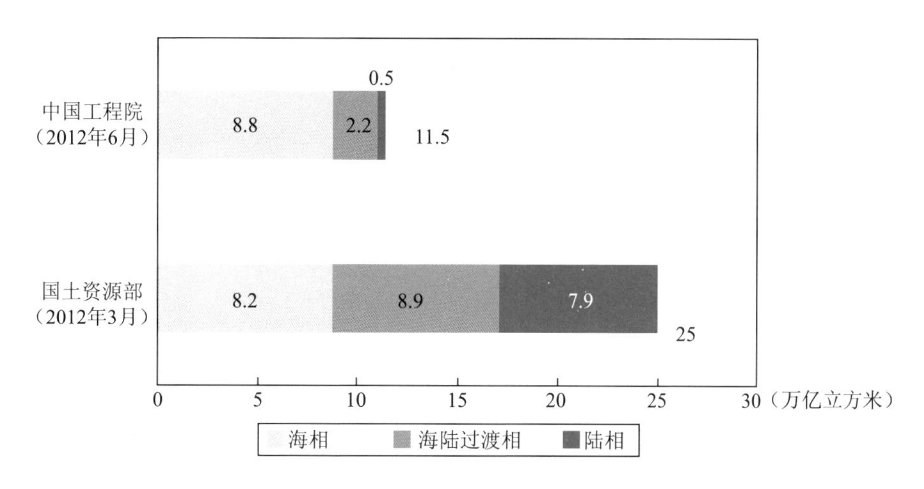

图1-2 中国页岩气可采资源量预测结果比较

(二) 中国页岩气勘探开发进展

中国页岩气勘探开发起步较晚，但与北美之外的世界其他地区相比进展较快。实际上，1966年四川威5井在寒武系筇竹寺组页岩中获日产气2.46万立方米，为中国最早的页岩产气井。1994—1998年中国针对页岩裂缝油气藏做过一定工作，并涉及页岩气研究。2009年中国石油在四川威远长宁、富顺—永川等地区启动了首批页岩气工业化试验区建设。2010年中国石油钻探的四川盆地威201井在寒武系、志留系页岩中获工业气流，实现中国页岩气首次工业化突破。2015年以来，中国页岩气勘探开发取得重大进展，建成两个国家级页岩气示范区，年产能超过70亿立方米，探明地质储量超过5000亿立方米。

中国页岩气勘查开发处于起步阶段，仍面临许多问题，还需一段艰苦的实践探索。目前的突破仅局限于四川盆地内的海相局部地层，其他海相地层及广泛分布的陆相和海陆交互相地层尚未形成工业产能。部分勘查开发核心技术还未完全掌握，与国内常规油气相比，成本高、难度大、效益低。新进入页岩气勘查开发领域的企业在技术、资料和经验的积累上仍需要相当长的时间。

截至2014年底，中国共建立了重庆涪陵国家级页岩气示范区（中国石化）、四川长宁—威远国家级页岩气示范区（中国石油）、滇黔北昭通国家级页岩气示范区（中国石油）和延安国家级陆相页岩气示范区（延长石油）等四个页岩气示范区。

1. 重庆涪陵国家级页岩气示范区

为加快页岩气勘探开发技术创新，完善地质评价方法和参数体系建设，推动中国海相页岩气产业化发展，国家能源局于2013年11月正式设立“重庆涪陵国家级页岩气示范区”。

涪陵页岩气示范区地处重庆市涪陵区境内，西、北临长江，南跨乌江，东到矿权边界，属山地—丘陵地貌，地面海拔300~1000米。截至2015年11月30日，示范区探明地质储量3805.98亿立方米，累计开钻271口，投产165口，累计生产页岩气38.88亿立方米，销售37.3亿立方米，提前建成50亿立方米生产能力。2015年12月，涪陵页岩气示范区通过了国家能源局建设验收。

（1）储量情况

涪陵页岩气田位于重庆市涪陵区焦石镇，气藏位于川东高陡褶皱带包鸾—焦石坝背斜带。

2014年7月8日至10日，国土资源部油气储量评审办公室组织专家组，对中国石化涪陵页岩气田焦石坝区块焦页1~焦页3井区五峰组—龙马溪组一段的探明地质储量进行评审。经评审，探明地质储量1067亿立方米，中石化涪陵页岩气田被认定是典型的页岩气田。气田储层为海相深水陆棚相优质泥页岩，厚度大、丰度高、分布稳定、埋深适中，中间无夹层，与常规气藏明显不同，具有典型的页岩气特征。

焦石坝地区五峰组—龙马溪组天然气藏为典型的自生自储式连续性页岩气藏。五峰组—龙马溪组一段岩性主要为灰黑色含放射虫碳质笔石页岩、含碳含粉砂泥页岩、含碳质笔石页岩、含粉砂泥岩，泥地比接近100%。富有机质页岩主要发育在深水陆棚和浅水陆棚亚相中。页岩纵向连续稳定，页岩气层总厚度在70.1~86.6米，纵向上连续，中间无隔层；

页岩气层总体具有较高TOC、高脆性矿物含量、较高孔隙度和高含气量的特点。TOC介于0.46%～7.13%，平均为2.66%，主要为中—特高有机碳含量。脆性矿物介于33.9%～80.3%，平均为56.5%，主要为高脆性矿物含量。储集空间以纳米级有机质孔、黏土矿物间微孔为主，并发育晶间孔、次生溶蚀孔等，孔径主要为中孔；页岩气层孔隙度分布在1.17%～8.61%，平均为4.87%，全直径水平渗透率分布在$0.1307 \times 10^{-3} \sim 1.2674 \times 10^{-3}$平方微米，几何平均为$0.4908 \times 10^{-3}$平方微米。现场总含气量介于0.63～9.63立方米/吨，平均达到了4.61立方米/吨。评价认为焦石坝五峰组—龙马溪组一段以Ⅰ类、Ⅱ类页岩气层为主，总体为良好的页岩气层。

焦石坝区块五峰组—龙马溪组一段页岩气藏单元中部平均埋深为2645米，平均地温梯度为2.83℃/100米，计算地层压力系数为1.55，气体成分以甲烷为主，二氧化碳含量低，不含硫化氢；为弹性气驱、中深层、超高压、页岩气干气气藏。

（2）勘探历程

中国石化自2006年开始重点关注页岩气；2007年初步完成选区评价工作，并申请登记区块；2010年优选老井压裂测试，并部署钻探。2011年，中石化勘探南方分公司对前期优选的焦石坝—綦江—五指山区块开展深入评价，落实了四川盆地内焦石坝、南天湖、南川、丁山及林滩场—仁怀五个有利勘探目标。在明确了目标后，2012年在最有利的焦石坝目标区部署了第一口海相页岩气探井——焦页1井。焦页1井完钻后，选择2395～2415米优质页岩气层作为侧钻水平井水平段靶窗，迅速实施侧钻水平井——焦页1HF井。

焦页1井为预探井，于2012年2月14日开钻，至2012年5月18日完钻，完钻井深2450.0米，完钻层位中奥陶统十字铺组，钻遇五峰组—龙马溪组页岩厚度89.0米。水平井焦页1HF井于2012年6月19日开钻，2012年9月16日完钻，完钻井深3653.99米，完钻层位下志留统龙马溪组，水平钻进1007.9米，对水平段2646.09～3653.99米分15段进行大型压裂。2012年11月28日获得20.3万立方米/日高产工业气流。焦页1HF

井标志着中国南方海相页岩气勘探取得重大突破，拉开了涪陵页岩气田商业性开发的序幕。

2013 年部署了三维地震和勘探评价井，揭示龙马溪组底部深水陆棚相优质页岩分布广泛而稳定，厚度在 38 ~ 44 米，气测显示活跃，全烃值 2.13% ~20.25%，有机碳和含气量高，TOC 平均为 3.35% ~3.74%，含气量 5.54 万 ~8.96 万立方米/吨；焦页 2HF 井、3HF 井、4HF 井水平井分别试获日产 35 万立方米、15 万立方米、25 万立方米高产气流，试采产量稳定、压力稳定，实现了对焦石坝构造主体页岩气分布的整体控制。

（3）开发情况

2013 年在焦页 1 井获得商业发现基础上，围绕焦页 1HF 井优选 28.7 平方千米页岩气有利区，部署开发试验区，进行产能评价，部署钻井平台 10 个，钻井 26 口，利用探井 4 口，单井产能 7 万立方米/日，新建产能 5 亿立方米/年。产能评价的主要内容：水平井长度（1000 米、1500 米）和方位的开发试验；开展压裂改造工程工艺技术试验，评价不同压裂段数、规模对单井产能的影响；确定合理单井产能。

2013 年 9 月 3 日国家能源局批准设立重庆涪陵国家级页岩气示范区；2014 年 4 月 21 日国土资源部批准设立重庆涪陵页岩气勘查开发示范基地。按照“整体部署、分步实施”原则，示范区由北向南滚动实施。

2013 年 11 月，中国石化通过了《涪陵页岩气田焦石坝区块一期产能建设方案》。涪陵页岩气田焦石坝区块一期将建成天然气产能 50 亿立方米/年。一期产建区开发方案部署动用面积 229.4 平方千米，动用储量 1697.9 亿立方米，钻井 253 口（含焦页 1HF）。新钻井 252 口，原则上水平段长度为 1500 米，考虑到构造、产状及断距影响，水平段长度部分有改变。总进尺 116.52 万米，平均单井进尺 4623.8 米，单井第一年日均产能 6 万立方米/年，2015 年末累计新建产能 50 亿立方米。

针对涪陵地形地貌特点和页岩气高效开发需要，探索创建了以“井工厂”钻井为代表的高效开发产业化模式，较好地适应了山地页岩气田开发建设需要。一是创建“井工厂”钻井生产模式。针对复杂山地环境导致的井场面积受限问题，形成了页岩气“井工厂”钻井技术集成，主要包括适应涪陵山地特点的集“井工厂”交叉式布井与三维井眼轨道设计方法、钻井设备选型与配套、基于工序并行设计与无缝衔接的工厂化流程设计方法、基于钻井“学习曲线”的优快钻井模式等。二是创建了“井工厂”压裂生产模式。结合复杂山地环境条件，对传统单井压裂施工流程，按重复性、主要动力设备占用、施工必备条件、压裂返排体系等进行流程分类，再按时间、空间、设备进行“井工厂”流程组合，形成了“压裂施工与泵送桥塞同步作业、交替施工、逐段压裂”的现场施工组织模式，利用多套压裂设备对同一平台2口或2口以上的井进行压裂。通过“井工厂”钻井生产模式和压裂生产模式，提升了生产效率，创造了一系列工程施工的“涪陵速度”，钻井、压裂施工周期较初期缩短40%左右。三是创建“标准化设计、标准化施工、标准化采购、信息化建设”的地面建设模式，实现了页岩气地面集输系统的工厂化预制、模块化成撬、撬装化安装、数字化管理。同时，建立以“市场化运作、项目化管理”为核心的油公司模式，实现了在全球范围内的资源优化配置，开发成本不断下降，单井投资较初期减少20%。

截至2015年11月30日，示范区探明地质储量3805.98亿立方米，是全球除北美之外最大的页岩气田，累计开钻271口，完井236口，完成试气180口，投产165口，累计生产页岩气38.88亿立方米，销售37.3亿立方米，最高日产量1620万立方米；在1500万立方米/日、54亿立方米/年的水平下连续稳产1个月，提前建成50亿立方米生产能力。预计到2020年，累计完成钻井数1200口，实现产能100亿立方米。预计示范区开采规模见表1-4。

表1-4　示范区预计开采规模

指标	2015年	2020年
产能（亿立方米）	50	100
当年钻井数（口）	135	200
累计钻井数（口）	250	1200

(4) 经验总结及技术进步

中石化以涪陵页岩气示范区建设为契机，围绕页岩气开发工艺技术，充分发挥自身优势，有效借助外部力量，加快科技进步、技术创新和集成创新，初步形成了具有自主知识产权的页岩气开发配套技术体系。

涪陵焦石坝地区地表地质条件复杂，溶洞多、暗河多、裂缝多，浅层气多、地层出水，易发生井漏、井喷，针对涪陵焦石坝地区勘探程度低的情况，开展了包括水平井优快钻井技术、长水平井段压裂试气工程工艺技术以及“井工厂”钻井和交叉压裂的高速高效施工模式的协同攻关，形成了水平井簇射孔、可钻式桥塞分段、电缆泵送桥塞、连续油管钻塞等配套工艺技术。

不断探索适合焦石坝地质特点的压裂工艺，压裂排量逐次增大，液量根据井眼规模该大就大，砂比根据地质需要合理增减，形成了“主缝加缝网”的压裂工艺理念和三段式压裂液体系、三组合支撑剂体系，有力提升了压裂质量。其中，焦页 12 - 4HF 井成功完成了 2130 米水平段、26 段超大型压裂，创造了国内页岩气水平井井段最长、分段数最多、单井液量最大、单井加砂量最大等新施工纪录。同时，研制并成功应用了抗 180 摄氏度高温低摩阻强携砂油基钻井液，实现了同一平台两井交叉钻完井作业，具备了“一台六井式”井工厂标准化设计能力，编制了 13 项页岩气工程技术标准，为页岩气经济、有效开发提供了有力的技术保障。

加强国产压裂装备和完井工具的研发制造，实现了关键技术和装备国产化。研制了油基泥浆体系、高效压裂减阻液体系，技术指标达到国际先进水平，成本较国外同类产品降低 30% 以上。研发了国内首台步进式、轮轨式和导轨式钻机，大功率 3000 型压裂机组，连续油管作业车、带压作业车等大型装备，以及螺杆、PDC 钻头等钻具组合和可钻式桥塞等配套井下工具，实现了关键装备和配套工具的国产化，打破了国外垄断，大批量投入现场应用，为中国页岩气跨越式发展提供了有力支撑。

同时，涪陵国家级页岩气示范区建设中，参与制定“页岩气资源评价技术规范”等 27 项行业标准，完成制定“天然气井同台交叉作业安全要求”等 6 项企业一级标准，申请专利 104 项，已授权 39 项，其中发明专利

12 项，申报软件著作权 6 项，为示范区建设经验推广打下了基础。

总体上，涪陵国家级页岩气示范区建设完善了海相页岩气勘探开发技术体系。针对中国海相页岩气地表环境差、地质条件复杂等特点，创新性地提出“二元富集”理论，建立了选区评价标准；新集成以页岩气藏综合评价、水平井优快钻井、长水平井分段压裂试气、试采开发配套和绿色开发配套技术为主的涪陵页岩气开发技术体系，有效突破了页岩气勘探开发的技术瓶颈。实行差异化设计、精细化压裂，平均单井测试产量超过 30 万立方米/日；建立了 116 项页岩气勘探开发技术标准和规范，获得国家专利 39 件，为中国页岩气大规模勘探开发奠定了理论和技术基础。

2. 四川长宁—威远国家级页岩气示范区、滇黔北昭通国家级页岩气示范区

为落实《页岩气发展规划（2011—2015 年）》，加快页岩气勘探开发技术集成和突破，推动中国页岩气产业化发展，国家发改委、国家能源局于 2013 年 1 月正式设立“四川长宁—威远国家级页岩气示范区”（面积 6534 平方千米）和“滇黔北昭通国家级页岩气示范区”（面积 15078 平方千米）。示范区建设目标为：建立海相页岩气勘探开发技术及装备体系；探索形成市场化、低成本运作的页岩气效益开发模式；研究制定页岩气压裂液成分、排放标准及循环利用规范；长宁—威远示范区探明页岩气地质储量 3000 亿立方米以上，建成产能 20 亿立方米以上；昭通示范区探明页岩气地质储量 1000 亿立方米以上，建成产能 5 亿立方米以上。国家发改委、国家能源局还要求，示范区建设过程中产出的页岩气，需综合利用，不得放空。

中国石油加快推进威远、长宁和昭通页岩气规模建产。截至 2015 年 9 月 20 日，西南油气田公司投产气井 66 口，投入试采井 71 口。截至 12 月 16 日，中石油页岩气区块共产气 11.8 亿立方米，预计 2015 年全年达到 13 亿立方米左右。根据中国石油关于四川盆地页岩气的发展规划，2016 年有望建成若干个页岩气产区，初步实现规模化生产，产能超过 20 亿立方米。目前，年输量 15 亿立方米的长宁外输管线已建成投运。

（1）开展选区评价钻探、落实资源状况，奠定规模建产基础

在四川盆地发育的6套页岩中，按照综合评价结果，龙马溪组和筇竹寺组两套海相页岩最为有利，龙马溪组是目前最现实的勘探开发层系。优选长宁、威远、富顺—永川三个页岩气有利区，面积8266平方千米，龙马溪组资源量为3.81万亿立方米。确定长宁、威远两个建产区，面积2350平方千米，龙马溪组资源量为1.07万亿立方米。在富顺—永川区块实施的来101井、坛202-H1井、坛202-H2井，完成试气；来101井自2013年1月开始试产，已累计产气999万立方米。坛202-H1井与坛202-H2井同井场，预计2015年投产。足201井（完钻井深4402米），钻遇龙马溪组黑色页岩54米，目前该井正在准备试油。巫溪2井（完钻井深1642米），见良好显示，展现了该区块良好的资源潜力。

（2）大力推进合资合作，促进页岩气勘探开发整体协调发展

中国石油页岩气对外合作有3个区块，合作对象分别为康菲公司、赫石公司、壳牌公司，合作面积7575平方千米。2009年，在富顺—永川区块与壳牌合作开展页岩气联合评价，2013年3月PSC合同获得国家商务部批复。历年累计开钻井22口，完钻井21口，完成井17口，获气井17口，获测试日产量166.5万立方米，投产井11口。2014年生产页岩气4691万立方米，累产页岩气9621万立方米。2013—2014年实施井17口，投入资金22.81亿元。2014年完成井3口，新投产井7口。2013年，在内江—大足区块，与康菲公司开展联合评价，目前康菲公司已决定退出。2014年，在荣昌北区块，与赫石公司开展联合评价，计划2016年前完成。

国内合作有3个区块，合作对象分别为四川公司、长宁公司、重庆公司，合作面积合计42445平方千米。其中，已经合作的长宁公司、重庆公司，合作面积27897平方千米；正积极谈判的四川页岩气公司，合作面积14548平方千米。

3. 延安国家级陆相页岩气示范区

国家发改委2012年10月批准设立了延长石油延安国家级陆相页岩气

示范区。示范区面积4000平方千米，“十二五”期间规划探明地质储量1500亿立方米以上，建成产能5亿立方米以上。建设延长石油延安国家级陆相页岩气示范区有三个目标：一是建立陆相页岩气勘探开发技术体系。构建中国陆相页岩气地质理论体系，完善陆相页岩气勘探开发工艺技术，编制陆相页岩气勘探开发行业标准。二是探索提高陆相页岩气勘探开发综合效益的途径。三是总结制定压裂返排液排放和循环利用规范，实现页岩气绿色开采。

2008年以来，延长石油开始开展非常规资源前期调研工作，查阅并收集国内外页岩气勘探开发与研究的相关资料和文献，并积极与国内外科研机构和企业开展技术交流，系统了解国外页岩气勘探开发技术现状。

2009年开始详细对比分析国内外页岩气成藏地质条件。充分利用鄂尔多斯盆地已有的常规油气勘探开发成果和地质、地球化学、地球物理等资料，对鄂尔多斯盆地东南部页岩地层（长7、长9）页岩气成藏地质条件进行初步评价，认为该区长7、长9泥页岩具备页岩气成藏的可能性。

2010年，集团公司在油气勘探整体规划的基础上加大了对非常规油气资源的勘探投入，设立重点科技攻关项目“延长油田非常规油气资源评价”，借鉴国外海相页岩气研究思路，采用地质、地球化学、测井、实验等多种手段和方法，对鄂尔多斯盆地泥页岩分布和页岩气富集的地质条件进行深入研究，进一步查明该区页岩气基础地质背景和条件，预测了富含有机质页岩发育区及其资源潜力与分布。提出“陆相湖盆具备页岩气成藏条件”的创新性认识，通过资源评价及有利目标区优选，确定甘泉—直罗和云岩—延川两个页岩气有利区。

2011年4月25日，通过多参数精细研究，选定柳评177长7页岩段1470～1501米井段（8米/3层）射孔，进行小规模压裂测试，日产气2350立方米，突破陆相页岩出气关，成为中国乃至世界上第一口陆相页岩气井，其后的页岩气井也分别出气，拉开了鄂尔多斯盆地陆相页岩气勘探序幕。同时开展科技攻关，采用多种地球化学示踪参数，确定页岩气成因类型；系统剖析陆相页岩有机质类型、总有机碳含量、有机质成熟度、矿物组成、页岩厚度、储层物性、温度、压力等与页岩含气性的关系，明确页岩气富集的主控因素，研究表明鄂尔多斯盆地陆相页岩气具有良好的勘探开发前景。

2011 年 9 月，国土部、财政部批准设立“陕西延长页岩气高效开发示范基地”，延长石油成为首批 40 个矿产资源综合利用示范基地之一。2012 年 5 月，延长石油集团成功完钻中国陆相第一口陆相页岩气水平井——延页平 1 井并成功压裂，全井段揭示页岩气层，展示出中生界具有较大的页岩气勘探潜力。2012 年 9 月，国家发改委批准设立“延长石油延安国家级陆相页岩气示范区”，成为中国首个国家级示范区。2012 年 12 月，陕西省科技厅批准延长石油（集团）公司筹建“陕西省页岩气勘探开发工程技术研究中心”。2013 年 9 月，在云岩—延川区顺利完钻上古生界第一口页岩气水平井——云页平 1 井，水平段长 1000 米，气测综合解释含气层 722 米/30 层，显示了上古生界页岩气也具有良好的勘探前景。

截至 2015 年 9 月，完钻井 59 口，其中中生界直井 41 口，水平井 3 口，上古生界直井 12 口，水平井 3 口。延长探区内中生界柳评 177 井、上古生界云页 2 井等多口井获得页岩气流，陆相页岩气勘探取得突破，显示出良好的勘探开发前景。在示范区建设过程中，在国内较早确定陆相页岩气评价关键参数，初步探索出了陆相页岩气“甜点”综合地质评价技术；初步形成了以油基钻井液、三维井眼轨道优化设计、增韧水泥浆固井技术为核心的页岩气水平井钻完井技术；初步形成了陆相页岩气体积压裂改造工艺技术，积极探索 CO_2 无水压裂技术；成功开展页岩气发电综合利用试验；编制页岩气相关标准、规范 8 项，其中 6 项已通过陕西省质监局发布为陕西省地方标准；编制的《页岩气储量计算标准》被国土资源部储量司采纳，列为中国行业标准，在全国范围内推广应用。

（三）未来中国页岩气发展展望

“十三五”时期及 2030 年前是中国天然气大发展的时期，也是非常规天然气发展的关键阶段。《页岩气发展规划（2011—2015 年）》中提出，“十三五”期间，在基本摸清页岩气资源情况、勘探开发技术取得突破基础上，进一步加大投入，力争 2020 年产量达到 600 亿 ~ 1000 亿立方米。

但是，有行业专家认为，鉴于中国页岩气勘探开发刚刚起步，不确定因素较多且较复杂，快速规模化发展的基本条件尚不具备，实现发展规划目标面临着巨大挑战。2012 年，中国工程院组织开展了“我国页岩气和致密气资源潜力与开发利用战略研究”重大专题研究，对中国页岩气资源量进行了估计，并对未来发展前景进行了展望，提出了页岩气开发可能出现的三种情景（见表 1－5）。

情景 1：适合中国地质、地表环境特点的工程技术研发未能取得重大突破；气价补贴部分到位；依靠现有技术，部分核心区实现有效开发；核心区以水系发育和相对平坦区为主，主要是异常高压区，埋深在 2500～3500 米。

情景 2：适合中国地质、地表环境特点的工程技术实现部分突破；气价补贴部分到位，比情景 1 补贴高，但部分地区由于成本过高，仍不能实现有效开发；核心区面积明显扩大，但仍以异常高压区为主，埋深在 2500～4500 米。

情景 3：适合中国地质、地表环境特点的工程技术实现全面突破，初步建立起低成本和环境友好的页岩气开发技术体系；气价补贴到位；核心区面积显著扩大，常压页岩气实现工业开发，埋深在 1500～4500 米。

考虑到本书的目标是研究页岩气规模化发展对环境产生的影响及其监管框架，重点选取两种情景预测作为进一步分析的基础，即页岩气发展“十二五”规划情景和中国工程院的情景 2。如表 1－5 所示。

表 1－5　不同情景下中国页岩气产量预测　　单位：亿立方米

年份	工程院						“十二五”发展规划
	情景 1	其中，四川盆地	情景 2	其中，四川盆地	情景 3	其中，四川盆地	
2020	100	100	200	150	300	200	600～1000
2030	600	400	1000	600	1500	800	1500(假定值)

根据国土资源部的页岩气资源调查结果，优选出页岩气有利区 180 个，并提出“十二五”期间，勘探开发以四川、重庆、贵州、云南、陕西、山

西、辽宁等省（区、市）区域为重点，重点建设长宁、威远、昭通、富顺—永川、鄂西渝东等21个页岩气重点勘探开发区；到“十三五”时期，大幅度提高以上重点勘探开发区的储量和产量规模，并进一步拓展中下扬子、鄂尔多斯、南华北、松辽、准噶尔、吐哈、塔里木、渤海湾等勘探开发区域。由此可见，四川盆地是2020年前中国页岩气勘探开发的重点区域。为此，本书将以四川盆地为案例，进行定性和定量研究。

按照全国页岩气产量预测，分解出四川盆地的产量增长前景（见表1-6）。预计2020年四川盆地页岩气产量将达到150亿~400亿立方米，占全国页岩气总产量的一半以上。

表1-6　四川盆地页岩气产量预测情景

年份	工程院（情景2）		“十二五”发展规划	
	产量（亿立方米）	占全国比例（%）	产量（亿立方米）	占全国比例（%）
2020	150	75	400	50
2030	600	60	1000	67

页岩气产量与总钻井数、钻井投产率、单井初始产量、平均单井产量等密切相关。目前，国内页岩气已有勘探井的初始产量差距较大，仅有少数高产井，其初始单井产量可达每日十几万立方米，但也出现了很多低产井，仅有几万立方米，本书按照初始单井产量5万立方米和2万立方米进行估算。设衰减速度为第一年衰减至初始产量的35%，第二年衰减至第一年产量的55%，第三年衰减至第二年产量的80%，第四年后平均每年衰减至前一年产量的95%。假设钻井投产率为50%~90%，且随着规模化开发进程而不断提高。按气井年生产330天计算，计算不同情景下所需的生产井数，得到三种情景（见表1-7至表1-9）。

表1-7　四川盆地页岩气发展情景A

年份	新钻井投产率	A. 工程院情景（初始产量5万立方米/日）		
		年初已有生产井（口）	当年新钻井（口）	总生产井数（口）
2020	0.8	2754	1200	3714
2030	0.9	20994	2800	23514

表1－8　四川盆地页岩气发展情景B

年份	新钻井投产率	B. “十二五”情景（初始产量5万立方米/日）		
		年初已有生产井（口）	当年新钻井（口）	总生产井数（口）
2020	0.8	6850	3300	9490
2030	0.9	39730	3900	43240

表1－9　四川盆地页岩气发展情景C

年份	新钻井投产率	C. 工程院情景（初始产量2万立方米/日）		
		年初已有生产井（口）	当年新钻井（口）	总生产井数（口）
2020	0.8	6840	3030	9264
2030	0.9	51312	7100	57702

预计2020年，四川盆地新钻井数将增加至1200～3300口，总生产井数在3700～9500口，不确定性较大。2030年，该地区的新钻井规模可能达到每年2800～7100口，总生产井数有可能实现2.4万～5.8万口。以上三种情景将作为下面章节进一步进行环境影响分析的基本前提。

第二章

页岩气开发面临的环境影响和评估方法

一、美国页岩气开发的环境影响

页岩气开发潜在的环境风险是制约页岩气发展的主要因素之一。在美国，随着页岩气产量急剧上升，页岩气开发对当地环境和居民生活的影响明显加剧。页岩气开发在美国已经引发了公共关系问题，导致纽约州等部分地区禁止开采。页岩气开发引发环境问题主要源于两个方面：一方面，页岩气资源不如常规气藏储气集中，若要达到一定的开采量，所需的工业作业规模比生产等量常规天然气要大得多，大规模的页岩气开发可能对当地土地使用及居民生活产生较大影响；另一方面，页岩气开采目前主要依靠水力压裂技术，对当地的地表水和地下水、空气存在潜在污染威胁（如图 2－1 所示）。

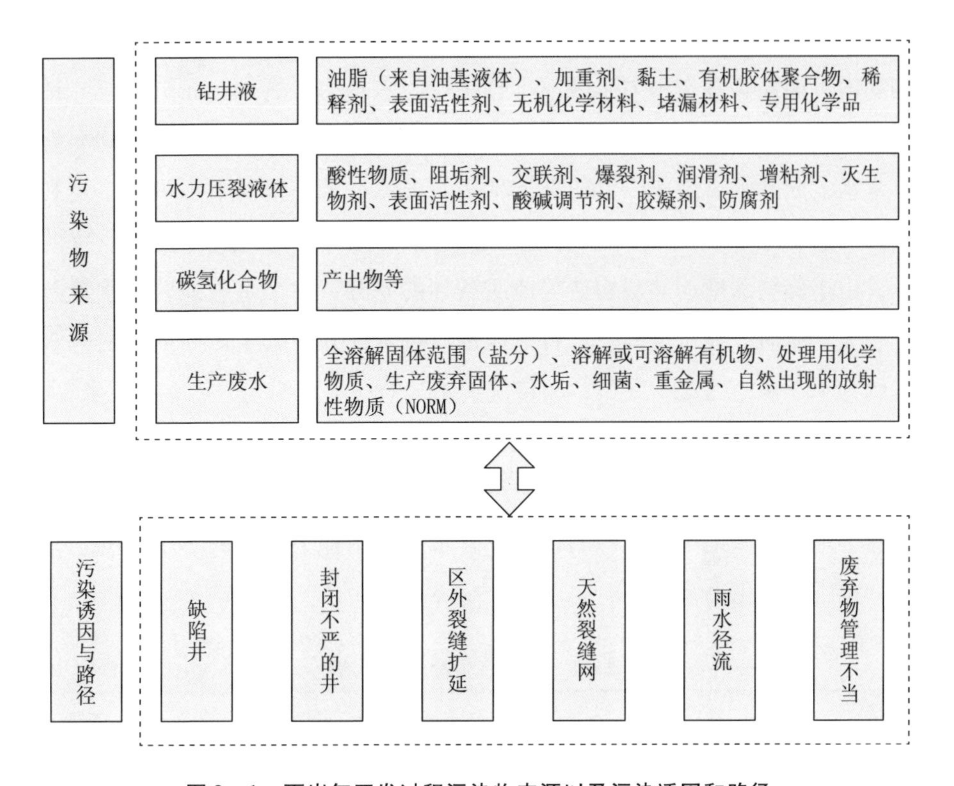

图 2－1　页岩气开发过程污染物来源以及污染诱因和路径

（一）页岩气开发对水资源的影响

页岩气开发会对水资源造成一些影响，影响主要源自页岩气开发核心技术——水力压裂技术。水力压裂操作中，夹杂着化学添加剂（包括缓蚀剂、抗菌剂、防垢剂等多种有害组分）的大量水及泥沙（压裂液）被高压注入地下井，压裂岩石、构造出扩张裂口，从而使天然气能够流入井中以便采集。此技术带来两个主要问题：一是水资源大量消耗；二是产生的废水可能对地下水和地表水造成污染。

1. 水资源大量消耗

美国能源部认为决定页岩气能否成功开发的一个关键因素是在不干扰当地工农业正常用水的前提下，当地水资源的供水能力是否能够满足页岩气井的钻探与水力压裂用水需求。如表2-1所示，在水力压裂操作中，每口页岩气井的耗水量可能达到0.87万~2.1万立方米，且在页岩气井生命周期内可能需要多次水力压裂以维持生产。除水力压裂外，在页岩气井钻井、固井等操作中同样需要消耗水，钻探每口页岩气井需要640~1080立方米水，固井则需要70~140立方米水。虽然在某些情况下水可以重复利用，但页岩气开发所需用水量已远远超过常规天然气。同时值得注意的是，由于储层深度、储层构造等地质条件的差异，各个页岩地区耗水量差别较大。有研究显示美国巴奈特地区单口页岩气井在其生命周期内的耗水量约为18~40立方米/太焦，而传统天然气的耗水量约在9~11立方米/太焦，即页岩气生产耗水量是常规天然气的1.6~4.4倍。在现有工农业用水的基础上，大量增加的页岩气开采用水可能会引起对环境的累积影响，如河流等地表水和地下水资源的枯竭、含水层储水能力的丧失、水质的恶化等，危害当地生态系统。

表2-1 天然气生命周期水消耗

参数	单位	页岩地区				常规天然气
		巴奈特	费耶特维尔	海尼斯维尔	马尔采鲁斯	
井的生命周期	年数	30	30	30	30	30

续表

参数	单位	页岩地区				常规天然气
		巴奈特	费耶特维尔	海尼斯维尔	马尔采鲁斯	
用于钻探的水	立方米/井	920	640	1080	670	300～400
用于固井的水	立方米/井	100	70	140	90	27～37
每口井的水力压裂次数	压裂次数/井	3	3	3	3	—
用于压裂的水	万立方米/井	0.87～1.4	1.1～1.6	1.0～1.9	1.4～2.1	—
返排部分	返排比（返排量/注入量）	2.75	0.25	0.9	0.2	—
重复利用部分	重复利用率（重复利用量/返排量）	0.20	0.20	0.00	0.95	—
用于气体处理的水	立方米/兆焦耳	6				
用于管线作业的水	立方米/兆焦耳	3				
用于气体压缩电力的水	加仑/SCF	0.005～0.007				

资料来源：美国阿贡国家实验室王全禄等的研究报告。

2. 水体污染

压裂操作中压裂液及其产生的返排水（占原来注入液体的10%～70%）、产出水（地层中自然存在，与页岩气共同采出的水）潜在的环境危害较大。废水中除了含有有害化学添加剂成分外，还含有储集岩中浸出的烃类化合物、重金属和矿物盐类，某些气藏中浸出矿物质甚至可能有较弱放射性。若这些废水渗透到地下含水层或流入地表水体，会造成严重水污染。压裂操作中劣质套管、不完善的水泥灌注和完井工作都可能为污染物流出提供通道；此外液体通过自然断层及裂隙、透水岩层、周围弃井等向上迁移、向地下蓄水层灌注都可能对地下水构成威胁。2011年12月，美国环境保护署（EPA）公布怀俄明州Pavillion页岩气田地下水污染初步调查报告，首次将水力压裂操作与地下水源污染正式联系起来。

此外，水力压裂操作中向地层大量注水，高压操作形成裂缝，可能诱使深层岩石滑动，诱发地震。但目前这一观点还存在争议。

（二）页岩气开发的温室气体排放

页岩气开发和利用时会产生甲烷等温室气体排放。天然气开发活动本身即是甲烷、挥发性有机化合物（VOCs）以及其他有害空气污染物的主要来源之一。天然气燃烧所产生的碳排放强度相对较低，但天然气主要成分甲烷不仅会造成当地空气污染，同时也是一种高强度温室气体，其温室效应影响是二氧化碳的 25 倍。有研究显示在页岩气开发过程中会有约 1.19% 的甲烷泄漏（见表 2－2），主要来源于水力压裂操作后大量的压裂液和产生的水返排至地表，其中包括部分产出的甲烷；再考虑加工、输气和配气环节，则整个开发过程中泄漏量约为 2.01%。

表 2－2　天然气生产过程中的甲烷排放量

<table>
<tr><th rowspan="2">生产流程</th><th colspan="6">不同数据来源 CH_4 排放占生产的天然气体积的百分比（%）</th></tr>
<tr><th>EPA－哈里森等（1996 年）</th><th>此前的阿贡天然气（1999 年）</th><th>沃思等常规天然气（2011 年）</th><th>沃思等页岩气（2011 年）</th><th>新阿贡常规天然气（2011 年）</th><th>新阿贡页岩气（2011 年）</th></tr>
<tr><td>生产（范围）</td><td>0.38</td><td>0.35</td><td>0.31～2.17</td><td>2.2～4.06</td><td>1.93（0.62～4.19）</td><td>1.19（0.36～3.95）</td></tr>
<tr><td>加工</td><td>0.16</td><td>0.15</td><td>0～0.19</td><td>0～0.19</td><td>0.15（0.06～0.23）</td><td>0.15（0.06～0.23）</td></tr>
<tr><td>输气</td><td>0.53</td><td>0.27</td><td rowspan="2">1.4～3.6</td><td rowspan="2">1.4～3.6</td><td>0.39（0.20～0.58）</td><td>0.39（0.20～0.58）</td></tr>
<tr><td>配气</td><td>0.35</td><td>0.18</td><td>0.28（0.09～0.47）</td><td>0.28（0.09～0.47）</td></tr>
<tr><td>合计</td><td>1.42</td><td>0.95</td><td>1.7～6.0</td><td>3.6～7.9</td><td>2.75（0.97～5.47）</td><td>2.01（0.71～5.23）</td></tr>
</table>

资料来源：美国阿贡国家实验室王全禄等的研究报告。

美国环保署（EPA）使用《国家有害空气污染物排放标准》（NESHAP）和天然气之星（NG STAR）计划采用行业惯例燃烧和捕获以减少泄漏，2005 年至 2009 年期间使排放减少了大约 40%，但由于数据的高度集合，行业详细数据缺乏透明性，目前仍在不断研究中。EPA 在 2011 年公布的修正后非常规气井完井过程中所产生的甲烷排放估测值是初始值的2倍。2012年4月EPA发布了控制页岩气开采大气污染的首部法规，要求使用水力压裂法生产的所有页岩气井必须安装有害气体捕捉装置。

（三）页岩气开发的生态环境影响

页岩气开发对区域生态和环境也具有一些负面影响，主要包括土地占用、交通（道路破坏）等。

1. 土地占用与污染

通常陆上常规气田每10平方千米不到1口气井，而页岩气田同样面积的气井数可能超过10口。除页岩气气井施工需要用地外，配套道路、储水槽以及输气设施建设同样需要用地。同时开发过程产生的废水、废物若处置不当可能对附近土壤造成污染。例如，美国宾夕法尼亚州的钻井活动就引发了对土地破碎和生物多样性减少的忧虑。

2. 交通道路损毁

页岩气井址一般位于偏远地区，道路多为县道、乡道等低等级公路，路况差、易损毁。页岩气钻井设备、远离水源地的压裂开发用水和需集中处理的废水，以及未连接管网的产出气等均需要大型载重汽车运输，可能会导致非常严重的路面损坏，对周边地区居民生活造成影响。

二、页岩气开发对环境影响的种类

页岩气开发对环境影响的种类和程度是目前的研究热点之一。美国未来资源研究所（RFF）在其研究中分析了页岩气开发活动引发的环境污染现象，并考察了其中间影响和最终影响，从而列出了页岩气开发影响环境的264种方式；美国阿贡国家实验室特别关注了页岩气气井开发中甲烷泄漏对环境的影响，康奈尔大学从全生命周期角度对页岩气开发进行了温室气体排放评价；得州大学奥斯汀分校、美国环保部等对页岩气开发引发的地下水和地表水污染进行了研究。本书中基于页岩气开发流程，将页岩气开发活动区分为以下六个方面：①场地平整与钻井准备；②钻井活动；③压裂操作与完井；④气井生产和运营；⑤压裂液、返排水和产出水的储藏与运输；⑥其他活动。综合国内外研究成果分析了各项活动对环境影响的种类。

页岩气开发活动带来的潜在环境风险包括以下几个方面：

1. 场地平整与钻井准备方面

场地平整与钻井准备包括土地平整，道路、井场、管线和其他基础设施建设，以及在此过程中的车辆运输等。这些活动可能导致（或诱发）以下6种潜在的环境风险：

第一，自然景观破坏；

第二，水土流失；

第三，道路堵塞与破坏；

第四，噪声污染；

第五，光污染；

第六，尾气排放等空气污染。

2. 钻井活动方面

钻井活动包括地面钻井设备操作、直井和水平井钻进、下套管与固井等。这些活动可能导致（或诱发）以下12种潜在的环境风险：

第一，自然景观破坏；

第二，水土流失；

第三，水资源消耗（地下水和地表水）；

第四，钻井液及碎屑对地下水污染；

第五，钻井液及碎屑对地表水污染；

第六，钻井液及碎屑对土壤污染；

第七，盐碱水侵入地下水；

第八，甲烷泄漏；

第九，硫化氢等泄漏污染；

第十，设备尾气排放等空气污染；

第十一，噪声污染；

第十二，光污染。

3. 压裂操作与完井方面

水力压裂操作中，夹杂着化学添加剂（包括缓蚀剂、抗菌剂、防垢剂等多种组分）的压裂液被高压注入地下，压裂岩石、构造出扩张裂口。相关活动包括水取用（地表水和地下水）、套管穿孔、水力压裂、支撑剂注入、井冲洗、储层流体返排及储存、甲烷排放与燃烧等。这些活动可能导致（或诱发）以下 10 种潜在的环境风险：

第一，自然景观破坏；

第二，水资源消耗（地下水和地表水）；

第三，压裂液扩散对地下水和地表水污染；

第四，支撑剂扩散对地下水和地表水污染；

第五，返排水和产出水对地下水、地表水和土壤污染；

第六，诱发地震；

第七，甲烷泄漏；

第八，硫化氢等泄漏污染；

第九，噪声污染。

第十，光污染。

4. 气井生产和运营方面

气井生产中，页岩气流入井筒并被抽送至地面进行分离操作，包括气井生产、脱水装置操作（冷凝槽等）、压缩机操作、甲烷收集与燃烧等。这些活动可能导致（或诱发）以下 7 种潜在的环境风险：

第一，自然景观破坏；

第二，返排水和产出水对地下水、地表水和土壤污染；

第三，含添加剂的脱出水对地下水、地表水和土壤污染；

第四，甲烷泄漏；

第五，挥发性有机物泄漏；

第六，硫化氢等泄漏污染；

第七，噪声污染。

5. 压裂液、返排水和产出水的储藏与运输方面

页岩气开发的水力压裂操作需要消耗大量水，压裂液、生产过程返排

水和产出水的储存、运输、处理和处置是影响环境的关键方面。存储方式包括原位简易坑存储、原位罐存储等；运输方式包括汽车、管道等；处理处置方式包括原位处理与回用、污水厂处理、深井回注、废水回用于道路除尘（除冰）、污泥及其他废物填埋处置等。这些活动可能导致（或诱发）以下 4 种潜在的环境风险：

第一，压裂液对地下水、地表水和土壤污染；

第二，返排水和产出水对地下水、地表水和土壤污染；

第三，挥发性有机物泄漏；

第四，诱发地震。

6. 其他活动

页岩气井生命周期内其他活动包括气井维修、井堵塞处理、关井等。这些活动可能导致（或诱发）以下 6 种潜在的环境风险：

第一，钻井液及碎屑对地下水、地表水和土壤污染；

第二，返排水和产出水对地下水、地表水和土壤污染；

第三，压裂液对地下水、地表水和土壤污染；

第四，盐碱水侵入地下水；

第五，甲烷泄漏；

第六，硫化氢等泄漏污染。

三、页岩气开发环境影响问卷调研

为了评估页岩气开发过程对环境的影响，分析研究不同领域专家在当前中国页岩气发展初期对页岩气开发可能引发的环境风险的态度，通过专家调查问卷的方式进行调研。

（一）调研方法

1. 调研类型

调研中采用横剖研究，纸面问卷和电子问卷相结合的方式，分析研究不同利益群体在一定时空范围内对页岩气开发环境影响认知的基本结构及特征。

在研究时间维度上，以中国发布页岩气“十二五”规划一年后为时间点，即关注当前页岩气发展初期不同领域专家对页岩气开发可能引发的环境风险的态度。当前中国页岩气开发处于学习起步阶段，自身勘探开发实践少，页岩气开发过程对环境的影响尚未开始显现，对环境问题的关注多源于国外页岩气开发实践中出现的环境问题。因此，当前国内对页岩气开发过程可能引发的环境问题认知程度可能存在较大差别，而这正是本次调研所关心的内容。同时，随着中国页岩气开发实践不断增多，对其所引起环境问题的认识可能不断深化，因此在本次调研基础上，计划后续将进行系列调研，以追踪中国页岩气开发不同发展阶段各领域专家对页岩气开发环境影响的认知态度的演变。

在研究层次上，力图在经验和抽象两个层次上都有所反映，既在经验上做直观描述，保证其主要结论的科普性，又进行抽象性探索，使研究结果具有一定的学术深度。

2. 调研对象选取

采用抽样调查方法，通过科学可行的抽样方法，保证调查结果准确反映事实，保证调查结果的客观性和普遍性。在调研对象选取上，以页岩气开发相关领域专家为研究对象。由于页岩气开发在中国尚处于起步阶段，公众对此认知较少，尤其是对开发过程中可能引发的环境问题认知少，因此本次调研定位于与页岩气开发相关的专家层次。因不同领域专家（代表不同群体或利益相关方）对页岩气的认知程度、开发过程接触程度、页岩气开发利用的利益相关性存在显著区别，因此在调研对象选取上力求涵盖页岩气开发利用各个环节，包括政府机关（能源类与环保类部门，中央部委与地方政府）、企业（包括中石油、中石化、中海油、壳牌等国内外企业的科研类部门与生产类单位）、大学、科研院所、公益性组织、金融业等。在抽样方法上，针对上述分类分别进行抽样，并力求较大样本量。

3. 问卷设计

问卷共设计三个部分，第一部分为“基本情况”、第二部分为“对页岩气开发认知”，第三部分为“对页岩气开发环境影响认知”。在问卷设计中运用多种方法，以保证问卷测量的信度和效度：一是增加题目数量，延长问卷长度。本问卷有三个部分，每部分有多个小题，确保测量内容涵盖页岩气开发环境影响各个方面。较长问卷使调研对象倾向于安排专门时间作答，排除部分对页岩气开发不熟悉的调研对象。二是同一内容不在不同位置提问，排除信度较低的样本。问卷将相同测试题目设在不同位置、采用不同方式提问，通过检测相关性，排除信度较低的样本。三是采用多种量表对答题者的主管、评价、态度进行测量。

（二）样本描述及完备性

截至2013年5月，本调研问卷共收集到有效样本98份，涵盖政府机关（能源类）、政府机关（环保类）、科研类企业、生产类企业、大学、科研院所、公益性组织、金融业等页岩气产业发展相关领域，调研对象研究领域涉及地质勘探、油气开发工程、油气集输工程、油气加工利用、安全环保、经济管理等，同时调研对象包括院士、管理决策层、科研人员、一线生产人员等多层次人员，如图2－2所示。

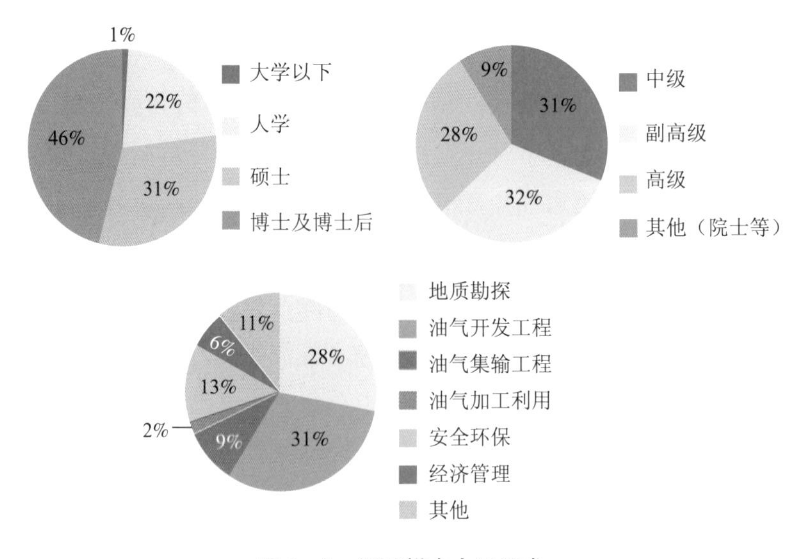

图2－2 调研样本人员组成

（三）调研结果及主要结论

1. 页岩气开发利用将推动技术进步、增加天然气供给，对中国能源行业发展有较大影响

在对页岩气开发利用重要性认知方面，有65%的调研对象认为“页岩气开发重要，将对中国天然气行业和整个能源行业发展产生极大影响”，30%的调研对象认为“页岩气开发重要性一般，页岩气属非常规气资源的一种，未来几年对中国天然气供应影响较小”，如图2-3所示。页岩气开发利用的重要性得到了较多认同，有观点认为页岩气开发将“提高我国在国际能源的市场地位和我国低能供给区的供给能力，推进能源供给格局优化”。但同时也有意见认为页岩气开发对中国天然气行业发展影响尚不确定，限制主要在于页岩气资源条件较差、开发技术不成熟及其潜在的环境风险，例如“页岩气开发潜力存在，但受地面条件因素限制，意义在于推动非常规领域发展”，“我国尚未掌握页岩气开发关键技术，如果开发技术能够突破，页岩气开发将对我国天然气供应产生较大影响”，“页岩气作为重要资源必将对我国能源发展产生重大积极影响，但我国是能源消耗大国，未来几年页岩气在整个能源体系中的比重还不会有大幅度的提高，这其中很大程度上碍于开采技术手段的进步”，“页岩气开发重要，但对环境污染也大，建议适量开采”，这些因素可能导致“页岩气在国内能否大规模经济开采尚不明朗”，但整体上页岩气“短期属于技术积累和摸索阶段，未来将对国家能源产生加大影响”。

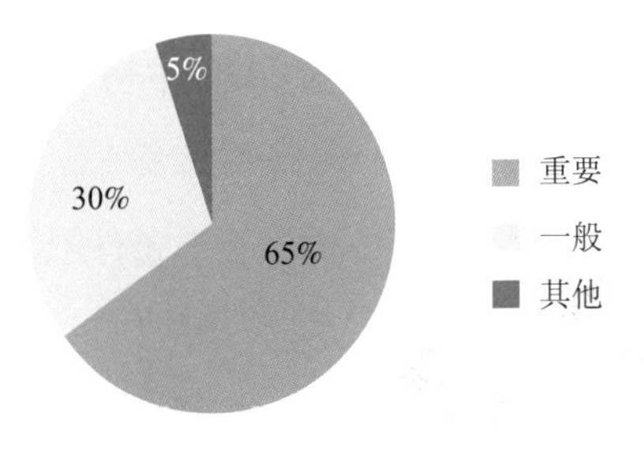

图2-3　对页岩气开发利用重要性认知统计

在页岩气开发可能的作用和意义方面，有85.4%的专家认为页岩气开发“有利于增加天然气供给，缓解我国天然气供需矛盾，减少对外依存度”；有73.2%的专家认为“推动油气勘探理论创新和技术进步，页岩气成藏理论突破了传统地质学关于油气成藏的认识，有利于开拓页岩油等非常规油气资源勘探的思路，水平井钻井、分段压裂、同步压裂、微地震监测和批量工厂化生产等相应的开发技术也可应用到其他非常规油气的勘探开发”；有54.9%的专家认为页岩气开发能“促进能源结构调整和优化，减少污染物排放，改善大气环境”；认同页岩气开发可“拉动国民经济发展”“带动基础设施建设”“推动油气领域管理体制变革”的专家分别占41.5%、41.5%和39.0%，如图2-4所示。上述结果说明页岩气开发的直接作用，即推动技术进步和增加天然气供给等方面作用为大部分专家所接受，而其间接作用由于开发规模、开发范围等不确定性较大，尚需进一步实践验证。

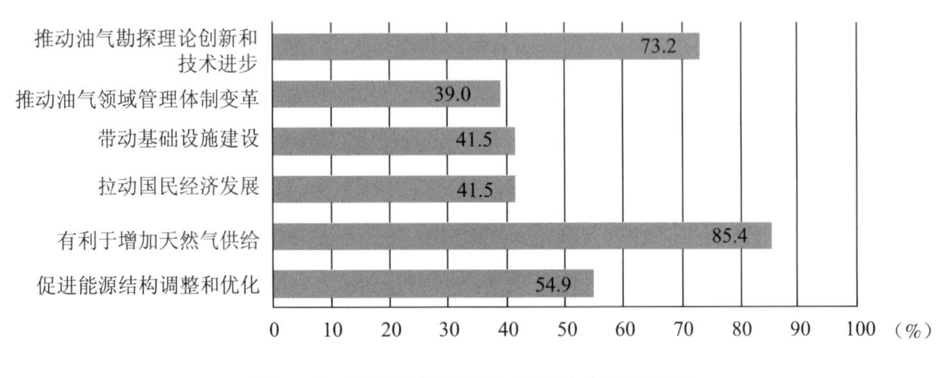

图2-4　对页岩气开发作用和意义认知统计

2. 页岩气大规模开发需克服资源条件差、技术装备落后、环境约束等限制因素，国家需给予一定扶持政策

在当前页岩气开发的限制因素方面，资源条件限制、技术装备限制、环境约束被视为可能阻碍中国页岩气大规模开发利用的三大因素，如图2-5所示。资源条件限制主要是指中国页岩气资源虽然较为丰富，但普遍埋藏较深、地质条件复杂；技术装备限制指当前中国尚未完全掌握适合中国页岩气

地质特点的勘探、开发技术，相关设备大部分需从国外引进；环境约束指相对于常规气，页岩气开发过程需占用更多土地进行井场设计，水力压裂技术消耗更大量水，并可能引发污染。其中，环境约束被视为三大限制因素之一，说明了专家对页岩气开发可能引发的环境问题的忧虑。与此同时，资金投入少、市场准入条件高、管网及储气设施缺乏、天然气市场开拓尚不充分、价格形成机制待完善、技术人才少等问题未被大部分专家视为重要限制因素。

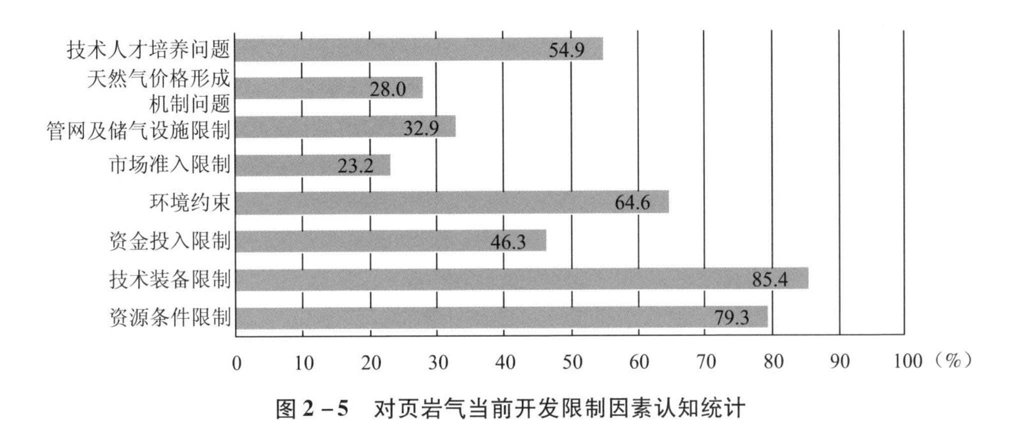

图2－5　对页岩气当前开发限制因素认知统计

针对资源条件限制、技术装备限制、环境约束等三大限制因素，“页岩气工程技术和装备研发鼓励政策”被80.5%的专家认为是国家最应该推出的页岩气开发鼓励政策，即技术进步是破解资源条件差、环境约束的关键所在，这应是政府、企业和科研单位工作重点所在，如图2－6所示。政府应鼓励对页岩气开展地质研究，对成藏机理、聚集规律、分布范围等基础理论和基本技术进行研究，弄清楚资源分布规律，为规模开发打下基础，进而开展工程施工示范试验，推动工程配套技术研发工作，形成适合中国特色的页岩气开采技术系列。同时，为扶持页岩气产业发展，保证页岩气产品有一定市场竞争力的价格补贴等财政扶持政策、税收优惠政策等也被认为应该在政府考虑范围内，但同时有专家认为“市场化的天然气价格形成机制可能比行政化的补贴，以及税收更为重要”，“加速页岩气开发的市场化进程”是关键所在。另外环保技术开发和环保守法鼓励政策等被认为是应对环境约束、实现页岩气环保开发的有效措施。

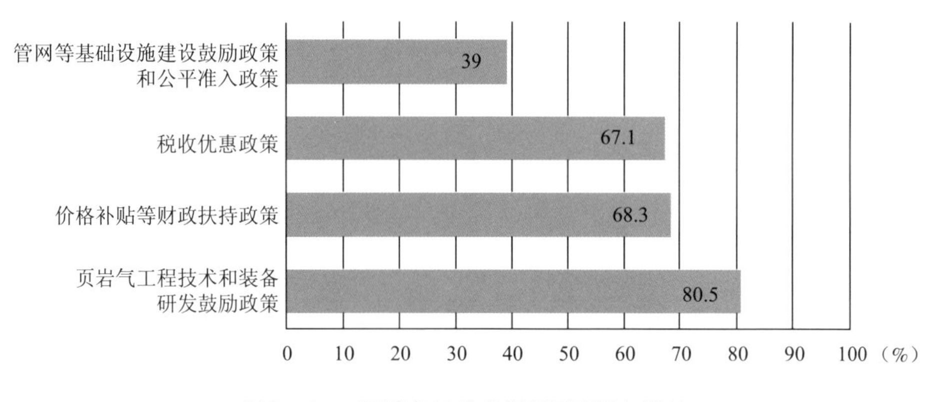

图 2-6 对页岩气开发的限制因素认知统计

3. 钻井和压裂操作是页岩气开发过程中可能引发环境问题的关键所在

基于页岩气开发流程及对环境影响种类，将页岩气开发活动区分为以下 6 个环节：①场地平整与钻井准备；②钻井活动；③压裂操作与完井；④气井生产和运营；⑤压裂液、返排水和产出水的储藏与运输；⑥其他活动。根据专家对六个环节的环境潜在影响性排序结果进行自 6 分到 1 分的设定，统计结果显示压裂操作与完井环节的得分最高，达到 5.1 分；钻井活动达到 3.9 分，排在第二位；后续分别是压裂液、返排水和产出水的储藏与运输、场地平整与钻井准备、气井生产和运营以及其他活动，如图 2-7 所示。上述结果说明了压裂操作与完井、钻井活动是页岩气开发过程中潜在环境影响最大的两个环节，是企业在页岩气开发过程应着重防范环境风险的关

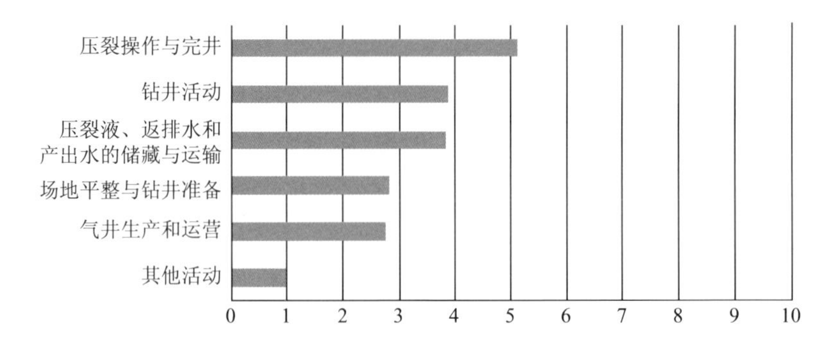

图 2-7 对页岩气开发各环节环境潜在影响性评分统计

键所在，也是政府进行环境监管的重点对象。

（1）水资源大量消耗、压裂液（包括返排液）和产出水污染是压裂操作与完井环节中需着重防范的环境污染

压裂操作与完井环节中，夹杂着化学添加剂（包括缓蚀剂、抗菌剂、防垢剂等多种组分）的压裂液被高压注入地下，压裂岩石、构造出扩张裂口；相关活动包括水取用（地表水和地下水）、套管穿孔、水力压裂、支撑剂注入、井冲洗、储层流体返排及储存、甲烷排放与燃烧等。调研结果显示，专家认为这些活动可能导致（或诱发）的主要环境风险包括水资源消耗（地下水和地表水）、压裂液扩散对地下水和地表水污染、支撑剂扩散对地下水和地表水污染、返排水和产出水对地下水和地表水及土壤污染等，而自然景观破坏、诱发地震、甲烷泄漏、硫化氢等泄漏污染、噪声污染和光污染等虽有专家选择，但未形成较大范围共识。

进一步对各类环境风险的危害程度进行排序，根据专家对危害程度排序结果进行自 10 分递减的设定，统计结果显示，水资源消耗的得分最高，达到 6.5 分，其次为压裂液扩散对地下水和地表水污染，得 6.0 分；排在第三位的是返排水和产出水对地下水、地表水和土壤污染，得 5.6 分。上述结果表明，水资源消耗，压裂液扩散对地下水和地表水污染，返排水和产出水对地下水、地表水和土壤污染是压裂操作与完井环节中可能引发的三种危害程度最大的污染。

针对压裂操作中的水资源消耗问题，有 79.3% 的专家认为相比于常规天然气页岩气开发耗水量增大，58.5% 的专家认为耗水量增加明显或者十分明显。控制耗水量增加的方法主要包括三个方面：一是回收循环使用压裂液，提高水资源利用率；二是创新技术，研发低耗水和无水压裂技术，减少水资源消耗；三是利用非常规水源，例如雨水、污水及其处理后的中水等。同时，通过制定标准避免水资源浪费，厉行节约用水是当前应采取的有效措施。控制耗水量增加所需支付成本方面，63.4% 的专家认为所需成本高、17.1% 专家认为需要非常高的成本，这是中国页岩气开发技术不成熟、尚处在探索学习阶段所致。在当前页岩气开发初期阶段，63.4% 的专家认为政府和企业应共同努力，发挥各自优势，处理好水资源消耗

问题。

针对压裂液扩散对地下水和地表水污染问题，有68.3%的专家认为相比于常规天然气开发污染加重，47.6%的专家认为污染危害将严重或非常严重。控制压裂液扩散对地下水和地表水污染的方法主要包括三个方面：一是改进压裂液成分，进一步研发环境友好型压裂液；二是加强开发区块地质研究，控制压裂缝的延伸方向，提升固井质量，避免压裂液渗入或穿入相邻地层；三是提高压裂技术水平，提升返排量，减少压裂液扩散量。控制压裂液扩散对地下水和地表水污染所需支付成本方面，63.4%的专家认为所需成本高或非常高，这是中国页岩气开发技术研发中应攻克的难题之一，同时有63.4%的专家认为政府和企业应共同努力加以解决。

针对返排水和产出水对地下水、地表水和土壤污染问题，有84.1%的专家认为相比于常规天然气开发污染加重，36.6%的专家认为污染危害将严重或非常严重。控制返排水和产出水对地下水、地表水和土壤污染的方法主要包括两个方面：一是返排液和产出水要密闭收集，实现就地废水净化处理和废物无害化填埋；二是建立场地水循环处理系统，提高循环水用量比。控制返排水和产出水对地下水、地表水和土壤污染所需支付成本方面，51.2%的专家认为所需成本高或非常高，这是中国页岩气开发技术研发中应攻克的难题之一，同时有54.9%的专家认为政府和企业应共同努力加以解决。

（2）钻井液及碎屑对地下水、地表水和土壤的污染是钻井环节中需着重防范的环境污染

钻井活动包括地面钻井设备操作、直井和水平井钻进、下套管与固井等。调研结果显示专家认为这些活动可能导致（或诱发）的主要环境风险包括钻井液及碎屑对地下水污染、钻井液及碎屑对地表水污染、钻井液及碎屑对土壤污染、水资源消耗、噪声污染和设备尾气排放等空气污染等，水土流失、自然景观破坏、盐碱水侵入地下水、甲烷泄漏、硫化氢等泄漏污染和光污染等虽有专家选择，但未形成较大范围共识。

进一步对各类环境风险的危害程度进行排序，根据专家对危害程度排序结果进行自10分递减的设定，统计结果显示，钻井液及碎屑对地下水污染的得分最高，达到4.6分，其次为钻井液及碎屑对地表水污染，得3.6分；排在第三位的是钻井液及碎屑对土壤污染，得3.2分。上述结果表明，钻井液及碎屑对地下水污染、钻井液及碎屑对地表水污染、钻井液及碎屑对土壤污染是钻井环节中可能引发的三种危害程度最大的污染。

针对钻井液及碎屑对地下水污染问题，有50%的专家认为相比于常规天然气开发污染加重，35.4%的专家认为污染危害将严重或非常严重。控制钻井液及碎屑对地下水污染的方法主要包括五个方面：一是改进钻井工艺，包括采用从式井，加快钻井速度等以防止钻井液漏失；二是研发低伤害环保型泥浆及钻井液；三是操作过程严格遵照技术规范，推广防喷、防爆、防漏技术，同时有完善措施和预案，有丰富经验的技术人员和操作者；四是钻井液不废弃、不排放，使废液实现不落地无害化处理；五是提前合理规划选址，通过减少钻井数量、减少管道铺设等减少地表破坏，同时做好土地复垦工作。控制钻井液及碎屑对地下水污染所需支付成本方面，52.4%的专家认为所需成本高或非常高，这是中国页岩气开发技术研发中应攻克的难题之一，同时有68.3%的专家认为政府和企业应共同努力加以解决。

针对钻井液及碎屑对地表水污染问题，有41.5%的专家认为相比于常规天然气开发污染加重，29.3%的专家认为污染危害将严重或非常严重。控制钻井液及碎屑对地表水污染的方法主要是要做到钻井液不废弃、不排放，一方面现场应设计防渗漏泥浆池，另一方面应有完善的处理、回收措施，并严格按规范操作实现无害化处理。控制钻井液及碎屑对地表水污染所需支付成本方面，50%的专家认为所需成本高或非常高，这是中国页岩气开发技术研发中应攻克的难题之一，同时有62.2%的专家认为政府和企业应共同努力加以解决。

针对钻井液及碎屑对土壤污染问题，有34.1%的专家认为相比于常规天然气开发污染加重，20.7%的专家认为污染危害将严重或非常严重。控制钻井液及碎屑对土壤污染的方法主要是要做到废水、废物的无害化处理，可以通过规范施工、加强环保监督实现。控制钻井液及碎屑对土壤污染所需支付成本方面，41.5%的专家认为所需成本高或非常高，这是中国页岩气开发技术研发中应攻克的难题之一，同时有57.3%的专家认为政府和企业应共同努力加以解决。

四、环境影响定量分析方法

本部分首先总结了目前中国石油天然气开发实践中采用的相关环境影响定量评价技术，并结合页岩气勘探开发特点给出了页岩气勘探开发的环境影响因素和评价因子。然后梳理了对页岩气环境影响的定量评价方法，主要包括生命周期评价法等。

（一）环境影响评价技术

在评价油气开发相关的环境影响时通常采用环境影响评价技术，从而定量地回答油气勘探开发活动的实施将对周围的生态和环境造成何种程度的影响、引起何种程度的风险。针对页岩气的勘探开发，重点关注水、空气、土地、生态等几个方面，具体包括地下水污染、地表水污染、水资源使用、废气排放、土地占用、生态多样性风险、噪声污染、景观影响、诱发地震、交通影响等。从实施层面上看，目前中国对油气开发相关的环境影响评估主要包括规划环评和项目环评两类。从实施时间上看，又可以分为事前评估、过程监督、事后评估等。

目前，对石油天然气开发建设项目环境影响进行评价要遵守《中华人民共和国环境保护法》《中华人民共和国环境影响评价法》《建设项目环境保护管理条例》及其他相关法律法规。同时，要符合《地表水环境质量标准》《地下水质量标准》等相关标准和规范。

根据中国《环境影响评价技术导则　陆地石油天然气开发建设项目》，针对勘探活动，规定在勘探前编制勘探工程环境影响报告表，在初步环境现状调查和工程分析的基础上，回答建设项目与国家法律、法规和政策的相符性，明确建设项目选址的环境可行性，提出勘探期环境保护的基本要求。常规天然气勘探一般是通过物探、试采等工作，布设一定数量的探井进行试验性开发，其工程内容包括了建设项目的全过程，只是井数较少，分布范围小，因此产生的影响范围较小。页岩气勘探与常规天然气勘探工作流程基本相同，区别在于勘探时可能需要更多的钻井数，且大部分页岩气勘探井都需要进行水力压裂。

对于计划开发的区块，在开发方案确定后，根据《建设项目环境保护分类管理名录》的规定，对建设项目施工期、运行期、闭井期的环境影响进行全面评价，编制石油天然气开发建设项目环境影响报告书。施工期是指建设项目的钻井、井下作业、地面井场、站场、集输设施、道路、油气处理厂等建设时段。运行期是指建设项目的油气采集、油气集输、油气处理等时段，也包括修井过程。在建设项目油气井服务期满后，停运、关闭、恢复土地使用功能的时段称为闭井期。

环境影响因素是指石油天然气开采过程中影响环境的因素，主要包括废水、废气、噪声、固体废物、占地以及各种临时、永久改变环境因素功能的施工活动。参考常规油气建设项目的环境影响因素，结合页岩气勘探开发的自身特点，总结出页岩气建设项目的主要环境影响因素（见表2－3和表2－4）和主要评价因子（见表2－5）。进行油气开发建设项目的环评时需要根据其自身特点及周围环境敏感性，筛选环境影响因素和评价因子，并根据油气组分的特点适当补充其他特征评价因子。

表2－3　页岩气建设项目（施工期）环境影响因素一览表

	施工期					
	占地	废气	废水	固体废物	噪声	风险
		钻机、车辆废气，单井罐挥发的烃类等	钻井废水，压裂废水，生活污水	落地油、钻井岩屑及泥浆等	施工车辆、钻机等噪声	井喷，套外返水，井漏
空气		√				√
地表水			√			
地下水			√			
声环境					√	
土壤	√			√		
植被	√			√		
动物						
其他						√

资料来源：笔者整理，参考《环境影响评价技术导则　陆地石油天然气开发建设项目》。

表 2-4 页岩气建设项目（运行期）环境影响因素一览表

	运行期				
	废气	废水	固体废物	噪声	风险
	加热炉等烟气，无组织挥发的烃类	生产废水及生活污水	油气集输、处理产生的废干燥剂、催化剂、油泥等	加热炉及机泵噪声	管线泄漏、储罐泄漏装置爆炸等
空气					√
地表水					
地下水					
声环境					
土壤					
植被					
动物					
其他					

资料来源：笔者整理，参考《环境影响评价技术导则 陆地石油天然气开发建设项目》。

表 2-5 页岩气建设项目环境影响评价因子一览表

	空气	地表水	地下水	声环境	生态
评价因子	SO_2、烟尘、NOx、H_2S、总烃、非甲烷总烃	COD、石油类、氨氮、硫化物	COD、总硬度、石油类、氨氮、硝酸盐氮	等效声级	植被、动物、土壤、土地利用结构

资料来源：笔者整理，参考《环境影响评价技术导则 陆地石油天然气开发建设项目》。

由于高压或机械故障引起的井喷在常规天然气井和页岩气井开发过程中都会出现。页岩气井在水力压裂操作中需要采用高压力的液体，增加了潜在风险，因此发生井喷的可能性更大。地下井喷不但可以发生在已经压裂完成的气井中，也可以发生在即将进行压裂的气井中。在美国巴奈特盆地，12 起井喷中有 2 起是发生在地下的，但是由于公开的资料较少，很难解释发生这些井喷的原因。地下井喷将对周边环境产生较大影响。例如，美国路易斯安那州的一起地下井喷事件改变了地下含水层的压力，造成周边很多水井开始喷水。

针对各种环境影响因素，首先要确定其评价工作等级（见表 2-6）、评价范围及环境敏感目标（见表 2-7）。此外，还需要确定评价标准。一般环境质量评价的标准应根据建设项目所在地区的要求执行相应环境要素的国家环境质量标准或地方环境质量标准。污染物排放标准执行地方污染物排放标准或国家污染物排放标准，且优先执行地方污染物排放标准，并符合地方环境保护行政主管部门的要求。然后，进行环境现状调查和测量、项目情况分析和污染源调查、环境影响预测等，其中环境影响预测时要根据环境影响因素的特点采用适当的计算模式、模型公式或预测方法。最后，得到各种环境影响及风险的评价结果，并提出相应的环境保护对策、风险防范措施和应急预案等。

表 2－6 环境影响因素评价工作等级

环境影响因素	划分依据	评价工作等级
空气	主要污染物排放量、周围地形复杂程度、当地大气环境质量标准	一级、二级、三级
地表水	建设项目的污水排放量、污水水质的复杂程度、受纳污水的地面水域规模及其水质要求	一级、二级、三级
地下水	建设项目生态影响范围、环境水文地质条件复杂程度、地下水环境敏感程度	一级、二级、三级
声环境	按投资额划分建设项目规模、噪声源种类及数量、建设项目前后噪声级的变化程度、建设项目噪声有影响范围内的环境保护目标、环境噪声标准和人口分布	一级、二级、三级
生态	生态系统、重要生境、区域环境、水和土地、景观	一级、二级、三级
环境风险	项目的物质危险性和功能单元重大危险源判定结果、环境敏感程度	一级、二级

资料来源：笔者整理，参考《环境影响评价技术导则 大气环境》《环境影响评价技术导则 地面水环境》《环境影响评价技术导则 地下水环境》《环境影响评价技术导则 声环境》《环境影响评价技术导则 非污染生态影响》等。

表 2－7 环境影响因素评价范围及环境敏感目标

环境影响因素	评价范围	环境敏感目标
空气	根据项目的级别确定，并考虑评价区内和评价区边界外有关区域的地形、地理特征及该区域内是否包括大中城市的城区、自然保护区、风景名胜区等环境保护敏感区。一般可取项目的主要污染源为中心，主导风向为主轴的方形或矩形。如无明显主导风向，可取东西向或南北向为主轴	说明评价范围内各环境因素的环境功能类别或级别，各环境因素敏感保护目标和功能，及其与建设项目的相对位置及距离
地表水	包括建设项目对周围地面水环境影响较显著的区域	
地下水	废水渗入地下与地下水发生水力、水质联系，经稀释扩散后，地下水水质可能达标的范围	

续表

<table>
<tr><th>环境影响因素</th><th>评价范围</th><th>环境敏感目标</th></tr>
<tr><td>声环境</td><td>噪声环境影响的评价范围一般根据评价工作等级确定。对于建设项目包含多个呈现点声源性质的情况（如工厂、港口、施工工地、铁路的站场等），该项目边界往外200米内的评价范围一般能满足一级评价的要求；相应的二级和三级评价的范围可根据实际情况适当缩小。若建设项目周围较为空旷而较远处有敏感区域，则评价范围应适当放宽到敏感区附近</td><td rowspan="3">说明评价范围内各环境因素的环境功能类别或级别，各环境因素敏感保护目标和功能，及其与建设项目的相对位置及距离</td></tr>
<tr><td>生态</td><td>根据影响区范围向四周外扩原则确定评价范围
（1）一级评价范围为建设项目影响范围并外扩2000～3000米
（2）二级评价范围为建设项目影响范围并外扩2000米
（3）三级评价范围为建设项目影响范围并外扩1000米</td></tr>
<tr><td>环境风险</td><td>对危险化学品按其伤害阈和GBZ2工业场所有害因素职业接触限值及敏感区位置，确定影响评价范围</td></tr>
</table>

资料来源：笔者整理，参考《环境影响评价技术导则　大气环境》《环境影响评价技术导则　地面水环境》《环境影响评价技术导则　地下水环境》《环境影响评价技术导则　声环境》《环境影响评价技术导则　非污染生态影响》等。

（二）环境影响评价方法

生命周期评价方法（Life Cycle Assessment，LCA）是一种常用的环境影响定量评价方法。它是一种评价产品、工艺或活动，从原材料采集，到产品生产、运输、销售、使用、回用、维护和最终处置的整个生命周期各个阶段的环境负荷的过程。它的研究思想最早起源于1969年美国可口可乐公司对不同饮料容器的资源消耗和环境释放所做的特征分析。1990年以后，在欧洲及北美环境毒理学和化学学会（SETAC）与欧洲生命周期评价开发研究会（SPOLD）的大力推动下，这种方法才真正在产品的资源和环境评价方面得到比较广泛的应用。

1997年，ISO发布了第一个生命周期评价的国际标准——《生命周期评价原则与框架》（ISO 14040），此后几年中又相继发布了《生命周期评价：目标与范围的确定及清单分析》（ISO 14041）、《生命周期评价：生命周期影响评价》（ISO 14042）、《生命周期评价：生命周期解释》（ISO 14043）、《生命周期评价：ISO 14042的应用范例》（ISO/TR 14047）、《生命周期评价：数据文件格式》（ISO/TS 14048）和《生命周期评价：ISO 14041 的应用范例》（ISO/TR 14049）等多个标准及应用示例。至此，生命周期评价经过 30 年的发展，进入了成熟应用的阶段。

随着生命周期思想和方法的不断推广，国外很多研究者开始尝试建立 LCA 模型和数据库。其中，欧洲很多研究机构建立了 SPOLD 等数据库。此外，雷登大学环境科学中心（CML）建立了“干预—效应”理论体系，即根据 ISO 对于 LCA 方法的规定，将产品生命周期中的环境影响分为 18 种环境效应，确立了其中绝大多数效应的计算方法，并在 CML 数据库中收录了 100 多种污染物排放系数。

LCA 方法在车用燃料领域进一步发展为“矿井”到“车轮”（Well – to – Wheel，WTW）方法，即对车用燃料的全生命周期的能源消耗和污染物排放进行定量分析，包括原料开采、燃料加工、运输和存储、燃料使用等全部环节。美国阿贡国家实验室（Argonne National Laboratory）在该领域进行了多年工作，建立了 GREET 模型和数据库，且持续对模型功能进行完善，不断对数据库进行更新，得到了研究领域的广泛认可。2015 年，阿贡实验室将美国页岩气开发的环境影响也纳入了 GREET 模型内，并得到了一些初步的研究结果，具体内容将在下面章节内详细介绍。

第三章

中国四川盆地页岩气开发对环境的影响评价

本章首先对页岩气开采工艺进行简要介绍，然后重点对我国页岩气勘探开发过程对水资源、土地资源和大气环境的影响进行分析（以四川盆地为典型案例），主要包括“量”的分析和“质”的分析两部分，即水资源和土地资源的可获得性以及对水质和土壤质量的影响（如图 3－1 所示）。最后，对页岩气开发各环节对大气环境的影响方式进行识别，并测算污染物排放。

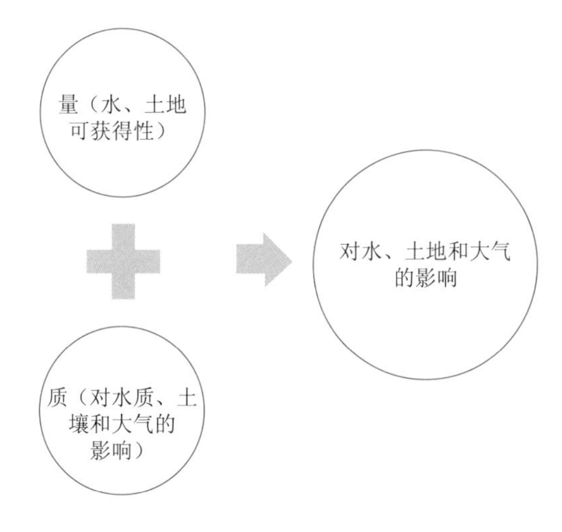

图 3－1　本章分析思路

一、页岩气开采工艺

页岩气开发包括钻探工程和地面工程，钻探工程包括钻前工程、钻井工程、试气工程和地面工程，地面工程包括天然气集输工程、供水工程、道路工程、供电工程等。工艺流程见图 3－2。

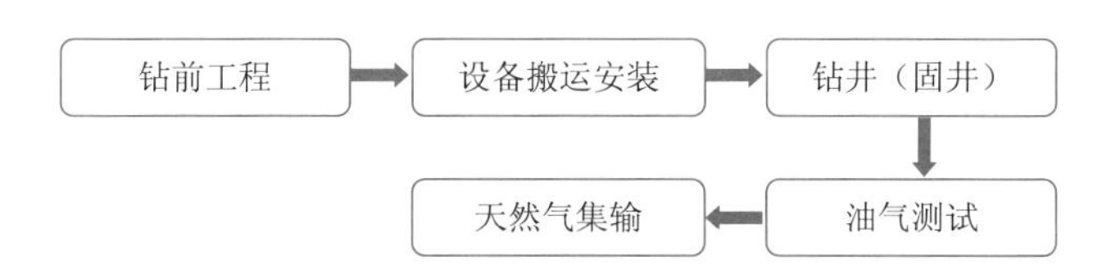

图 3－2　页岩气开采工艺流程图

（一）钻前工程

钻前工程是为钻井工程进行前期的基础设施建设的工程，示范区钻前工程主要包括井场平整，建设井口及设备基础，新建废水池、压裂水池、放喷池，以及设备运输安装。

（二）钻井工程

示范区页岩气主要分布在志留系龙马溪组地层，钻井深度 2000～3000 米，水平段平均长度为 1500 米，平均单井进尺 3500～4500 米。钻井采用三开钻井方式，导管段、一开及二开直井段采用清水钻井工艺，二开斜井段采用水基钻井液钻井工艺，三开水平段采用油基钻井液钻井工程。

钻井液主要功能为带出岩屑，目前主要采用网电作为钻井动力，通过钻井转盘带动钻杆切削地层，同时将钻井液泵入钻杆注入井内高压冲刷井底地层，将钻头切削的岩屑不断带至地面。钻井液经处理后可重复使用，水基钻井岩屑进入废水池，油基钻井岩屑袋装收集处理。钻井过程见图 3－3。

（三）试气工程

示范区试气工程主要包括对完钻井进行正压射孔、水力压裂、测试放喷。

正压射孔采用比较重的泥浆作压井液，将射孔枪用电缆送到井下目的层（志留系龙马溪组地层），引爆射孔枪。射孔后采用盐酸作为前置酸对地层进行处理，起到减压、解堵的作用。

压裂即用压力将地层压开一条或几条水平或垂直的裂缝，并用支撑剂将裂缝支撑起来，疏通油、气、水的流动通道。示范区采用水力压裂，利用地面高压泵组将清水以超过地层吸收能力的排量注入井中，在井底憋起高压，当此压力大于井壁附近的地应力和地层岩石抗张强度时，在井底附近地层产生裂缝；继续注入带有支撑剂的携砂液，裂缝向前延伸并填以支撑剂；压裂后裂缝闭合在支撑剂上，从而在井底附近地层内形成具有导流能力的填砂裂缝。待一段压裂完成后，向井下再放置桥塞，重复上段压裂过程，直至压裂全部水平井段。

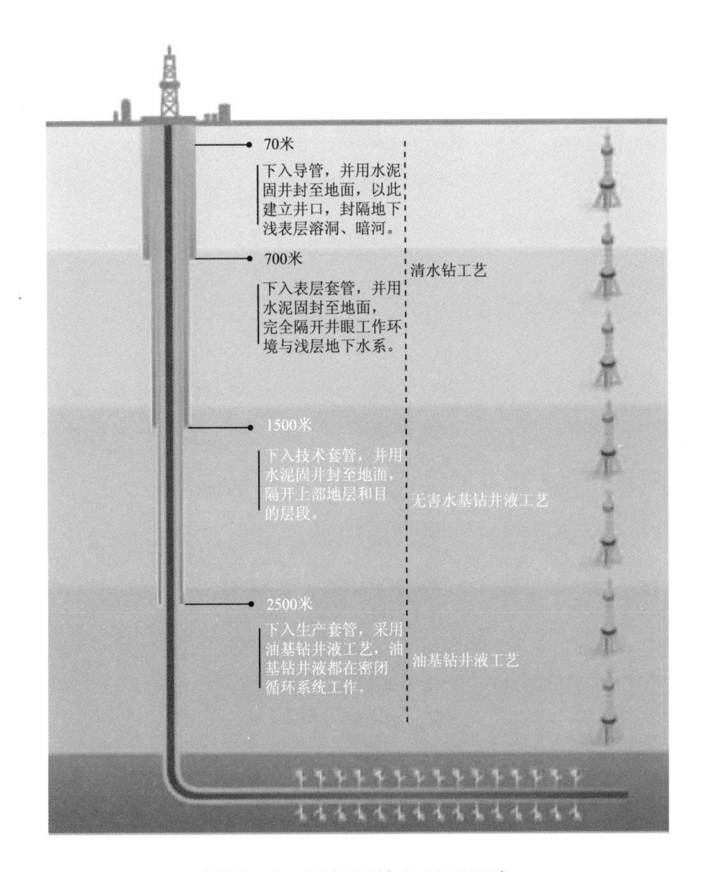

图 3－3 示范区钻井过程示意

测试放喷是让井内油气和压裂液有控制地喷出井外的过程。为避免地层吐砂，开始返排的速度较小，根据排液情况和井口压力逐步进入产气阶段。测试过程产生的可燃气体引至放喷池点燃；压裂返排液排入压裂水池，用于后续压裂。

（四）地面工程

示范区地面工程包括天然气集输工程、供水工程、道路工程、供电工程等。天然气集输工程包括集气站、集气干线、集气支线、采气管线、脱水站等；示范区主要由涪陵白涛工业园区供水厂供水，水源取自乌江，供水工程主要为白涛园区供水厂至示范区以及示范区内部的供水管线；供电工程主要为变电站及输电线路，供给钻井钻机、供水提升泵站等用电，其中网电覆盖的井场优先利用网电，网电未覆盖的井场采用柴油机发电。

二、水资源影响评价

（一）水资源可获得性

分析水资源的可获得性时，将采用供需平衡分析法（如图 3－4 所示）和情景分析法。在需求侧，从微观案例出发，通过国内外对比，页岩气与常规天然气对比，得出单井的水资源需求；在供应侧，从局部地区的水资源状况出发，分析未来的水资源供应能力；最后，结合第一章给出的四川盆地三种页岩气发展情景，估算出实现该情景目标时的总体水资源需求，将需求侧与供应侧分析结果相结合，回答水资源是否足够、从哪里来以及对本地其他水资源用途的竞争性影响等问题。

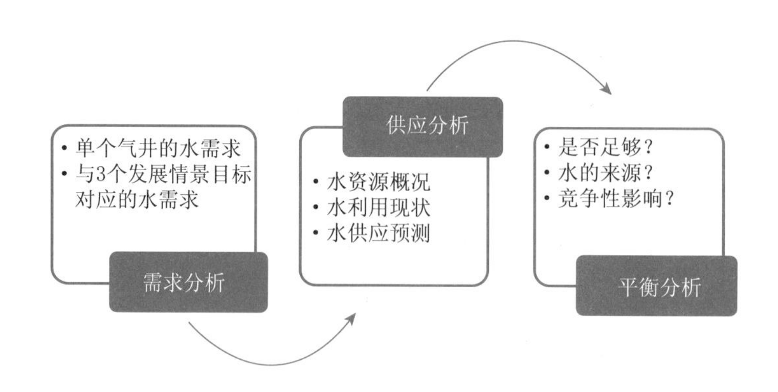

图 3－4　水资源可获得性的研究思路

1. 水资源需求

水资源消耗是目前页岩气开发过程中最具有争议的重要问题之一，尤其是水力压裂过程中消耗的水资源。页岩气开发的钻井和压裂过程都需要使用大量水（如图 3 -5 所示），主要用于钻井液、水泥、压裂液、天然气管道测试、天然气处理厂等。本书重点考虑开发钻井、固井、洗井和压裂等开发环节。

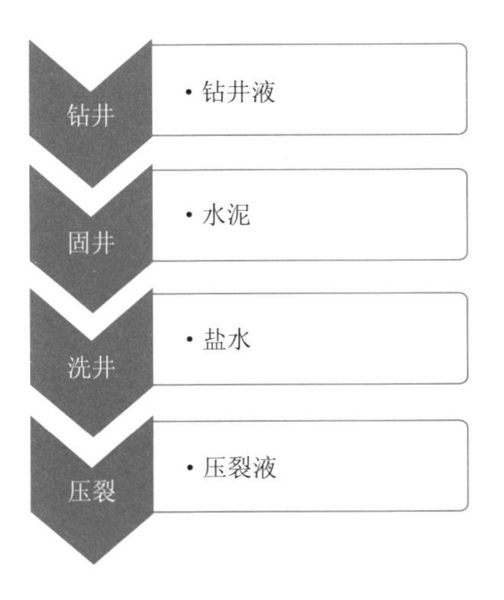

图 3 -5　页岩气开发中的用水环节

（1）钻井、固井和洗井

油气开发的第一项操作工序是钻井。钻井作业需要钻井设备和钻井液。钻井液是钻探过程中，孔内使用的循环冲洗介质，对钻井速度、钻井安全和油井投产后产量的高低有着至关重要的作用。页岩气钻井与常规天然气钻井作业并没有本质区别，只是由于页岩气井进尺长度更长，需要的钻井液数量可能更多，所以消耗的水资源也更多。Michael Wang 研究表明，页岩气钻井过程中的需水量因地区不同而有较大差异（如图 3 -6 所示），以美国四个主要页岩气盆地的钻井需水量平均值与常规天然气钻井需水量平均值进行对比，前者约为后者的 2.4 倍。

我国四川盆地与美国海尼斯维尔盆地的地质条件较为类似，钻井深度接近，通常认为具有一定的可比性。但是，课题组对四川盆地进行实地调研，发现目前页岩气钻井液用水量约为 600 ~ 700 立方米/井，远低于海尼斯维尔盆地的 1100 立方米/井。页岩气井与常规天然气井相比，如果钻井过程中不发生漏失，则所需钻井液量基本相当；如果发生漏失，则页岩气井漏失的可能性和漏失量均较常规天然气井小，因此漏失情况下所消耗的钻井液会略低于常规天然气井。

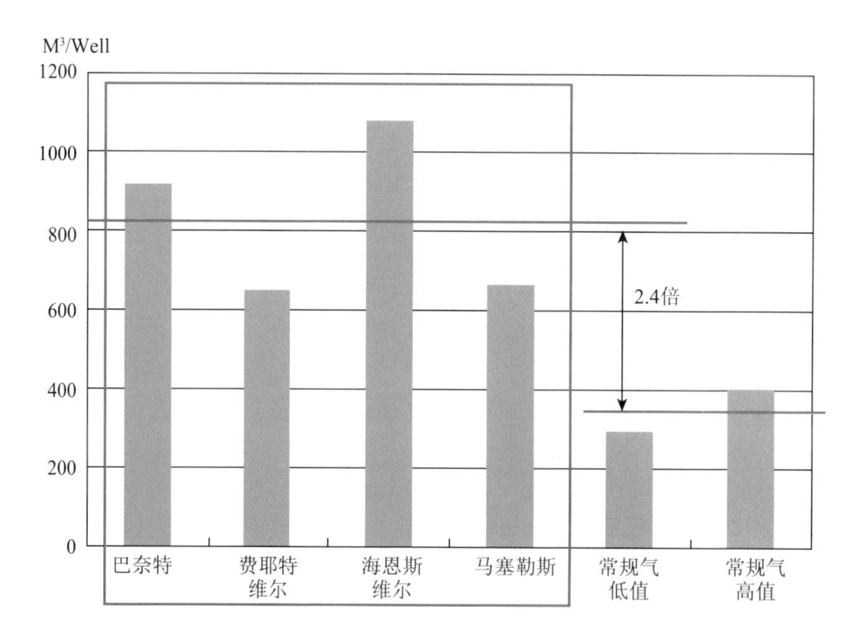

图 3－6　美国页岩气与常规天然气钻井过程中水消耗对比

资料来源：数据来自 Michael Wang，笔者整理。

钻井完成后，向井内下入套管，并向井眼和套管之间的环形空间注入水泥的施工作业称为固井。由于固井过程中需要使用少量水泥，从而产生了水资源需求。常规天然气井的固井与页岩气的固井操作基本相同。Michael Wang 研究表明，美国四个主要页岩气盆地的固井需水量参差不齐（如图 3－7 所示），其平均值约为常规天然气的 3.1 倍。

根据笔者对四川盆地的实地调研，发现目前中国页岩气井固井水泥用量较小，以 3000～4000 米井深为例，仅需用水 80 立方米左右，高于美国常规气井总和，但低于美国大部分页岩气井。

页岩气开采区块的个性特征非常明显，钻井和固井过程中产生的用水量差异较大，以美国四个主要盆地为例，可以发现不同研究结果中估计的用水量最高相差 1 倍左右（如图 3－8 所示）。此外，由于每口井的情况不同，数据获得途径不同，造成用水量估算结果差异较大，这使得估计用水量的平均值比较困难。

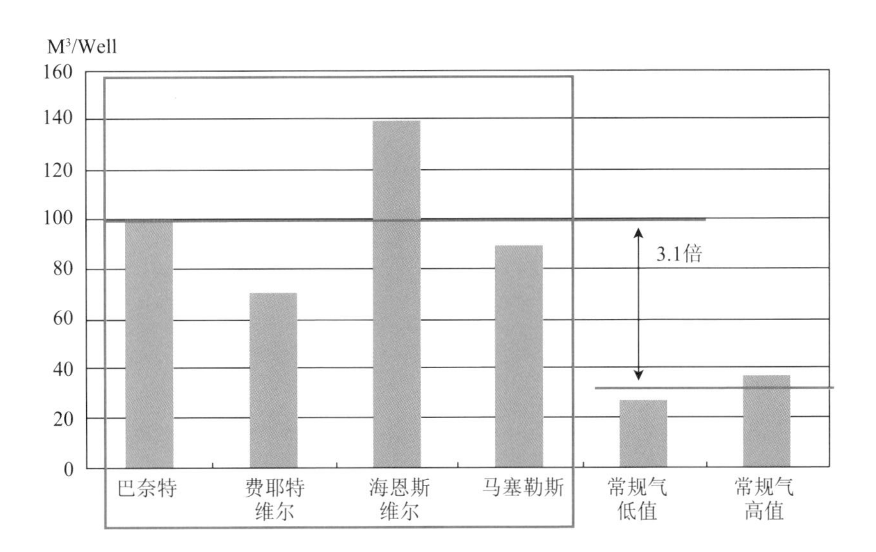

图3-7　美国页岩气与常规天然气固井过程中水消耗对比

资料来源：数据来自 Michael Wang，作者整理。

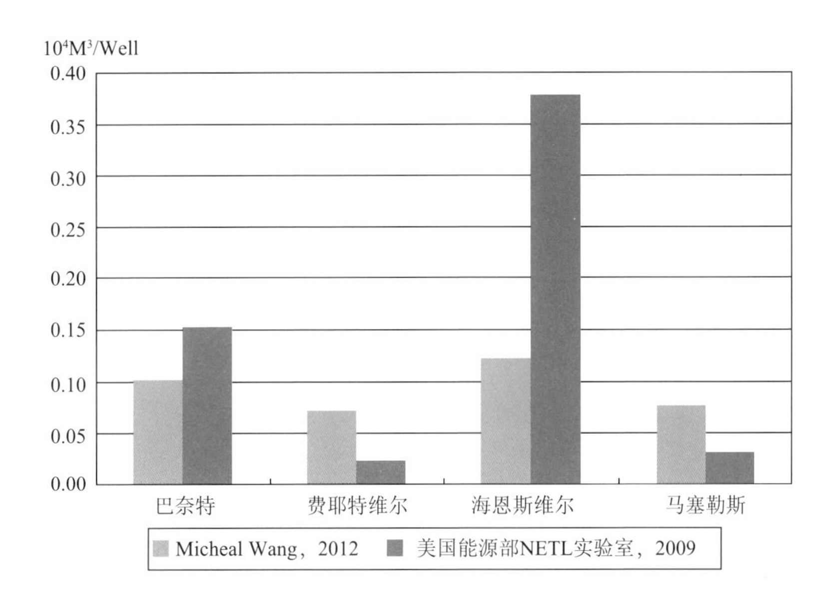

图3-8　页岩气钻井和固井用水量比较

固井后还需要进行洗井操作，即用原钻井泵泵入清水或盐水，把井筒内的物质携带至地面，从而改变井筒内的介质性质，以达到作业要求的过程。由于需要使用盐水，产生了一定用水量。课题组对四川盆地的实地调研发现，目前中国页岩气洗井用水量约为每1000米进尺消耗30立方米，按照目前典型井井深3000～4000米计算，单口井洗井的用水量为90～120立方米。

综合看来，目前美国页岩气钻井施工中的平均用水量为700～1200立方米/井，中国四川盆地页岩气钻井施工中的用水量略低于美国，初步计算为770～900立方米/井。

（2）压裂

压裂改造能改善页岩层本身的渗透率，提高气体的渗滤通道，加快天然气的开采速度，提高单井采收率。压裂技术有很多种，但是目前页岩气开发中主要采用的是水力压裂，需要使用大量的水资源。虽然有的常规天然气井也会采用水力压裂进行增产改造，但是压裂一口常规天然气井与压裂一口页岩气井的水资源需求差距非常大，因为页岩气井通常涉及复杂度更高、规模更大的多阶段水平井压裂。

美国页岩气压裂用水量因盆地不同，差异较大（如图3－9所示），其中巴奈特盆地较低。不同研究结果中同一盆地的压裂用水量差异较大，如Micheal Wang估计的用水量远高于其他研究，甚至达到其他研究结果的2～3倍。产生这种巨大差异的原因在于对单口井压裂次数的假设不同。如果按照页岩气井的全生命周期考虑，气井投产一段时间后产量将迅速降低并保持在某个较低水平，后期由于增产的需要，面临进行二次压裂或三次压裂的可能性，因此Micheal Wang是按照美国一口页岩气井全寿命期内共需要进行三次压裂作业来计算其用水量，因此其用水量估算结果远高于其他研究。

由此看来，影响页岩气井压裂用水量的关键因素既包括每次压裂的用水量，也应该考虑其全寿命期内重复压裂的次数。美国环境保护署（U. S. Environmental Protection Agency，EPA）认为，每口非常规气井的寿命在30年左右，每隔10年需要进行一次增产改造，据调查，美国2007年有大约10%的非常规天然气井是需要通过重复压裂进行增产改造的。另外

ANGA&API 认为，这个比例可能更低一些，大约在 2.31% ~4.7%。考虑到美国环境保护署的数据样本来源更广泛，而且与行业协会相比立场更偏中立，因此笔者认为美国每年重复压裂的气井数大约占全部生产井数的 10% 的结论更为可靠。本书将采用类比方法，按照该比例估计未来中国重复压裂所需的用水情况。

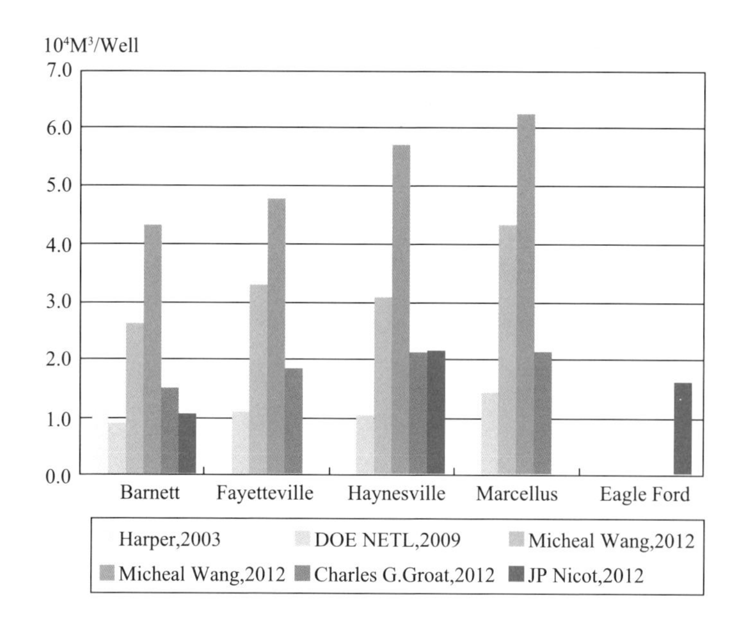

图 3-9　美国主要盆地页岩气井压裂用水量比较

资料来源：笔者整理，数据来自文献。

根据课题组对四川盆地的实地调研，中石油宁 201 - H1 井现场配置水池容量为 1 万立方米，压裂液用量为 23655 立方米，分 10 段进行压裂。据此估计，目前平均每段压裂用水量为 2000 立方米。因此，单口水平井的压裂用水量在 2 万立方米左右。另一案例是中石化在川西地区的新页 HF - 1 井，其压裂用量为 1.94 万立方米。同样位于四川盆地的常规天然气直井压裂一般分 3 层，平均每层压裂用水为 300 ~400 立方米，则单口直井的压裂用水量在 900 ~1200 立方米。可见，中国目前页岩气水平井压裂用水量是常规天然气直井压裂用水量的 17 ~22 倍。如果考虑到页岩气水平井后期的重复压裂作业，则将产生更多用水量。

在压裂过程中，大量压裂液被注入地下，一段时间后部分压裂液将和地层中的盐水一起返排到地面上来，这部分被称作生产废水，剩余压裂液仍在地下。也就是说，生产废水既包含返排上来的压裂液，也包括原本存在于地下的含盐分的地层水。随着回收的废水越来越多，其含量中的盐分也越来越高。但是，含盐分废水何时会占到回收废水中的较大比例现在还难以确定。压裂液返排率的变化范围非常大，Charles G. Groat 认为压裂液返排率可能为 20% ~80% 不等，返排率变化的原因目前还不清楚。由于返排上来的液体中包含地层水，因此有可能出现返排液体数量高于初始压裂液用量的情况。Micheal Wang 指出，巴奈特盆地的生产废水约为注入压裂液的 2.75 倍，海尼斯维尔盆地约为 0.9 倍，费耶特维尔和马塞勒斯分别为 0.25 倍和 0.2 倍。巴奈特盆地生产废水远高于压裂液用量，是大量地层水随压裂液返排上来的结果。压裂液经处理后可以重复利用，但是面临处理成本过高的问题。Micheal Wang 研究表明，巴奈特盆地和费耶特维尔的生产废水中约有 20% 可以重复利用，而马塞勒斯可重复利用率高达 95%，但是海尼斯维尔盆地却不能重复利用。

根据课题组对四川盆地的实地调研，中石油宁 201 - H1 井压裂液返排率约为 30%，目前还没有进行重复利用。另据报道，中石化在川西地区对新页 HF - 2 井的压裂返排液进行处理，已在新页 HF - 1 井现场成功应用，重复利用返排液量 2700 立方米，占其压裂液总液量（19372 立方米）的约 14%。考虑到压裂液重复利用仍存在较大的技术经济性障碍，目前尚处于初步探索阶段，未来应用的难度和范围尚难以估计，因此，本书计算时暂不考虑压裂液重复利用情况。

(3) 小结

页岩气开发过程中的钻井、固井、洗井和压裂等作业都会产生水资源消耗。其中，压裂用水占总用水量的 95% 以上。不同地区的页岩气井用水量差异较大。目前，中国四川盆地页岩气探井在建设期内的单井用水量大约为 2.1 万立方米，较美国平均水平高。

2. 水资源供应

页岩气井用水来源包括地表水（河流、湖泊、池塘）、地下水层、市政供水、工业或污水处理厂的再生水，以及之前的压裂操作回收处理后的水。对水资源的影响因取水地点不同而存在较大差异，而且取水季节也是一个重要的因素。

（1）资源状况

中国是一个干旱缺水严重的国家，水资源空间分布总体上呈现“南多北少、差距悬殊”的基本特征。水利部2006年的统计数据显示，中国500个城市中有60%缺水，严重缺水的城市达108个，华北和西北地区的水资源短缺矛盾更为突出（如图3－10所示）。

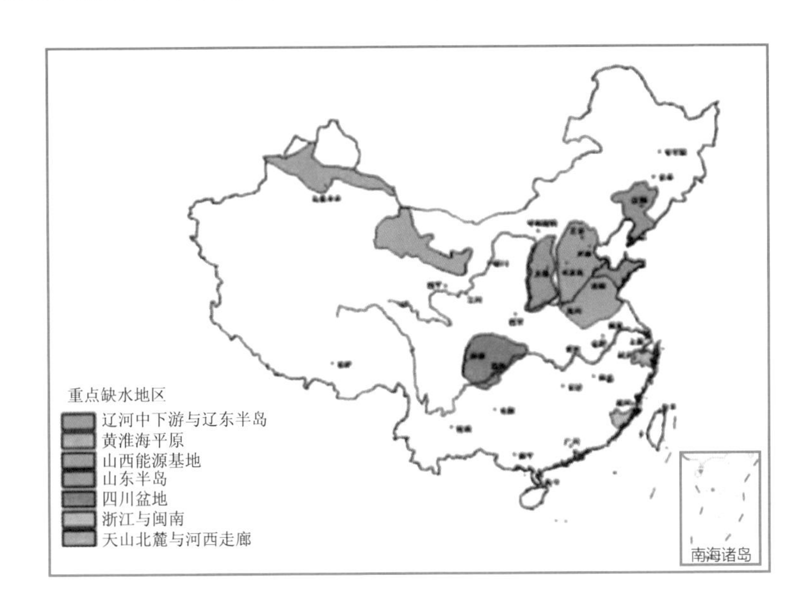

图3－10　中国重点缺水地区分布

资料来源：中国水利水电科学研究院。

目前页岩气开发区域主要集中在四川盆地内，未来一段时期也将以四川盆地为主要生产基地。四川盆地包括四川省中东部和重庆市大部分地区，总面积约26万平方千米，分为边缘山地和盆地底部两部分，其面积分别约为10万平方千米和16万平方千米，按方位可以细分为川东、川西、川南、川北和川中五部分。盆地中的主要城市有成都、重庆、绵阳、南充、泸州、自贡、遂宁、内江、宜宾、乐山、德阳、眉山、广元、达州、广安、巴中、雅安、资阳、万州、涪陵等。考虑到数据的可获得性，本书以四川省整体来估计水资源的供应能力。

四川省位于中国西南部，地势西高东低，气候条件十分复杂，东部盆地为亚热带湿润气候，西南山地为偏干性亚热带气候，西部高山高原为高寒气候。四川省是水资源大省，省内水系流域众多（如图 3－11 所示）。但是，由于水资源时空分布失衡，城市用水严重缺乏，成都、自贡、遂宁、内江、资阳等地区人均水资源量较低，远低于国际严重缺水警戒线，而且水污染进一步加剧了水资源短缺。

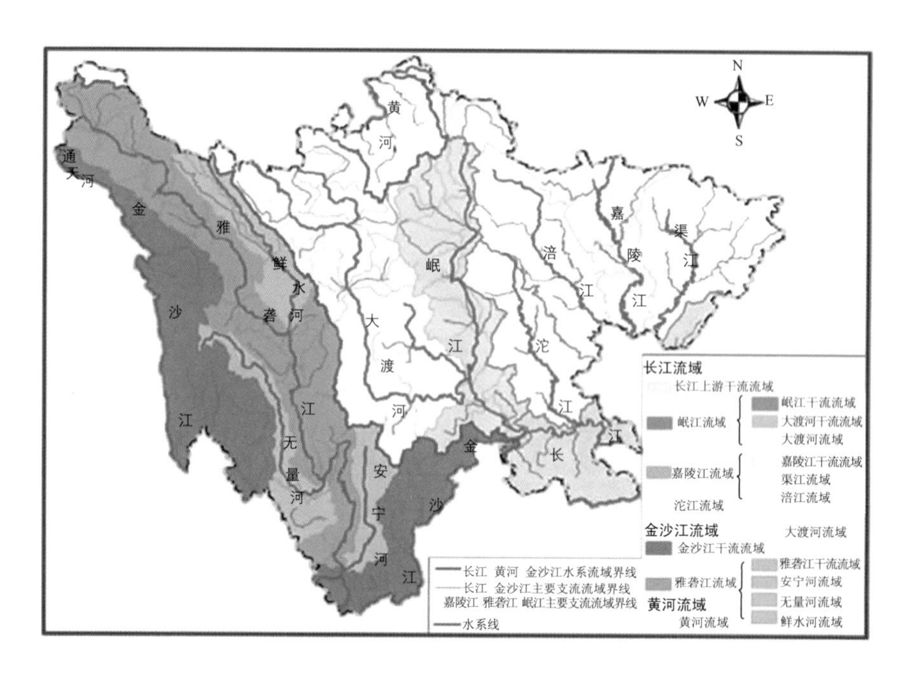

图 3－11 四川省水系流域分布

资料来源：《2012 年四川省地理省情公报》。

根据《2006 年四川省水资源公报》，全省地表水资源量 1864.24 亿立方米，地下水资源量 534.62 亿立方米，水资源总量 1865.84 亿立方米。人均水资源量地区分布不均。2006 年全省人均水资源量 2139 立方米，其中西部人均水资源量 15250 立方米，东部人均水资源量 953 立方米。四川盆地地下淡水天然资源量 389.19 亿立方米，可采资源量 153.69 亿立方米。另据张碧等的研究，四川省多年平均降水量为 4740 亿立方米，水资源总量为2552.47亿立方米，人均水资源量为2998立方米，均略高于《2006年四川省水资源公报》的数据。水资源可利用量估算困难，因为四川省多数地区为山丘区，地下水与地表水重复计算的比例较大，平原区地下水与地表水交换也很频繁。初步估计，四川全省水资源可利用总量约为866亿立方米，绝大部分为地表水。

虽然四川省水资源比较丰富，但是存在很多问题，造成部分地区严重缺水（见表3－1）。

表3－1　四川省各经济区水资源概况

区域	成都经济区	川南经济区	川东北经济区	攀西经济区	川西北生态经济区
水资源总量（亿立方米）	425	183	341	615	1052
人均占有量（立方米）	1300	1000	1100	8300	55000
区域特点	水资源短缺，水环境问题较为突出	干旱缺水严重，大中型骨干工程缺乏	洪旱灾害严重，水利建设欠账较多	水资源较为丰富，但时空分布不均，山洪灾害严重	长江、黄河上游的重要水源地，水资源丰富，但开发利用滞后，生态环境脆弱

资料来源：四川省“十二五”水利发展规划［EB/OL］. http：//www. sc. gov. cn/sczb/2009byk/lmfl/szfbgt /201201/t20120116_ 1169707. shtml；笔者整理。

第一，水资源空间分布不均，水供应与需求地区逆向分布。总体看，省内西部地区春季易出现干旱，东部易形成伏旱，中部则春旱与伏旱交替出现。西部高山高原地区的金沙江流域多年平均水资源量占全省水资源量的38.4%，但是用水量仅占全省的9.2%；相邻的岷沱江流域大渡河多年平均水资源量占全省水资源量的16.6%，但是用水量仅占全省的2.3%。而且，由于西部区域“水低山高”，当地水资源可利用率低，兴建引水工程向东部盆地调水的难度较大。

第二，水资源时间分布不均，季节性缺水严重。四川省是中国农业大省，农业灌溉用水占全省总用水量的65%以上。全省耕地主要集中在东部盆地，但是该地区的水资源年内分配与农业用水规律十分矛盾。例如，每年5月农业灌溉需水量最多、最集中，但是大量降水一般集中出现在6月以后。而且，水资源年内分配的年际变化较大，即使在年水资源总量大于平均年的年份仍有旱情发生，盆地东部的嘉陵江流域在7月、8月伏旱缺水频繁。可见，季节性缺水已成为影响四川农业发展的重要因素。

第三，四川省水资源利用方式较为粗放，水资源有效利用率仅为30%~40%，较发达国家低30~50个百分点。主要原因有两方面：一是该省高耗能和高污染产业大量存在，污染物排放量较大。沱江、岷江的工业废水污染占全省一半左右，主要集中在造纸等行业，污染企业数量多、规模小、技术工艺落后、点源分散，污染物排放量大且不容易监控。二是工业污水处理率低，在某些地区不同程度地存在通过排污口向江河直接排放污水的现象，对水资源和环境造成了严重伤害。

（2）用水需求

四川省属于中国区域性缺水和季节性缺水地区，目前全省年用水量在200亿立方米左右（如图3-12所示）。

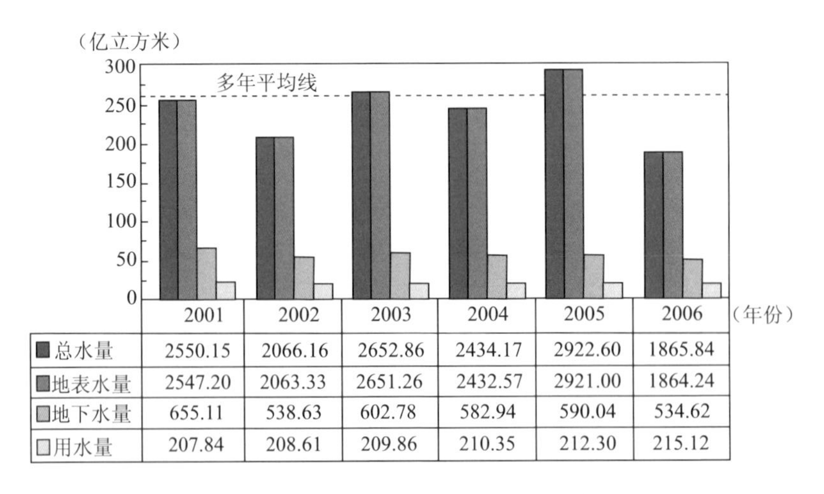

	2001	2002	2003	2004	2005	2006
总水量	2550.15	2066.16	2652.86	2434.17	2922.60	1865.84
地表水量	2547.20	2063.33	2651.26	2432.57	2921.00	1864.24
地下水量	655.11	538.63	602.78	582.94	590.04	534.62
用水量	207.84	208.61	209.86	210.35	212.30	215.12

图3-12　2001—2006年四川省用水情况

资料来源：《2006年四川省水资源公报》。

2006年全省总用水量215.12亿立方米。其中生产用水190.56亿立方米，占用水总量的88.6%（其中，第一产业用水占65.3%，第二产业用水占33.0%，第三产业用水占1.7%）；生活用水22.33亿立方米，占用水总量的10.4%；生态用水2.23亿立方米，占用水总量的1.0%。按四川东、西部统计，东部盆地区用水量192.01亿立方米（占全省总用水量的89.3%），其中生产用水占88.2%，生活用水占10.7%，生态环境用水占1.1%。西部高山高原区用水量23.11亿立方米（占全省总用水量的10.7%），其中生产用水占91.5%，生活用水占8.0%，生态环境用水占0.5%（见表3-2）。

表3-2　四川省用水情况　　单位：亿立方米

		总用水量	生产用水	产业分类			生活用水	生态用水
				第一产业	第二产业	第三产业		
2006年	全省	215.12	190.56	124.44	62.88	3.24	22.33	2.23
	东部盆地	192.01	169.35	—	—	—	20.55	2.11
	西部高原	23.11	21.15	—	—	—	1.85	0.12
2010年	全省	—	—	127.26	62.92	—	—	—

资料来源：《2006年四川省水资源公报》《四川省统计年鉴》。笔者整理。

未来随着四川省经济社会的健康快速发展，全省的用水需求将进一步增加。根据四川省水利水电勘测设计研究院的预测，2015年和2020年全省用水需求将分别增加至377亿立方米和421亿立方米，其中工业用水将分别达到124亿立方米和156亿立方米（见表3-3）。

表3-3　四川省用水需求预测　　单位：亿立方米

分区	水平年	生活需水			生产需水						生态环境	合计
		城镇	农村	小计	农田灌溉	林牧渔畜	工业	建筑业	三产	小计		
四川省	2005	14.00	12.90	26.90	143.40	24.91	69.50	1.40	6.00	245.20	2.50	274.37
	2015	21.50	13.00	34.50	171.20	28.58	124.20	2.60	13.10	339.70	2.70	376.98
	2020	26.40	13.40	39.80	175.10	30.46	155.90	2.70	13.70	377.90	3.20	420.97

资料来源：四川省水利水电勘测设计研究院。

此外，四川省城市用水将面临严重不足。张碧等指出，2015 年四川省城市年需水量为 124 亿立方米，日均需水量 3380 万立方米，日供水量仅 815 万立方米，缺口将达到 2565 万立方米。2020 年四川省城市需水量为 201 亿立方米，日均需水量为 5457 万立方米，日均供水量仅 1040 万立方米，缺口将达到 4457 万立方米。

（3）情景分析

由于中国页岩气勘探开发实践尚处于起步阶段，已钻井数仅 80 余口，且主要集中在四川盆地内，因此本书以四川盆地为例，采用情景分析法研究未来中国页岩气大规模勘探开发对局部地区水资源的宏观影响。

考虑到页岩气井用水量主要发生在水力压裂作业中，并且在气井全生命周期中可能会多次进行压裂，所以对生产井将估算其全寿命期用水量。对最终投产的钻井，假设全部为水平井，需要进行 10 段压裂作业；对其他钻井，假设为直井，需要分 3 层进行压裂，且仅估算其建设期内的用水量，压裂作业为 1 次。建设期内，水平井的用水量约为 2.1 万立方米/井，其他钻井用水量约为 0.7 万立方米/井。考虑到生产井后期可能会进行重复压裂，本书参考美国环境保护署（EPA）研究结果，假设每年约有 10% 的生产井需要采取压裂改造措施，用水量为 2 万立方米/井。据此估算出 2015 年、2020 年和 2030 年四川盆地页岩气勘探开发所需年用水量分别为 474 万～1176 万立方米、2735 万～7376 万立方米和 9687 万～24178 万立方米（见表 3－4 至表 3－6）。

表 3－4　2015 年四川页岩气开发用水量　　单位：万立方米

指标	A. 工程院情景（初始产量 5 万立方米/日）	B. “十二五”情景（初始产量 5 万立方米/日）	C. 工程院情景（初始产量 2 万立方米/日）
生产井用水量	336.0	682.5	840.0
其他井用水量	112.0	227.5	280.0
重复压裂用水量	26.0	41.0	56.0
年度总用水量	474.0	951.0	1176.0

表 3－5　2020 年四川页岩气开发用水量　　单位：万立方米

指标	A. 工程院情景（初始产量 5 万立方米/日）	B. “十二五”情景（初始产量 5 万立方米/日）	C. 工程院情景（初始产量 2 万立方米/日）
生产井用水量	2016.0	5544.0	5090.4
其他井用水量	168.0	462.0	424.2
重复压裂用水量	550.8	1370.0	1368.0
年度总用水量	2734.8	7376.0	6882.6

表 3－6　2030 年四川页岩气开发用水量　　单位：万立方米

指标	A. 工程院情景（初始产量 5 万立方米/日）	B. “十二五”情景（初始产量 5 万立方米/日）	C. 工程院情景（初始产量 2 万立方米/日）
生产井用水量	5292.0	7371.0	13419.0
其他井用水量	196.0	273.0	497.0
重复压裂用水量	4198.8	7946.0	10262.4
年度总用水量	9686.8	15590.0	24178.4

据预测，四川省 2015 年和 2020 年工业用水将分别达到 124 亿立方米和 156 亿立方米。由此估算，2015 年和 2020 年四川省因页岩气规模化开发将分别增加用水量 474 万～1176 万立方米和 2735 万～7376 万立方米，分别占当年全部工业用水量的 0.04%～0.09% 和 0.18%～0.47%。

如果按照产能建设计算，当页岩气井初始产量为 5 万立方米/日时，每建设 1 万立方米的页岩气产能需消耗水资源 20～25 立方米；当初始产量为 2 万立方米/日时，每建设 1 万立方米的页岩气产能需消耗水资源 49～63 立方米。按照目前四川省的用水定额，天然气开采行业的用水指标为 30 立方米/万立方米。因此，如果页岩气勘探开发顺利、气井获得较高的单井产量，那么四川盆地开发页岩气引起的水资源消耗规模是可以承受的。但是，对于中国其他页岩气资源有利区，由于当地的水资源条件可能与四川盆地差距较大，则页岩气勘探开发是否会面临水资源可获得性的限制，仍需要开展进一步深入细致的研究。

（二）水质影响

页岩气开发过程中多种污染物可能造成地表水污染和地下水污染，这些污染物来源于钻井液、水力压裂液、生产废水以及甲烷等碳氢化合物。由于目前中国页岩气勘探开发地区的基础监测数据暂时难以获得，本书将主要采用定性分析，并通过国内外对比来初步探讨潜在影响。

1. 钻井液

钻井液所含的污染物与钻井液类型密切相关。页岩气开发中直井与水平井都较为常用，其中直井钻井液与常规气井类似，水平井钻井液根据不同页岩的物性区别有所不同。钻井液一般均含有油脂（来自油基液体）、加重剂、黏土、有机胶体聚合物、稀释剂、表面活性剂、无机化学材料、堵漏材料、专用化学品等。钻井过程中有可能发生钻井液漏失，导致以上成分随钻井液进入地层。井漏通常难以控制，如果漏失量较大，可能会对连通的地下水产生一定影响。

2. 压裂液

页岩气开发所用水力压裂液的主要成分是水和砂粒，两者占压裂液组成的98%以上，另外2%左右为各种化学添加剂，用于提高压裂液的造缝、携砂能力，降低摩阻等。常用的有稀盐酸、胍胶、硼酸盐、聚丙烯酰胺、矿物油、柠檬酸、氯化钾等，如表3－7所示。2010年有报告显示，美国14家油气公司过去五年的页岩气开采中使用了约295万立方米的压裂添加剂，其中包括250余种化学产品，以及有毒物质苯和铅等，而添加剂的使用是导致水污染的重要隐患。除化学添加剂外，主要污染物还包括石油烃类、高浓度盐类等。

表3－7　压裂液一般组成

类型	主要化合物	作用	主要成分的日常用途
稀释酸（15%）	盐酸或者氯化物酸	有助于溶解矿物和造缝	游泳池化学剂和清洗剂
抗菌剂	戊二醛	清除生成腐蚀性产物的细菌	消毒；医药设备的无菌化处理
缓蚀剂（抗腐蚀剂）	甲酰胺（N，N-二甲基甲酰胺）	防止管道（套管）腐蚀	在药物、塑料中使用

续表

类型	主要化合物	作用	主要成分的日常用途
除氧剂	氟化氢铵	去除水中的氧，预防管道腐蚀	化妆品、水处理
防垢剂	乙二醇	防止管道内结垢	
金属控制剂	柠檬酸	防止金属氧化物沉淀	食品和饮料添加剂
减阻剂	聚丙烯酰胺	减少压裂液与套管的摩擦力，减少压力损失	水处理，土壤调理剂
	矿物油		卸妆啫喱，泻药和糖果
交联剂	硼酸盐	当温度升高时保持压裂液的黏度	衣物洗涤剂、洗手剂和化妆品
表面活性剂	异丙醇	增加携砂流体的黏度，减少压裂液的表面张力并提高其返液率	玻璃清洁剂、染发
凝胶	瓜胶或羟乙基纤维素	增加清水的浓度以便携砂	化妆品、牙膏、烘焙食品、冰激凌
防塌剂	氯化钾	使携砂液卤化以防止流体与地层黏土发生反应	低钠食盐的替代品
破乳剂（抑制剂）	过硫酸铵	使凝胶剂延迟破裂	在清洁剂和美发剂中用作漂白药剂，家用塑料的制作
pH 值调整剂	碳酸钠或碳酸钾	保持其他成分的有效性，如交联剂	洗手苏打、洗涤剂、沐浴露、软水剂
支撑剂	石英砂、二氧化硅	支撑裂缝	饮用水过滤、混凝土

资料来源：U. S. Energy Information Administration（EIA）；Office of Fossil Energy and National Energy Technology Laboratory, U. S. Department of Energy.

3. 生产废水

生产废水方面，压裂完成后要对压裂液进行返排，不同的页岩气区块，压裂返排液（包括压裂液和地层水）的返排时间和体积不同，但普遍水量巨大。废水中的化学物质部分来自压裂液中的苯等，部分来自压裂过程中深层岩石渗透出的放射性物质，如铀、盐和苯，有时还有少量的镭，其有毒盐水浓度是海水浓度的 6 倍。废水含有碳氢化合物、重金属、污垢以及化学盐分，普遍被认为是最难处理的一类工业污水。

美国目前的废水处理办法主要有三种：注回地下、处理后排放到地表水系、循环再利用。注回地下有严格的条件限制，取决于废弃矿井的位置、地下水污染风险评估等；排放到地表要做无害化处理，对水处理要求很高，一般通过污水处理厂处理后排放；循环再利用是指就地处理后回收用于钻井液、压裂液的配制等，目前就地处理技术尚需进一步研发、成本需进一步降低，但水资源的循环利用是油气工业发展的未来趋势。

目前中石油宁 201 - H1 井的现有脱出水直接排入污水池，再由罐车运输至集中处理点，处理后回注废井。一般采取两种处理方法。方法一：公司与地方（万县）协商，经双方检测确认达标后，返排液可以排放，但技术细节，例如排放时间、频次、排放量尚需实践确定。方法二：简单处理后返注老井，但是由于处理费用太高（约为 300 元/立方米），不适用于大规模排放。

（1）泄漏

甲烷方面，页岩气开发过程中天然气（甲烷）可能窜入水层并且对水层带来不利影响，尤其是在大规模的压裂和返排作业过程中，产生这种影响的可能性更大。美国页岩气开发地区有多处检测到地下水甲烷含量上升状况。杜克大学研究者通过对宾夕法尼亚和纽约北部 60 多口井进行分析后得出，正在勘探和开采页岩气区段的地下水的甲烷含量比饮用水井分布区段以及做过勘探且已处于危险水平的区域高出 17 倍。研究人员将此归咎于压裂操作导致的页岩气层与地下水层贯穿。然而同时有压裂技术研究报告表明，低于含水砂层 150 米以上的压裂操作导致页岩气层与地下水层贯穿的可能性几乎为零。因此，压裂过程中页岩气的泄漏问题尚存争论。

（2）污染路径分析

上述污染物对地表水和地下水造成污染的可能路径包括：①固井和完井的不合理设计及管理所导致的缺陷井；②一些没有封堵好的或者废弃老化所导致的封闭不严的井；③钻井、压裂过程中引发的向控制区外扩延的地层裂缝；④自然存在的一些水文通道，比如断层和裂缝区等；⑤地面暴雨等导致的携带污染物的雨水；⑥压裂、钻井设备及大型设备的地面震动以及扰动（目前在美国已经有证据显示这些震动导致了当地井水的浑浊）。

国外很重视对返排液的分析和处理，通过测量返排液的体积，不但能预测和分析页岩储层压裂效果，而且能为邻井或同层位施工优选添加剂提供参考和依据。为实现大量返排液的重复利用，首先使用双氧水（过氧化氢）和漂白水这类强氧化剂，除去细菌和聚合物，然后通过沉淀和过滤的方式，除去悬浮颗粒和垢，最后再加阻垢剂保证处理后的液体与地层的配伍性，形成施工处理的基液。由于液体的反复使用，越来越高的矿化度对各类添加剂效果的影响需要进一步评价。

三、土地资源影响评价

（一）土地资源可获得性

分析土地资源的可获得性时，同样采用供需平衡分析法和情景分析法。首先，通过对常规天然气和页岩气勘探开发用地的对比，以及具体案例分析，估计中国未来页岩气规模化开发的用地情况；其次，对未来中国页岩气重点勘探开发区域的土地供应进行调查；最后，结合第一章给出的三种页岩气发展情景，估算实现该情景目标时的土地需求，并分析其对竞争性土地用途的影响。

1. 土地资源需求

油气开采行业土地占用主要服务于钻井、油气集输管线、泵站、配套设施、矿区建设等。总体而言，具有以下几个显著特点：第一，油气勘探开发是以获取地下资源为目的的建设活动，哪里地下资源条件好且有利于开发就需要在哪里建设，因此项目地面建设用地需要服从地下资源开发，有时不可避免地需要占用一些基本农田。第二，一般性油气勘探开发项目用地不仅包括钻井、集输等生产设施，还包括相关人员的生活设施，因此占地规模较大。第三，油气生产用地时间较长、相对稳定，且一般不会间断。为了保持油气生产的稳产和增产，一方面需要不断新钻探井，勘探新资源，另一方面要及时补充钻井，靠新井产量弥补老井产量的递减，这使得开发用地每年都保持在一定的范围之内。近几年陆上油气田企业每年需新钻1000多口探井，9000多口开发井，所以每年都需新增一些土地占用面积。第四，油气钻井工程单井用地量小、征地次数频繁，一般每口井用地3亩左右，大油气田几乎每天都要征用井场用地。第五，钻井用地事先难以确定是否永久用地。有的井场可能长期使用，有的则可能因钻井未出油而废弃不用。钻井前不能确定该用地是否一定是永久用地。

地下油气资源分布复杂的特点决定了油气开采行业的用地特点。中国陆上大多数油气田为陆相沉积、油气储层变化大，地质构造、油藏条件极其复杂，不可能短时间内把地下情况搞清楚，因此中国油气田企业普遍采用的就是地质勘探和开发生产有机结合的滚动勘探开发模式。

页岩气勘探开发属于油气开采行业，也具有一般油气开采用地的特点。页岩气的勘探、开发和生产过程不可避免地需进行井场建设，道路和管道基建等会带来大面积地表清理，同时，页岩气井水力压裂也需要大量施工设备。页岩气井水力压裂液储蓄池的挖掘、压裂设备的布置等使得土地占用面积远大于常规油气藏的钻井井场。通常一口页岩气开采水平井平均占地0.02～0.04平方千米（包含道路、工地等），是直井的1～2倍。另外，页岩气开采特点是“地毯式钻井”，与常规油气开发相比，占地面积大且井口分布密度较高。

课题组通过对四川盆地的实地调研发现，目前中国页岩气勘探开发时征地已成为非常现实的困难。不但获得建设用地许可存在很多阻碍，而且由于地形复杂、地表条件不佳，地面以下多为岩石，施工操作难度较大，土方工程面临较多困难，造成钻前工程量极大。例如，目前中石化在四川盆地正在进行勘探活动，布置了一些参数井，设置井场的面积为65米宽、130米长（不包含污水池），并且要求井场必须水平；如果按照一个平台建设，需要打6～8口井，全部占地约22000平方米（约33亩）。由于需要停放大型钻井和压裂设备，地基需要经过夯实处理，因此后期很难再恢复其原用途。而且该井场面积仅能够满足钻井期间的场地要求，在压裂作业时还可能面临无处停放压裂设备的难题。对这个问题，目前只能通过两种方法解决，一是边压裂边配液，并且将全部钻井设备移走腾出场地；二是从附近寻找取水点，进行压裂实时供水。由此可见，页岩气勘探开发不但会占用一定的土地面积，对地表条件也有较高要求，而且会对土壤造成一定破坏。

2. 土地资源供应

由于未来中国页岩气勘探开发主要集中在四川盆地，因此本书将以四川盆地为主要研究对象，分析其土地资源的供应能力。四川省人口密集，地势起伏不平（见表3-8），能够被利用的土地大部分已经被用作房屋建设和农田耕地，在这类地区实行征地非常困难，成本很高。而且钻前工程的工作量大，地下大多为岩石，土方工程任务繁重。

表3-8　四川省地貌类型面积统计表

地貌类型	面积（万平方千米）	占全省面积百分比（%）
平原	3.7	7.7
丘陵	4.4	9.1
低山	8.6	17.7
山间盆地与宽谷	0.6	1.3
中山	6.2	12.7
高平原	3.1	6.3
高山	21.8	44.8
极高山	0.2	0.4

资料来源：《2012年四川省地理省情公报》。

课题组通过实地调研，发现四川盆地页岩气开发项目周边以丘陵和山地地形为主（如图3-13所示），大部分地区已经作为耕地和林区使用。近年来，四川省的耕地面积有减少的趋势（见表3-9和图3-14），保护耕地、减少侵占已成为共识。

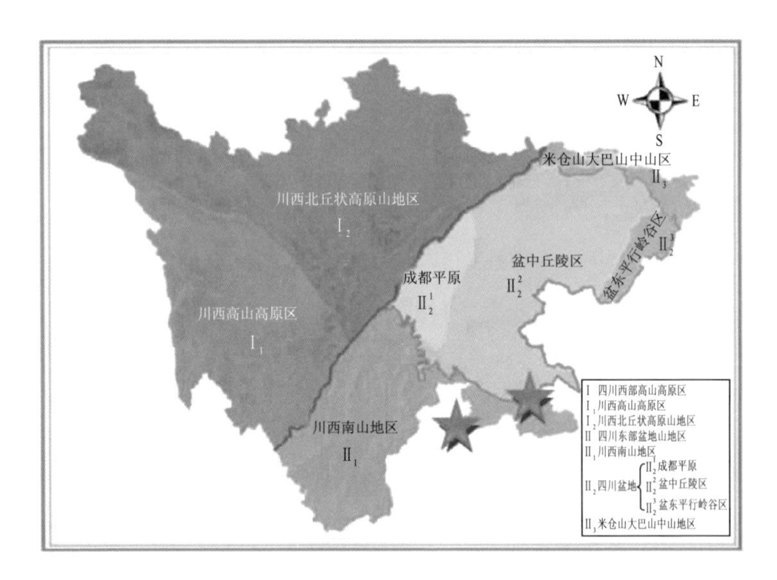

图 3－13 四川省地理区域分布图及目前开发项目位置

资料来源：《2012 年四川省地理省情公报》。

表 3－9 四川盆地各市耕地面积　　单位：平方千米

地区	土地面积	2007 年末耕地面积
成都市区	12400	3450
自贡市区	4300	1300
泸州市区	12200	2080
德阳市区	5900	1910
绵阳市区	20200	2830
广元市区	16300	1630
遂宁市区	5300	1520
内江市区	5300	1630
乐山市区	12800	1500
南充市区	12400	2980
眉山市区	7100	1720
宜宾市区	13200	2400
广安市区	6300	1680
达州市区	16200	2800
雅安市区	14000	576. 2
巴中市区	12300	1500
资阳市区	7900	2760
小计	184100	34266. 2

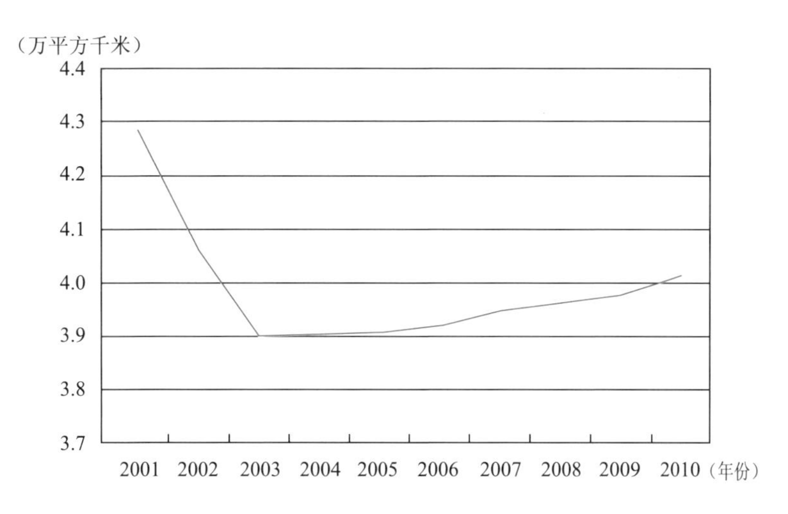

图 3－14　四川省耕地面积变化情况

资料来源：张碧，笔者整理。

3. 情景分析

以四川盆地为例，采用情景分析法研究未来中国页岩气大规模勘探开发对局部地区占用土地资源的宏观影响。

根据调研，目前页岩气勘探开发的井场设计为每个井场布设 6～8 口井，本书按照每个井场布设 6 口井计算各发展情景下的井场需求。2020 年，每年井场建设需求将增加至 619～1582 个；2030 年，将进一步扩大到 3919～9617 个（见表 3－10）。

表 3－10　各发展情景下的井场需求　　单位：个

年份	A. 工程院情景（初始产量 5 万立方米/日）	B. “十二五”情景（初始产量 5 万立方米/日）	C. 工程院情景（初始产量 2 万立方米/日）
2020	619	1582	1544
2030	3919	7207	9617

按照每个井场占地 0.022 平方千米计算，2015 年四川盆地页岩气产能建设需占用土地 1.1～2.5 平方千米；2020 年将增加至 13.6～34.0 平方千米；2030 年进一步扩大到 86.2～211.6 平方千米（见表 3－11）。此外，还应该考虑蓄水池占地和井场周围的道路用地等。

表 3－11 各情景下的井场用地需求 单位：平方千米

年份	A. 工程院情景（初始产量 5 万立方米/日）	B. “十二五”情景（初始产量 5 万立方米/日）	C. 工程院情景（初始产量 2 万立方米/日）
2015	1.1	1.9	2.5
2020	13.6	34.8	34.0
2030	86.2	158.5	211.6

（二）土壤影响

大规模页岩气钻井和井场建设除占压土地外，还会引起植被破坏和水土流失，同时排放的污染物若处理不当还会引发土壤污染。土壤污染物主要来自污染的大气沉降，工业废水和生活污水排放，农药施用，工业固废和生活垃圾堆放，以及矿产资源开放和炼制等。其中，对土壤产生不良影响的主要污染物有 SO_2、NOx、重金属、POPs、农药、石油等。

1. 土地占压、植被破坏和水土流失

油气勘探开发如果在人口稠密地区，则会占用大量的耕地或居住用地，导致土地资源紧张。此外，道路开辟与硬化、井场建设和管道铺设等需要占用大量的土地资源。页岩气开发中，压裂储液池的建造、罐车及压裂车设备的布置等大大增加了对土地的需求量，并对征用土地进行了大规模改造活动。在尚未开发的偏远地区，井场建设会破坏原地大面积野生植被，影响野生动物的生存环境。在降水量较大的情况下，地表侵蚀难以避免，甚至会出现局部的泥石流、滑坡等地质灾害。

2. 土壤污染

土壤污染方面，钻井污水、废弃泥浆、岩屑、返排废水以及井场生活污水等若处理不当，不但可能污染地表水和地下水，而且还有可能对土壤造成污染。李志学等认为，油气田开发过程中排放的废水、废气和固体废弃物直接或间接进入土壤中，会对土壤生态系统产生影响，引起土壤理化性质的改变、肥力的降低及盐碱化、沙漠化加剧。有关调查资料显示，在

陕西省榆林市，仅靖边县由于油气开发就破坏植被 7 万多亩，弃土覆盖植被 3 万余亩；长期占用土地 27400 亩，其中耕地 17200 亩；长庆采油三厂钻井时打穿裂隙，地下水渗漏，造成新城乡黑龙村石场组出现山体裂缝。在延安市，全市石油企业 2004 年落地原油年产生量达 54 万吨以上，钻采废液和岩屑年产生量在 50 万吨以上，全部未经处理就地掩埋。2000 年新疆的一个关于油气田开发的环境调查统计显示，新疆油气田勘探开发污染土地面积 287474 公顷，大部分油田终采后油井未进行彻底封井处理，留下了持续污染的隐患。塔里木盆地西北石油局和塔里木油田分公司两个石油勘探开发部门的钻井废弃泥浆、废水、落地原油及突发性事故造成的井喷等，对土地污染面积达 24788 公顷，至今尚未得到彻底治理。此外，油田泄漏，原油覆盖于地表，使土壤透气性下降、土壤理化性状发生改变，含油污水进入土壤后，土壤的截留和吸附作用可使其大部分油残存于土壤表层，造成污染（较原油污染轻）。泄漏的原油黏附于植物体表，阻断植物的光合作用，可使植物枯萎死亡。土壤污染造成的理化性状变化也会影响生物生长，甚至导致其死亡。地震勘探和钻井作业还直接影响地表植被，扰动地表结构，使半固定沙丘有活化趋势。废弃物中钻井液和落地原油对土壤影响较大。

四、大气环境影响评价

如同其他矿产资源一样，天然气在开发过程中也不可避免地要产生一些环境问题，其中对于大气环境产生危害的废气主要包括钻井柴油机运转产生的废气、测试放喷废气、设备检修和事故处置放喷废气以及少量泄漏的天然气等（苟建林，2012）。

（一）大气环境影响识别

一套完整的天然气（包括页岩气等非常规天然气）勘探开发流程包括勘探、开发和采气三个阶段。在勘探完成选定区块后，天然气开发按照实施的先后次序，可以分为开发设计、钻前工程、钻井工程、完井工程和采气等五个环节。

1. 开发设计

开发设计是在气井开发之前，根据气田地理位置、自然条件、勘探程度及取得的资料，通过定性和定量分析设计出一套总体开发方案，用于指导钻井、完井和采气环节的实施。开发设计环节的主要工作是开发方案设计和参数的取得，基本不会对大气环境产生影响。

2. 钻前工程

钻前工程包括踏勘井位、土地征用、修建道路、井场基建、通水供电等各项工程，以及钻机搬迁安装、备齐开钻钻具和用料等各项工作。常规天然气和非常规天然气开发的钻前工程内容基本一致，对大气的影响也可认为基本一致。

钻前基建工程环境空气污染物主要来自施工扬尘和施工机械尾气。施工扬尘是在土石方开挖，材料运输、卸放、拌和等过程中产生的，主要污染物为总悬浮颗粒物（TSP）。施工机械尾气为燃油车辆排放尾气，主要污染物为 NOx。施工过程及主要大气环境影响因素如图 3－15 所示。

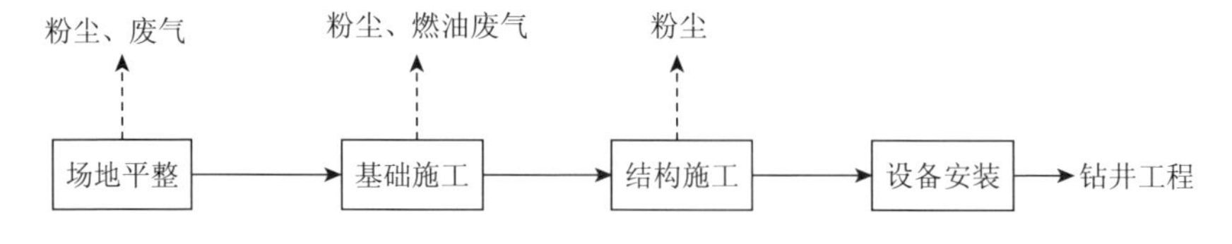

图 3－15　钻前工程施工过程及主要大气环境影响因素

3. 钻井工程

钻井是以柴油机为动力，通过钻机、转盘带动钻杆旋转钻头，切削地层。钻井工程对大气环境产生的影响主要是柴油机产生的废气，主要污染物为 TSP 和 NOx。由于页岩气开发多采用水平钻井技术，钻井深度和钻井时间都高于常规天然气开发，因此柴油机产生的废气相对较多。

4. 完井工程

完井是钻井工程的最后环节，包括完井方法的选择和射孔作业等。对低渗透率的生产层（如页岩气层和致密气层），一般需进行酸化处理、水力压裂等增产措施。其中，水力压裂过程中采用的压裂车会产生废气。此外，对于没有采取甲烷捕捉技术的页岩气井，将压裂水和其他碎片排到井外的过程中也会产生甲烷排放。对于常规气井，当钻至目的层时，一般需要进行一次完井测试放喷求产。若气井含硫化氢，需采取点火燃烧方式处置测试放喷的天然气，则会产生 SO_2 气体排放。

因此，完井工程对大气环境产生的影响主要来自三部分，一是水力压裂车及其他设备产生的废气，二是完井和修井过程中 CH_4 气体的泄漏，三是含硫气井测试放喷时产生的 SO_2 气体。

5. 采气

采气是将地下含气层中的天然气采集到地面的工艺方法，目的是让气流顺利地从气井流到地面，并经处理后进入集气管网。天然气一般依靠气层压力上升至地面，因此采气过程一般不需要外界提高动力，不会因柴油机工作产生废气。采气环节对大气环境产生的影响主要来自两部分：

一是采气生产活动中当集气设施（如管道、分离器、阀门等）需要检修或出现爆管事故时，将进行天然气燃烧放空作业。这部分影响常规气和页岩气开发是相同的。

二是当井筒产生积液时，排液采气过程也会造成 CH_4 气体的泄漏。井筒中液体的来源有两种：其一是地层中的游离水或烃类凝析液与气体一起渗流入井筒，液体的存在会影响气井的流动特征；其二是地层中含有水气的天然气流入井筒，由于热损使温度沿井筒上升而逐渐下降，出现凝析水。因此，排液采气过程多产生于凝析气田，对于页岩气开发则不常见。

通过对天然气和页岩气开发过程中气态污染物的识别，可以得到表 3－12。

表3－12　天然气和页岩气开发过程中气态污染物识别表

种类	钻前	钻井	完井	采气
TSP	√	√		
NOx	√	√		
SO_2		√	√	
CH_4			√	√
CO_2	√	√	√	

资料来源：课题组整理分析。

（二）污染物排放系数

国内外学者对于天然气开发过程中产生的污染已有评述，本节通过总结梳理相关文献，获得中国天然气开采的气态污染物排放系数，为大气环境影响评价提供基础。

1. 常规天然气开采的气态污染物排放系数

国内对于天然气勘探开发工程的环境影响评价已经较多，如胥尚湘（1992）、夏建江（1995）、马春润等（1997）、中煤国际工程集团（2010）和中煤科工集团分别研究了四川、塔里木、新疆、重庆和川东北气矿的自然生态环境特征、石油和天然气勘探开发的环境影响问题及其环保对策措施。又如四川石油管理局天然气研究所（1995）评价了川中和川东天然气田开发的环境影响，认为钻井柴油机外排NOx，造成局部大气污染，最大浓度为0.26毫克/立方米，为标准值的1.73倍，但浓度下降很快，在距井场下风向250米后，NOx影响可以不计。

本书重点选取中煤国际工程集团和中煤科工集团对于重庆和川东北气矿的评价参数作为参考依据，主要技术指标和耗能设备参数见表3－13。

表3－13　重庆和川东南某气井主要技术指标和主要耗能设备参数

指标	重庆某气井	川东南某气井
设计垂深（米）	5180	2540
预计产能（立方米/日）	10万	20.6万

续表

指标	重庆某气井	川东南某气井
预计工期（月）	8（其中纯钻5个月）	7（其中纯钻3个月）
计划投资（万元）	2000	1150
钻机参数（米）	7000	
动力系统参数	810千瓦（1用1备）	1100千瓦（2用1备）
电力系统参数	320千瓦（1用1备）	300千瓦（1用1备）

资料来源：中煤国际工程集团（2010），中煤科工集团。

2. 钻前工程污染物排放参数

钻前基建工程中空气污染物主要来自施工扬尘和施工机械尾气。根据中煤国际工程集团和中煤科工集团的调查，通过采取洒水抑尘措施，可以有效防范扬尘的不利影响；施工机械尾气为燃油车辆排放尾气，主要污染物为NOx和CO_2，由于累计施工工时不长，当地居民未发现明显身体不适状况，未对周边农业生产造成明显影响。总体看来，钻前基建工程未对当地环境空气造成明显不利影响，本书也将钻前工程污染物做弱化处理。

3. 钻井工程污染物排放参数

中煤国际工程集团（2010）评价了重庆某气矿的大气环境影响，认为对大气环境的影响主要来自柴油机及发电机组燃油废气和测试放喷过程产生的燃烧废气。其中，燃油废气来自提供动力的2台810千瓦柴油机以及提供电力的2台320千瓦发电机组，主要污染物为NOx、TSP。

中煤科工集团评价了川东南地区某气井的环境影响，认为钻井工程中产生的废气主要为柴油机废气和氮气钻井废气，主要污染物为NOx、TSP和SO_2。

表 3-14 柴油机、发电机组废气排放速率 单位：千克/时

类别	废气种类	重庆某气井	川东南某气井
动力系统	油耗	178	446.6
	NOx	0.6	0.11
	SO_2		0.3
	颗粒物	0.39	0.29
电力系统	油耗	70	60.9
	NOx	0.24	0.09
	SO_2		0.12
	颗粒物	0.16	0.08

资料来源：课题组计算得到。

参考上述参数，根据国家环保总局《燃料燃烧排放污染物物料衡算方法》，假设项目使用合格的轻质柴油成品，含硫约 0.1%，含氮约 0.02%，燃油 NOx 转化率为 40%，给出单井气态污染物排放量（见表 3-15）。

表 3-15 钻井工程气态污染物排放量

指标	耗油总量（吨）	NOx 排放量（千克）	SO_2 排放量（千克）	颗粒物排放量（千克）
排放量	200~350	170~300	260~450	180~320

资料来源：课题组计算得到。

4. 完井工程污染物排放参数

对于常规天然气井来说，完井工程中污染物排放来自两部分：一是含硫气井测试放喷时产生的 SO_2 气体，二是完井和修井过程中 CH_4 气体的泄漏。

根据中煤国际工程集团和中煤科工集团的调查，重庆某气井为含硫井，川东南某气井不含硫。含硫气井测试放喷的天然气放喷速率为 0.42×104 立方米/时，天然气中 H_2S 浓度为 98.71 克/立方米，测试放喷时间取 3 小时，排气筒高度为 1 米。经放喷坑燃烧池点燃后，燃烧 1 立方米天然气产生烟气量约为 13 立方米，燃烧后主要污染物为 SO_2。经计算，放喷过程共产生 SO_2 气体 2.34 吨。据统计（李治平，2005），中国四川盆地 2/3 的

气田含 H_2S，含硫天然气产量占总产量的80%，其中威远气田的 H_2S 含量为53 克/立方米。据此计算，四川盆地常规气田单井放喷过程可产生 SO_2 气体1.25 吨。

对于完井和修井过程中 CH_4 气体的泄漏，本书主要参考美国环保局调查数据（Andrew Burnham，2012），认为泄漏的 CH_4 气体为天然气生产量的0.002% ~0.005%，平均为0.003%。

5. 采气环节污染物排放参数

采气环节对大气环境产生的影响主要体现在设备泄漏和排液采气过程中，本书主要参考美国环保局调查数据（见表3－16）。

表3－16 采气环节 CH_4 泄漏情况

排液采气	CH_4 产气量（%）	1.20（0.27 ~2.98）
设备泄漏	CH_4 产气量（%）	0.73（0.35 ~1.20）

资料来源：Andrew Burnham，2012.

6. 页岩气开采的气态污染物排放系数

页岩气与常规天然气开采过程产生的气态污染物存在一定差异，主要体现在钻井、完井和采气环节。

7. 钻井工程污染物排放参数

在钻井环节，由于页岩气开发多采用水平钻井技术，钻井深度和钻井时间都高于常规天然气开发，因此柴油机产生的废气相对较多。根据调研，本书参考四川盆地某水平井的参数和能耗数据（见表3－17），计算得到废气产生量（见表3－18）。

表3－17 四川盆地某水平井参数

指标	钻机参数	完钻时间	钻井进尺	耗油总量
主要参数	5000 米	70 天	垂直段2000 ~2500 米，水平段1000 米	255 吨

资料来源：课题组计算得到。

表 3-18 页岩气井钻井工程气态污染物排放量

指标	耗油总量（吨）	NOx 排放量（千克）	SO_2 排放量（千克）	颗粒物排放量（千克）
排放参数	255	210	330	230

资料来源：课题组计算得到。

8. 完井工程污染物排放参数

据调查，页岩气井一般不含硫，因此完井工程对大气环境产生的影响主要来自水力压裂车及其他设备产生的废气，以及完井和修井过程中 CH_4 气体的泄漏。

在水力压裂过程中，尽管压裂车和水泵等其他设备同时工作，会产生一定量含 NOx 的废气，但由于整个工期较短，产生的废气总量较少，可忽略不计。

在完井和修井过程中，页岩气井比常规气井要产生更多的 CH_4 气体泄漏。完井时，若气井没有采取甲烷捕捉技术，压裂水和其他碎片排到井外的过程中会产生甲烷排放；据调查，每 10 年需要修一次井，修井后需要重新进行水力压裂，从而导致甲烷泄漏增加。参考美国环保局调查数据（Andrew Burnham，2012），完井和修井泄漏的 CH_4 气体为页岩气生产量的 0.006% ~2.75%，平均为 0.46%。

9. 采气环节污染物排放参数

采气环节对大气环境产生的影响也主要体现在设备泄漏和排液采气过程中，本书主要参考美国环保局调查数据，其中设备泄漏量与常规气开采相同，由于页岩气井多产干气，EPA 假设其不需要进行排液采气过程。

（三）大气环境影响评价

本节根据污染物排放系数，对比评价页岩气和常规气开发中的大气环境影响。目前中国页岩气开发集中在四川盆地，由此选择四川盆地的页岩气和常规气开发进行对比评价。

1. 单井开发产生的气态污染物

通过调研，得到四川盆地常规气和页岩气单井初始产量和下降曲线，由于页岩气和常规气的产气规律不同，页岩气井的生产周期为30年，常规气井为20年，如图3－16所示。通过产量曲线可以得到第N年的气井产量，如初始产量（N＝0时），常规气井和页岩气井的产量均为5万立方米/日；第一年末（N＝1时），常规气井和页岩气井的产量分别为4.15万立方米/日和1.75万立方米/日。按照初始产量和第一年末产量的平均值，计算得到第一年的气井产量；依此类推，相应计算得出单井的全生命周期产量。即常规气单井的全生命周期产量为7500万立方米，页岩气井为4100万立方米。

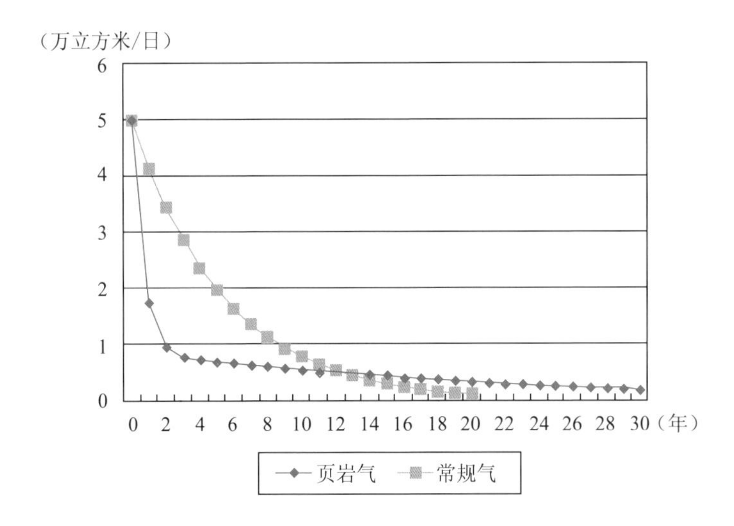

图3－16　四川盆地常规气和页岩气单井产量

资料来源：课题组调研得到。

根据污染物排放系数和单井的全生命周期产量，计算得到单井开发产生的气态污染物量（见表3－19和表3－20）。

表3－19　单井常规天然气开采产生的气态污染物　单位：千克

污染物	钻前	钻井	完井	采气	合计
TSP	—	180～320			180～320
NOx	—	170～300			170～300
SO_2	—	260～450	1250		1510～1700
CH_4	—		1615	1038841	1040456
CO_2	—	623～1090			623～1090

资料来源：课题组计算得到。

表3－20 单井页岩气开采产生的气态污染物 单位：千克

污染物	钻前	钻井	完井	采气	合计
TSP	—	230			230
NOx	—	210			210
SO_2	—	330	—		330
CH_4	—		136116	216010	352125
CO_2	—	794			794

资料来源：课题组计算得到。

由表3－19、表3－20可见，对于常规天然气和页岩气的开采，其主要污染物均为CH_4，而TSP、NOx和SO_2等排放量较小；若不采取甲烷捕捉措施，引起的温室气体效应将不可忽视。那么开采产生的气态污染物究竟会对大气环境产生怎样的影响，下面将分情景进行评价。

2. TSP、NOx和SO_2产生的大气环境影响

页岩气开采产生的TSP、NOx和SO_2气态污染物主要发生在钻井环节，TSP、NOx和SO_2的排放量与当年的新钻井数直接相关，在不同情境下TSP、NOx和SO_2的排放量见表3－21。

表3－21 四川盆地页岩气开采产生的TSP、NOx和SO_2 单位：吨

年份	TSP			NOx			SO_2		
	情景A	情景B	情景C	情景A	情景B	情景C	情景A	情景B	情景C
2015	74	150	184	67	137	168	106	215	106
2020	276	759	697	252	693	636	396	1089	396
2030	644	897	1633	588	819	1491	924	1287	924

资料来源：课题组计算得到。

可见，不同情景下四川盆地页岩气开采产生的TSP、NOx和SO_2等气态污染物相差较大，但排放量相对不高，基本在几十至几百吨之间。与四川省“十二五”NOx和SO_2排放总量控制计划相比（见表3－22），未造成明显的影响。施工期间通过采取洒水抑尘措施，可有效防范扬尘的不利影响；放喷时对周边500米范围内的居民进行临时疏散，并在进场附近路口安放警示标志，也可完全避免SO_2排放对人体的危害。

表 3－22　四川省"十二五" NOx 和 SO_2 排放总量控制计划

排放物	2010 年排放量（万吨）	2015 年控制量（万吨）
NOx	62. 0	57. 7
SO_2	92. 7	84. 4

资料来源：《"十二五"各地区二氧化硫、氮氧化物排放总量控制计划》。

3. CH_4 和 CO_2 产生的大气环境影响

在页岩气开采过程中，完井和采气环节都会产生 CH_4 泄漏，CH_4 的泄漏量与当年新钻井数和总生产井数都直接相关。此外，钻井环节燃烧柴油还会产生 CO_2 排放，排放量与当年新钻井数直接相关。在不同情境下 CH_4 和 CO_2 的排放量见表 3－23 和表 3－24。

表 3－23　四川盆地页岩气开采产生的 CH_4　　单位：万吨

年份	情景 A			情景 B			情景 C		
	合计	完井	采气	合计	完井	采气	合计	完井	采气
2015	1. 7	0. 7	1. 0	3. 4	1. 3	2. 1	1. 7	0. 7	1. 0
2020	12. 9	5. 0	7. 9	34. 1	13. 2	20. 9	12. 9	5. 0	7. 9
2030	51. 2	19. 8	31. 4	85. 4	33. 0	52. 4	51. 2	19. 8	31. 4

资料来源：课题组计算得到。

表 3－24　四川盆地页岩气开采产生的 CO_2　　单位：吨

年份	情景 A	情景 B	情景 C
2015	254	516	635
2020	953	2620	2406
2030	2223	3097	5637

资料来源：课题组计算得到。

按 100 年全球增温潜势折算（1 吨 CH_4 即 25 吨 CO_2 当量），到 2020 年，四川盆地页岩气开采产生的温室气体排放量将达到 320 万～854 万吨 CO_2 当量，2030 年将达到 1281 万～2135 万吨 CO_2 当量（见表 3－25）。

表 3－25　四川盆地页岩气开采产生的温室气体排放量

单位：万吨 CO_2 当量

年份	情景 A	情景 B	情景 C
2015	43	85	43
2020	320	854	320
2030	1281	2135	1281

资料来源：课题组计算得到。

根据 2010 年四川能源平衡表和四川省“十二五”能源规划，计算得到 2010 年和 2015 年四川省化石燃料燃烧产生的碳排放量分别为 3.29 亿吨和 4.17 亿吨。参考《四川省中长期能源规划》（2009 年编制），通过趋势外推法得到四川省 2020 年和 2030 年能源消费量，进而计算得到 2020 年和 2030 年四川省化石燃料燃烧产生的碳排放量分别为 4.59 亿吨和 6.01 亿吨。由此得到，2020 年页岩气开采产生的温室气体排放量将占四川省碳排放总量的 0.7% ~1.9%，到 2030 年占比将进一步达 2.1% ~3.6%，将对当地温室气体减排行动造成一定影响。

五、小结

（一）对水资源的影响

页岩气开发过程中的钻井、固井、洗井和压裂作业等都会产生水资源消耗。目前中国四川盆地页岩气探井在建设期内的单井用水量大约为 2.1 万立方米（以典型水平井 10 段压裂计算）。其中，压裂液用水占总用水量 95% 以上。由于地质条件和开发方案不同，各地区的页岩气井用水量差异较大。因此，四川以外地区页岩气开发的用水需求还需要进一步研究。

情景分析表明，2015 年、2020 年、2030 年四川盆地页岩气勘探开发所需年用水量分别为 474 万 ~1176 万立方米、2735 万 ~7376 万立方米和 9687 万 ~24178 万立方米。预计四川省 2015 年和 2020 年工业用水将分别达到 124 亿立方米和 156 亿立方米，因页岩气规模化开发将分别增加用水量 474 万 ~1176 万立方米和 2735 万 ~7376 万立方米，分别占当年全部工业用水量的0.04%～0.09%和0.18%～0.47%。页岩气开发对水资源的影响还取决于取水地点。虽然四川省水资源比较丰富，但是存在很多问题，造成部分地区严重缺水。此外，取水季节是一个重要因素。页岩气开发对当地水资源使用的影响需要根据项目选址情况进行更加细致的分析。

按照产能建设计算，当页岩气井初始产量为5万立方米/日时，每建设1万立方米的页岩气产能需消耗水资源20～25立方米；当初始产量为2万立方米/日时，每建设1万立方米的页岩气产能需消耗水资源49～63立方米。按照目前四川省的用水定额，天然气开采行业的用水指标为30立方米/万立方米。因此，如果页岩气勘探开发顺利、气井获得较高的单井产量，那么四川盆地开发页岩气引起的水资源消耗规模是可以承受的。但是，对于中国其他页岩气资源有利区，由于当地的水资源条件与四川盆地差距较大，页岩气勘探开发是否会面临水资源可获得性的限制，仍需要开展更广泛的研究。

页岩气开发过程中多种污染物可能造成地表水污染和地下水污染。首先，在钻井过程中如果发生钻井液漏失，可能会对连通的地下水产生一定影响。其次，压裂液中的有毒物质苯和铅等添加剂是导致地下水污染的重要隐患。再次，生产废水包括返排的压裂液和地层盐水，除含有压裂液的主要成分外，还将携带深层岩石渗透出的放射性物质，如铀、盐、苯、镭等，这类污水必须经过严格处理后才能排放或回注，否则将严重污染地表水和地下水，但是生产废水处理难度大、成本高，是我们面临的一个现实挑战。最后，可能存在压裂过程中甲烷窜入地下水层并且对水层带来不利影响，但是甲烷泄漏的问题缺乏充分证据，尚存争论。

（二）对土地资源的影响

页岩气井场建设将占用土地资源。典型井场的面积为65米宽、130米长（不包含污水池），如果按照平台建设，每个平台布设6～8口井，该平台占地约22000平方米。而且，由于需要停放大型钻井和压裂设备，要求井场必须水平，地基需要经过夯实处理，后期很难再恢复其原用途。

情景分析表明，到2015年四川盆地每年的井场建设规模将达到48～

113个；2020年每年井场建设需求将增加至619~1582个；2030年井场需求将进一步扩大到3919~9617个。按照每个井场占地0.022平方千米计算，2015年四川盆地页岩气产能建设需占用土地1.1~2.5平方千米；2020年将增加至13.6~34.0平方千米；2030年进一步扩大到86.2~211.6平方千米。此外，还应该考虑蓄水池占地和井场周围的道路用地等。

四川省人口密集，地势起伏不平。四川盆地页岩气资源有利区周边以丘陵和山地地形为主，大部分地区已经作为房屋建设和农田耕地使用，在这类地区实行征地非常困难。而且钻前工程的工作量大，地下大多为岩石，土方工程任务繁重。需要进一步根据勘探开发项目的具体情况分析用地的可获得性。

除占压土地外，页岩气大规模勘探开发可能引起植被破坏和水土流失，生产废水若处理不当可能会引发土壤污染。

（三）对大气环境的影响

① 常规天然气和页岩气的开采主要污染物均为 CH_4，而 TSP、NOx 和 SO_2 等排放量较小；若不采取甲烷捕捉措施，引起的温室气体效应将不可忽视。

② 不同情景下四川盆地页岩气开采产生的 TSP、NOx 和 SO_2 等气态污染物排放量相对不高，在几十至几百吨之间，不会对污染物总量控制造成明显影响；通过采取洒水抑尘措施，并在放喷时对周边居民进行临时疏散，可避免气态污染物排放对环境和人体的危害。

③ 2020年，页岩气开采产生的温室气体排放量将占四川省碳排放总量的0.7%~1.9%，到2030年占比将达2.1%~3.6%，将对当地温室气体减排行动造成一定压力。

第四章

重庆涪陵国家级页岩气示范区页岩气开发环境影响分析

重庆涪陵国家级页岩气示范区是中国近期页岩气勘探开发的重点区域，是中国非常规天然气规模化开发的主战场。涪陵示范区在页岩气开发方面取得的优异成绩，使中国成为除北美外首个实现页岩气商业开发的国家。重庆涪陵国家级页岩气示范区是中国页岩气勘探开发的缩影，具有较强的代表性，因此本书选取该示范区作为研究重点，对页岩气勘探开发的环境影响进行评价，并进一步对页岩气示范区环境监管制度进行研究。

一、对水资源的影响评价

（一）示范区地表水环境特征

示范区属于乌江水系，区内主要河流有乌江、麻溪河、枧溪河和干溪河，其中麻溪河为乌江一级支流，枧溪河、干溪河属于麻溪河支流。

乌江发源于贵州省境内威宁县香炉山花鱼洞，流经黔北和渝东南，在重庆市涪陵区注入长江，干流全长 1037 千米，流域面积 87920 平方千米，乌江历年最大流量 27000 立方米/秒，最小流量 128 立方米/秒，年平均流量 1700 立方米/秒，流域内年均径流总量 503 亿立方米。从贵州省沿河县城到涪陵河口的乌江下游，长 243 千米，落差 152 米，平均比降 0. 62‰。乌江示范区段水域功能属于Ⅲ类水体。

麻溪河源头为涪陵区大木乡，自东向西流经卷洞乡后进入示范区，然后自北向南汇入乌江，流域面积 230 平方千米，枯水期流量约 5. 90 立方米/秒，河床比降约 1. 61%。

干溪河源头为焦石镇楠木村，自北向南在潭中村汇入麻溪河，溪流全长 4. 6 千米，流域面积约 23 平方千米，枯水期流量约 0. 58 立方米/秒，河床比降约 0. 84%。其主要水域功能为生态用水和汛期泄洪，兼顾河道沿线农田灌溉，无人畜饮水功能。

枧溪河源头为焦石镇光华村，自北向南在两河口汇入麻溪河，溪流全长约 11. 11 千米，流域面积约 64 平方千米，枯水期流量约 1. 61 立方米/秒，河床比降约 0. 36%。其主要水域功能为生态用水和汛期泄洪，兼顾河道沿线农田灌溉，无人畜饮水功能。

示范区地表水系见图4－1。

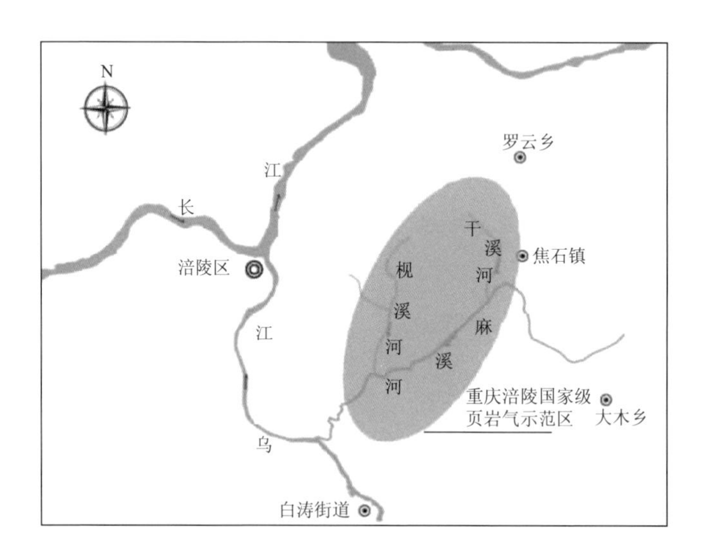

图4－1 示范区地表水系图

（二）页岩气开采对地表水资源的影响评价

1. 用水量预测

示范区页岩气开采过程中在钻前工程、天然气集输环节用水量较少，主要用水环节为钻井及压裂过程，其中又以压裂过程用水量最大。

（1）钻井过程用水量

根据示范区已投入使用的钻井项目情况，单井导管段使用清水80立方米，使用过程中损耗量约17立方米，导管段完钻后，剩余钻井液63立方米，直接用于清水钻井；一开、二开直井段使用清水300立方米，其中新鲜水用量237立方米、导管段回用量63立方米，使用过程中损耗量约95立方米，清水钻完钻后，剩余钻井液205立方米，直接在循环罐内添加配方，用于水基钻井液钻井；二开斜井段使用水基钻井液300立方米，其中新鲜水用量95立方米、清水段回用量205立方米，使用过程中损耗率约110立方米，水基钻完钻后，剩余钻井液排入废水池暂存，经处理后约60%的上清液114立方米用于配置压裂液，剩余40%废钻井泥浆和钻井岩屑一起固化填埋；三开段无须用水，使用油基钻井液300立方米，使用过程中损耗量约96立方米，剩余油基钻井液储存于储备罐内，用于下一口井钻井工程。单井钻井过程水平衡见图4－2。

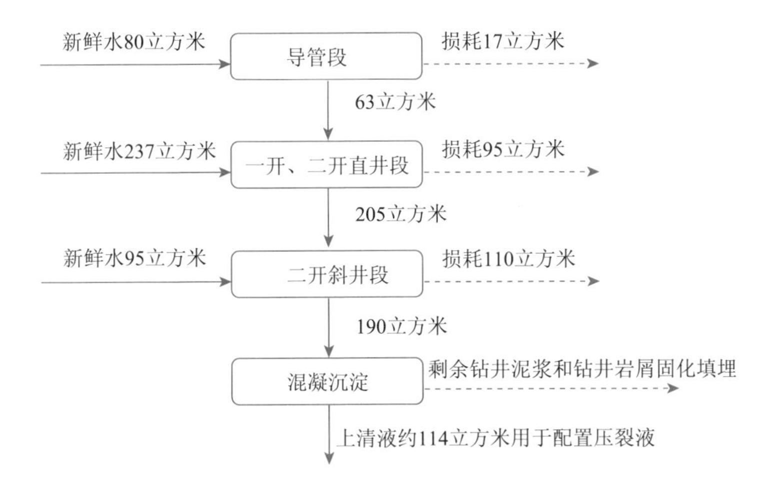

图4－2　单井钻井过程水平衡图

由于钻井过程中单井新鲜水用量约412立方米，根据示范区钻井规模，2015年、2020年钻井过程新鲜水耗量见表4－1。

表4－1　钻井过程新鲜水耗量

指标	2015年	2020年
当年钻井数（口）	135	200
单井新鲜水耗（立方米）	412	412
钻井过程新鲜水耗总量（万立方米/年）	5.56	8.24

（2）压裂过程用水量

根据示范区已投入使用的钻井项目情况，水平段每进尺1米压裂液用量约20立方米，由于示范区钻井水平段长度平均约1500米，则单井压裂液用量约3万立方米。由于示范区地处喀斯特地区，地质结构较为疏松，压裂液在地下漏失较多，根据已压裂井返排液产生情况，平均返排比例按5%考虑，则压裂返排液平均产生量为0.15万立方米，排入压裂水池暂存，通过混凝沉淀处理达标后，被重新配制成压裂液，用于后续井压裂工序，实现重复利用。单井压裂过程水平衡见图4-3。

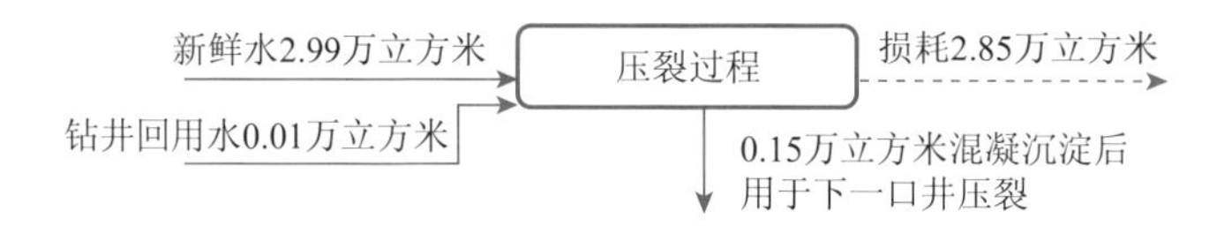

图4-3 单井压裂过程水平衡图

由于压裂过程中单井新鲜水损耗量约2.84万立方米，根据示范区钻井规模，2015年、2020年钻井过程新鲜水耗量见表4-2。

表4-2 压裂过程新鲜水耗量

指标	2015年	2020年
当年钻井数（口）	135	200
单井新鲜水耗（万立方米）	2.84	2.84
压裂过程新鲜水耗总量（万立方米/年）	383.4	568

（3）用水总量

根据钻井及压裂过程新鲜水耗量，示范区页岩气开发2015年、2020年的新鲜水耗量见表4-3。

表4-3 页岩气开发新鲜水耗总量

指标	2015年	2020年
钻井过程（万立方米/年）	5.56	8.24
压裂过程（万立方米/年）	383.4	568
合计（万立方米/年）	388.96	576.24

2. 供水来源及可靠性分析

为避免影响当地群众的生产生活用水，示范区生产用水主要取自南侧的乌江。中国石化已与重庆涪陵白涛工业园区能通开发建设有限公司签订供水协议，由其为示范区供水。能通公司从乌江取水，乌江年平均流量1700立方米/秒，历年最小流量128立方米/秒。能通公司采用分质供水的方式供给白涛镇及白涛工业园区用水，该公司一期已建供水能力2300立方米/时，二期规划供水能力13000立方米/时，目前能通公司实际供水规模约700立方米/时，一期剩余供水能力1600立方米/时，二期扩建后剩余供水能力12300立方米/小时。区域供水可靠性分析见表4-4。

表4-4　区域供水可靠性分析

指标		2015年	2020年
对能通公司供水能力的影响	占一期剩余供水能力的比例（%）	27.74	41.11
	占二期扩建后剩余供水能力的比例（%）	3.61	5.35
对乌江水资源量的影响	占乌江年平均流量的比例（%）	0.0072	0.0107
	占乌江历年最小流量的比例（%）	0.0964	0.1428

目前乌江示范区上下游主要为农村区域，用水量相对较少，主要用水对象为白涛镇和白涛工业园区居民生活及工业用水，通过能通公司水厂供水。示范区用水量占能通公司水厂一期供水能力的比例较高，但随着水厂二期扩建，将能够满足示范区用水需要；同时，示范区用水量占乌江年平均流量以及历年最小流量的比例均很低，对乌江水资源量影响很小。

（三）页岩气开采对地表水环境的影响评价

页岩气开采废水主要有钻井废水、压裂返排液和井场雨水，大部分均能处理后回用，外排量很少。各井场均配套建设有废水池、压裂水池，废水池用于暂存钻井废水、井场雨水等，压裂水池用于储存压裂返排液。

根据示范区页岩气开采工艺，导管、一开及二开直井段采用清水钻井，剩余钻井液直接在循环罐内配置水基钻井液，二开斜井段采用水基钻井液，水基钻井阶段完钻后，剩余水基钻井液排入废水池暂存，采用混凝沉淀方式进行处理，上清液用于配置压裂液，废钻井泥浆和钻井岩屑一起固化填埋；测试放喷阶段产生的压裂返排液在压裂水池暂存，进行絮凝沉淀处理后，上清液在配液罐中添加杀菌剂除菌，再用于下一口井压裂。井场内沿井口周边修建场内排水明沟，接入废水池；井场四周修建截排水沟，雨水就近排进附近溪沟。总体而言，示范区页岩气开发污水排放量很少，对地表水环境影响较小。

从目前已完井及投产的项目来看，钻井废水、压裂废水等基本实现了回用；但在雨天特别是降雨量较大的时间段，由于井场内堆放的钻头等物品带有一定量石油类物质，在雨水冲刷作用下，排放的含油雨水会对周边耕地造成一定影响。

（四）示范区地下水环境特征

1. 含隔水层特征

示范区含气地层为志留系底部的下志留统龙马溪组，从地表出露地层开始至含气层底板地层奥陶系由新至老各地层含隔水层特征见表4－5。

表4－5　示范区各地层含隔水层特征

序号	地层名称	地层埋深	含隔水层特征
1	第四系空隙含水层	不整合，覆盖于各老地层之上	地层厚度一般为1～2米，零星分布于山麓、河床和缓坡地带，由风化残积、坡积、崩积的灰岩、粉砂岩、砂岩、泥岩碎块、黏土、粉砂质黏土、砂砾等组成，结构松散，旱季一般透水而不含水，雨季局部地形低洼处含季节性孔隙水，具有就地补给、排泄、径流短的特点
2	三叠系下统嘉陵江组强岩溶含水层	为示范区主要出露地层，出露面积比例达90%以上	地层厚度400～500米，地表岩溶极发育，多见溶隙、溶蚀洼地、溶斗、溶洞、暗河；地层富水性较强，地下水多以岩溶裂隙、岩溶管道形式赋存，以岩溶大泉、暗河形式在低洼沟谷地带集中排泄。该含水层属于具有饮用水供水功能的含水层
3	三叠系下统飞仙关组裂隙含水层	约500米	地层平均厚度约350米，在区内主要构成山脊、山坡，为裂隙弱含水层。地层浅部岩石风化破碎，透水性较好，含风化裂隙水，出露泉水较多，多在冲沟中沿风化带底部以小泉或沿沟渗流的形式排泄；深部岩心完整，裂隙不发育，含水性极差

续表

序号	地层名称	地层埋深	含隔水层特征
4	二叠系上统长兴、龙潭组裂隙弱含水层	约600米	地层平均厚度约200米，地层浅部风化裂隙发育，局部含风化裂隙水，深部裂隙不甚发育，多见细小闭合状裂隙，显示含水层富水性弱
5	二叠系下统栖霞、茅口组灰岩较强岩溶含水层	约1000米	地层厚度大于400米，为较强岩溶含水层，岩溶中等发育，但极不均匀
6	石灰系中统黄龙组较强岩溶含水层	约1000米	地层厚度0~28米，部分区域缺失，含裂隙水、溶洞水
7	志留系中下统隔水层	1000~2000米	地层总厚度大于1000米，其中含气地层为志留系底部的下志留统龙马溪组，龙马溪组为一套浅海相砂页岩地层，厚度80~114米
8	奥陶系古岩溶含水层	2000~2500米	地层厚度约500米，为含气地层底板，赋存有深层岩溶地下水

2. 地下水类型及供水意义

根据含水岩层在地质剖面中所处的部位及隔水层限制的情况，示范区地下水可分为浅层地下水和深层地下水。

浅层地下水以岩溶承压水为主，主要分布在三叠系下统嘉陵江组。示范区嘉陵江组纯碳酸盐岩分布于焦石、罗云一带，地形地貌为溶蚀谷地低山区，地下水埋藏较浅，一般小于50米，宎洼地、谷地区以发育地下河为主，补给区与排泄区一般仅数十米，地表地下水转化频繁。浅层岩溶水在本区域广泛分布，岩溶水暗河、泉水流量大，多作为区域居民及城镇供水水源，是区域具有重要供水意义的含水层。示范区主要地下暗河、泉水分布及主要特征见表4-6。

表4-6　示范区主要地下暗河、泉水分布及主要特征

名称	主要特征
罗云坝洞口湾地下河	在干龙坝一带地表水补给地下水，在罗云坝洞口湾出露地表，该地下河在洪水期流量可达500升/秒，枯水期流量仅数十升/秒，动态变幅较大
焦石坝焦石地下河、绿荫岩溶大泉	主要是由于受到地表水的强烈切割，形成地下水向较低的洼地及河流分流排泄。焦石坝焦石地下河受麻溪河切割，由北向南出露于焦石一带，绿荫岩溶大泉由南向北排泄于较低的罗云坝洼地，两条地下河在下院子一带形成分水岭

深层地下水主要为受古溶蚀控制的岩溶地下水，主要分布在奥陶系，位于含气层即目标层以下。这些岩溶水为古封存水，其富水性、水温、水质主要受埋深和构造控制，基本不受气象水温、地形地貌条件的影响，而且是上覆志留系达1000米隔水层，与地表水、浅层地下水基本无水力联系和补、径、排关系，开采难度极大，现阶段无供水意义。

（五）页岩气开采对地下水环境的影响评价

1. 对地下水位的影响分析

由于示范区钻井采用近平衡钻井技术，且当钻井达到各段预定深度后均进行固井作业，因此正常工况下不会造成地下水漏失，对地下水位影响较小。近平衡钻井技术即在钻井中保持井筒内的钻井液柱压力稍大于裸露地层的地层压力，从而阻止地层中的液体向井内流入，使得钻井地层地下水压力及水位均维持原状。当钻井达到各段预定深度后均进行固井作业，下入套管并注入水泥浆至水泥浆返至地面，各地层和套管之间均完全封闭，不仅封隔油、气、水层，防止互相串漏、形成油气通道，而且使各地层由于钻井而形成的通道被彻底封堵。

但在非正常工况下，如钻井液柱压力小于地层压力，就会发生钻井事故性的溢流，导致地下水漏失和水位下降，钻井放炮过程中也会造成水资源的重新分配，使得溶洞水、井水、水池干枯。示范区页岩气前期开发过程中，曾出现由于钻井导致水池渗漏、群众饮水困难的情况，部分案例见表4－7。

表4－7　示范区已建项目导致地下水漏失案例

发生地点	地下水漏失情况
焦石镇东泉三社的传家湾水池	该水池供8户54人、150头猪、3头牛用水，自从放炮后，水池从此无水
焦石镇东泉一社的堰沟边水池	该水池容积6000立方米，承担100多户6000多人及华丰菜场用水，放炮后经15日蓄水不到800立方米
江东街道稻庄村陈家新屋侧溶洞水源	该水源在钻孔之前常年水量稳定，供附近10户36人日常用水，钻孔后原溶洞水出露点干涸，而在低于原出露点13米的位置出露，但是水质较原来浑浊

续表

发生地点	地下水漏失情况
江东街道新梨村四社草棚湾溶洞水池	该水池容积230立方米，自1997年修建蓄水池以来满蓄，供邻近7户23人及红苕加工厂用水，放炮后无水

对此，涪陵区水务局已组织进行调研，并提出了整改措施建议：一是要求钻孔及放炮点避开水源及水利设施所在区域，以尽可能减轻破坏程度；二是以解决当前老百姓的吃水用水为首要任务，因地制宜，寻找替代水源，制定出过渡时期老百姓用水应急预案；三是在钻孔及放炮结束后寻找新的水源、新建或者整治受损水利设施；四是结合页岩气开发供水方案，恢复开发区及周边受影响区域用水并解决周边缺水现状；五是严把安全生产关，落实安全生产责任。

2. 对地下水质的影响分析

示范区页岩气开发对地下水质的影响主要集中在钻井期，包括钻井液漏失影响和压裂过程影响，另外井场污废水也可能对地下水产生一定影响。从目前已完成的项目来看，钻井液漏失和压裂水尚未对地下水质造成明显影响，但是部分井场由于防渗效果不佳，井场污废水对地下水质造成了一定污染。

（1）钻井液漏失影响分析

根据示范区钻井工艺，结合示范区地层分布，导管段钻井过程主要在嘉陵江组进行，一开段主要钻遇的地层为嘉陵江组至飞仙关组，二开直井段主要钻遇的地层为长兴组、龙潭组、茅口组，均采用近平衡技术钻井，钻井液为纯清水，无任何添加剂，对地下水质影响较小。由于具有供水意义的含水层主要分布在嘉陵江组，因此钻井液漏失对居民饮用水源水质影响较小。

二开斜井段使用水基钻井液钻进，主要钻遇地层为栖霞组、黄龙组、龙马溪组等，主要为隔水层，地下水含量少且难以流动；示范区使用的水基钻井液以水为基质，具有良好的环保性能，无毒、无味，对地下水质影响较小。

三开井段采用油基钻井液，三开属于水平井，全部在龙马溪组钻进。该段地层含水量较少，为相对隔水层；示范区使用的有机钻井液为低黏高切油基钻井液，其主要成分为柴油，并添加了有机聚合物，具有低毒性的特点。为了减少钻井过程中的漏失，钻井液中加入了酸溶性暂堵剂、刚性堵漏剂、油基成膜剂，提高了钻井液的封堵性能，有利于进一步减轻油基钻井液漏失对地下水质的影响。

（2）压裂过程影响分析

钻井工程压裂过程中会有部分压裂水滞留在龙马溪组地层中，压裂水绝大部分为清水，其余主要成分为钾盐和有机聚合物。由于龙马溪组为页岩夹灰岩，为相对隔水层，其上覆地层同样以页岩为主，同为相对隔水层，因此，压裂始终在一个页岩圈闭层内进行，压裂过程中压裂水及压裂完成后的滞留压裂水不会向其他地层渗透，并且龙马溪组位于地下垂深2000 米以下，不会对浅层具有供水意义的嘉陵江组岩溶地下水造成影响。

（3）井场污废水渗滤影响分析

井场废水池、放喷池等应做好相关防渗及防护工作，如果井场污染物收集、存储不到位，发生漏失，会对浅层地下水造成一定的污染。比如在焦页 2 号钻井平台的放喷池曾出现泄漏，该放喷池位于一户居民家上方约 30 米，装有少量采气分离水，2013 年至 2014 年期间，该居民曾多次投诉水井水质浑浊，经涪陵区环保局协调，钻井公司同意停用 2 号平台放喷池，并抽干放喷池余水。

二、对大气环境的影响分析

（一）示范区气候气象特征

示范区所在的涪陵区属中亚热带湿润季风气候区，具有气候温和、雨量充沛、湿度较大、四季分明、无霜期长、云雾多、日照少、风速小等气候特点。根据涪陵区气象局提供的资料，主要气象参数为：多年平均气温 17.1℃，极端最高气温 42.2℃，极端最低气温 -2.2℃；年均降水量 94.2 毫米；年均相对湿度 81%；年均日照时数 1086.8；平均气压 982.4hPa；静风频率较高，全面静风频率为39.4%，其中冬季最高为48.4%，夏季最低为32.8%，全年主导风向为东北；年平均风速为0.7米/秒，年内各月平均风速在0.37~0.9米/秒，1月、7月风速最大为0.9米/秒。

（二）对大气环境的影响分析

示范区页岩气开采废气来源于施工扬尘、施工机具尾气、钻井工程燃油废气、测试放喷废气，以及集输管网泄漏的甲烷气体等。其中施工扬尘、施工机具尾气影响范围较小，主要集中在井场内及周边；示范区正在推广使用网电钻机替代柴油驱动钻机，使得钻井工程燃油废气逐步减少；测试放喷废气经燃烧后污染物排放量较小；主要的大气影响为集输管网泄漏的甲烷气体。

1. 施工及钻井影响分析

施工扬尘通过采取防尘洒水措施后，影响可得到有效控制，并随着施工期的结束而结束；施工机具尾气中污染物主要有CO和烃类，污染物排放量较小，对周边环境空气质量影响不大；钻井作业期间柴油机和发电机废气主要污染物为NOx、SO_2和颗粒物，均采用设备自带的排气筒排气，由于示范区正在推广使用网电钻机替代柴油驱动钻机，网电覆盖的井场优先利用网电，网电未覆盖的井场方采用柴油机发电，从而减少了废气排放。

2. 测试放喷影响分析

示范区钻井目标层为下志留统龙马溪组，根据焦页1井、焦页6-2HF、焦页8-2HF井目的层天然气组分分析报告，H_2S浓度为0~5.0毫克/立方米，属不含硫化氢天然气井。H_2S平均排放速率约0.33千克/时，测试放喷天然气在放喷池内进行，经排气筒高度为1米的对空短火焰燃烧器点火燃烧后排放，产生的SO_2排放浓度为0.78毫克/立方米，排放速率为0.63千克/时，单井测试放喷阶段SO_2排放量为30.12千克。由于放喷池为敞开式，放喷燃烧废气产生后可以及时扩散，在测试放喷时间段内排放，属临时排放，测试完毕影响很快消失，因此测试放喷时对周边环境影响较小。

3. 天然气集输影响分析

页岩气的主要成分是甲烷，其既是一种清洁能源，也是一种主要的温室气体。示范区页岩气开发温室气体主要来自集输管网泄漏的甲烷，管道和阀门是最容易发生泄漏的地方，由于页岩气单井产气量比常规天然气低，因此在同样产能情况下，页岩气井数更多，所用的管道、阀门数量有所增加，甲烷泄漏的隐患更大。根据《石油天然气开采业污染防治技术政策》，“新、改、扩建油气田油气集输损耗率不高于0.5%”，示范区集输管网工程的采气平台与集气站之间、集输干线阀室等处均设置有远程监控系统，当出现管网压力异常情况，可迅速关闭阀门，减少甲烷气体泄漏，在采取相应措施后，可保障集输损耗率不高于0.5%。

甲烷气体按0.5%的损耗计，甲烷质量为0.716千克/立方米，按100年全球增温潜势折算（1吨CH_4即25吨CO_2当量），根据示范区页岩气开采规模，2015年、2020年的温室气体排放量见表4-8。

表4-8　页岩气开发温室气体排放

指标	2015年	2020年
甲烷排放量（万吨/年）	1.79	3.58
折算为CO_2当量（万吨/年）	44.75	89.5

三、对生态环境的影响分析

（一）示范区生态环境现状

示范区地貌属山地丘陵地带，沟壑纵横、地貌起伏较大。现状是土地利用类型首先以耕地、林地为主，分别约占示范区面积的45%、45%；其次为草地，占比约8%；交通运输用地、住宅用地及其他用地所占比例较低。

从植被覆盖现状来看，示范区现有林地以人工柏木林和马尾松林为主，广泛分布在低山半坡及丘陵地带，在居民点附近分布有零星慈竹林；灌木林地面积较小，主要分布在河流沟道边岸及荒野边坡，主要树种有杜鹃、黄荆、金佛山荚蒾、胡颓子等；其他林地主要为天然次生林，零星分布在山地、丘陵边坡，主要树种有桤木、化香、马桑、泡桐、白栎等乔木，金佛山荚蒾、胡颓子等灌木；草地主要分布在田间道路附近以及河流沟道附近，主要草种有喜旱莲子草、黄花蒿、荩草、淡竹叶、白茅、平车前、水蓼等；旱地水田主要分布于平原接地和沟谷，主要种植作物有玉米、水稻、菜地、桃树、李树等。

从土壤侵蚀现状来看，示范区土壤以紫色土和水稻土为主，属三峡库区国家级水土流失重点治理区，土壤侵蚀类型以水力侵蚀为主，微度侵蚀面度所占比例最大，约占示范区面积的45%，微度侵蚀区大部分为缓丘平原地带的灌草丛和水稻田，以及坡度在5°以下植被覆盖率较高区域。

（二）页岩气开采对生态环境的影响分析

示范区页岩气开采占地类型分为永久占地和临时占地，永久占地均变为工矿用地，临时占地在建设期内需对占用的土地进行青苗补偿，工程建设结束后及时对占地进行复垦，尽量恢复土地原有生产力。在页岩气开采各个环节中，钻前工程要对钻井平台进行场地平整，涉及表土剥离，对土壤、植被的扰动影响较大，同时钻井平台地面需进行水泥硬化，对该区域土地利用类型改变较大。

根据目前已实施的钻井平台现场调查，单个井场永久占地一般在0.5~1.5公顷，且井场范围空地控制较好，厂界2米外基本维持原有土地利用类型，对整个区域景观、生物多样性及植被覆盖影响不大，未出现明显生态环境恶化。目前存在的主要生态问题有：①钻井平台场平过程中产生的土石方随意在场地内堆放，未采取有效的水土保持措施，加剧了水土流失；②未做好表层熟化土的堆存保护；③对于施工过程中的临时占地，施工结束后未及时进行生态恢复。

1. 对土地利用结构的影响

根据示范区页岩气钻井数量，按每个钻井平台平均4口井测算，则2015年、2020年示范区钻井平台数见表4-9。

表 4－9　示范区钻井平台数估计　　单位：个

指标	2015 年	2020 年
当年平台数	34	50
累计平台数	63	300

根据现有钻井平台占地情况，单个井场永久占地面积平均取 0.7 公顷，其中占用耕地、林地和其他用地比例分别约为 80%、15% 和 5%。示范区在 2015 年、2020 年拟分别累计部署平台 63 个、300 个，据此推算，示范区钻井平台占地类型、面积及占示范区面积比例情况见表 4－10。

表 4－10　示范区钻井平台占地及土地利用类型统计

时间段	土地利用类型	项目占地面积（平方千米）	示范区面积（平方千米）	所占比例（%）
2015 年	耕地	0.35	118.3	0.30
	林地	0.07	118.3	0.06
	其他	0.02	26.2	0.08
	合计	0.44	262.8	0.17
2020 年	耕地	1.78	118.3	1.50
	林地	0.32	118.3	0.27
	其他	0.10	26.2	0.38
	合计	2.10	262.8	0.80

根据表 4－10，截至 2015 年，页岩气开发占用耕地、林地、其他用地占整个示范区同类土地面积比例分别为 0.30%、0.06%、0.08%，所占比例较小，不会导致土地利用格局的变化；但是到 2020 年，随着更多钻井平台的建设，占用耕地、林地、其他用地占整个示范区同类土地面积比例将分别达到 1.50%、0.27%、0.38%，特别是占用耕地面积的比例较高，对区域土地利用结构影响较大。

2. 对区域土壤影响分析

示范区项目建设对土壤的影响主要有两方面，一是项目排放的污染物对土壤质地的影响；二是项目钻井和地面工程建设的开挖、填埋对土壤结构的破坏，土壤生产力下降。项目需在钻前工程中做好表层熟化土的堆放、保存，用于后期井场占地的复垦，可快速恢复土壤生产力；井场内各池体均采取防渗处理，在严格执行各项环保措施的基础上，项目钻井废水和钻井泥浆对土壤影响很小，散落的钻井泥浆会对井场小部分区域的土壤产生破坏，但影响范围有限，且在后期土地整治后可恢复土壤生产力。

3. 对区域植被影响分析

（1）对生物量的影响

示范区项目地面工程及管线作业带施工会导致局部地貌形态发生改变，地表植被的铲除或压占将会改变局部区域内的景观生态类型与格局，对植被产生一定的扰动和破坏，而植被覆盖面积的减少会引发生物量短期内减少。由于项目占地区域往往为地形较平坦区域，主要为农作物等人工植被。项目临时占地对农作物的影响主要为当季影响，当施工结束后，第二年即可复种，根据同类工程调查，复垦后 2～3 年即可恢复到原有产量；项目永久占地可采取植被恢复或绿化措施，从而使得损失的植被生物量得到一定补偿。

（2）对多样性的影响

由于示范区项目破坏的植被以人工植被为主，天然次生林较少，破坏所在地现存的植物物种是周边区域常见的物种，只要项目注意及时利用当地植被物种进行复垦绿化，不会对当地及邻近地区植物种类的生存和繁衍造成影响，对整个地区生态系统的功能和稳定性不会产生大的影响，也不会引起物种的损失。

4. 对区域水土流失影响分析

示范区项目钻前工程建设需开挖土石方，对土壤进行剥离、挖掘和堆积，使原来的地表结构、土地利用类型、局部地貌发生变化。施工场地为自然地面和经过切坡、开挖后的地面，单位面积的悬浮物冲刷量和流失量较大，遇到雨天因地表水流会带走泥沙，水土流失加剧；此外，剥离的表土若在堆放过程中不采取防护措施，也会造成一定程度的水土流失。因此，项目建设过程中需设置完整的截排水沟，并对井场占地进行硬化，对表层熟化土进行覆盖，施工结束后及时对临时占地形成的地表扰动区域进行植被恢复，在此基础上方能减少水土流失量。

四、小结

示范区位于重庆市涪陵区焦石坝地区，钻井目的层为志留系龙马溪组页岩气层。钻井采用三开钻井方式，导管段、一开及二开直井段采用清水钻井，二开斜井段采用水基钻井液钻井，三开采用油基钻井液钻井。示范区自2012年正式开展页岩气开发，截至2014年10月底，已完井110口，投产45口，预计到2020年底，将累计完成钻井数1200口，实现产能100亿立方米。截至2015年11月30日，示范区累计开钻271口，完井236口，完成试气180口，投产165口，预计到2020年，累计完成钻井数1200口，实现产能100亿立方米。

示范区生产用水主要取自区外南侧的乌江，乌江年平均流量1700立方米/秒，历年最小流量128立方米/秒，能够满足示范区用水需求。钻井过程中产生的钻井废水、压裂返排液等通过钻井平台内各工序间及平台间调运后可实现全部综合利用，不外排，对地表水环境影响较小；但是井场雨水中可能含有石油类物质，在未能全部收集处理的情况下，其排放对周边耕地将造成一定的影响。

示范区页岩气开采采用近平衡钻井技术，钻井过程中采用分段固井方式封隔地层，基本不会引起地下水流场和地下水位的变化，但在非正常工况下或放炮过程中，可能会造成钻井周边溶洞水、井水、水池干枯，依靠这些水源的群众饮水困难。钻井过程从开钻至二开直井段钻井液均使用清水，而由于具有供水意义的含水层主要分布在其中的嘉陵江组，因此钻井液漏失对居民饮用水源水质影响较小；钻井工程压裂过程中会有部分压裂水滞留在龙马溪组地层中，压裂水绝大部分为清水，其余主要成分为钾盐和有机聚合物，对浅层具有供水意义的地下水没有影响；但是如井场污染物收集、存储不到位，发生漏失会造成地表污染物渗入，对浅层地下水造成一定的污染。

示范区页岩气开采施工扬尘、施工机具尾气影响较小，且随着施工期的结束而结束；钻井阶段燃油废气有一定污染物排放，但随着网电范围的逐渐扩大，将替代柴油发电机，燃油废气将逐渐减少；测试放喷废气引至放喷池燃烧，属临时排放，且其中 H_2S 含量较低，对周边环境影响较小；但页岩气集输过程中将有一定量的甲烷泄漏，甲烷是一种温室气体。

通过在施工结束后加强井场临时占地的复垦和植被绿化，可以在较大程度上减轻页岩气开发对区域植被、土壤以及水土流失的影响；但是由于示范区页岩气开发较为密集，钻井平台较多，永久占地面积较大，特别是占该区域耕地的比例较高，将对区域土地利用结构产生一定影响。

总体而言，示范区页岩气开采环境影响主要体现在地下水、生态等方面，但通过采取一系列环保措施，可以在较大程度上减轻其影响。

第五章

中国陆上石油天然气勘探开发环境监管制度

石油和天然气是经济社会发展的重要基础性能源，石油天然气勘探开发行业是中国经济的重要组成部分。在石油天然气勘探开采过程中存在若干环境污染的风险，包括废气、废水、废渣、噪声和放射性等污染，若监管不当，可能会对土地、水体、空气和生态环境造成危害。

一、陆上石油天然气环境与环境监管有关的法规、条例和政策

（一）环境法律体系的现状

陆上石油天然气勘探开发环境监管法律体系（包括相关法律、条例、法规、政策和标准等），是中国石油天然气勘探开发环境监管体系的重要组成部分。中国陆上石油天然气环境监管法律体系以宪法为根本，以环境保护和环境影响评价等行业法律为指导，以国家和地方两个层级上的条例、法规、标准和政策作为实施细则，与中国缔结或参加的跟环境保护有关的国际条约共同构成了一套较为完整的法律体系（如图 5 -1 所示）。

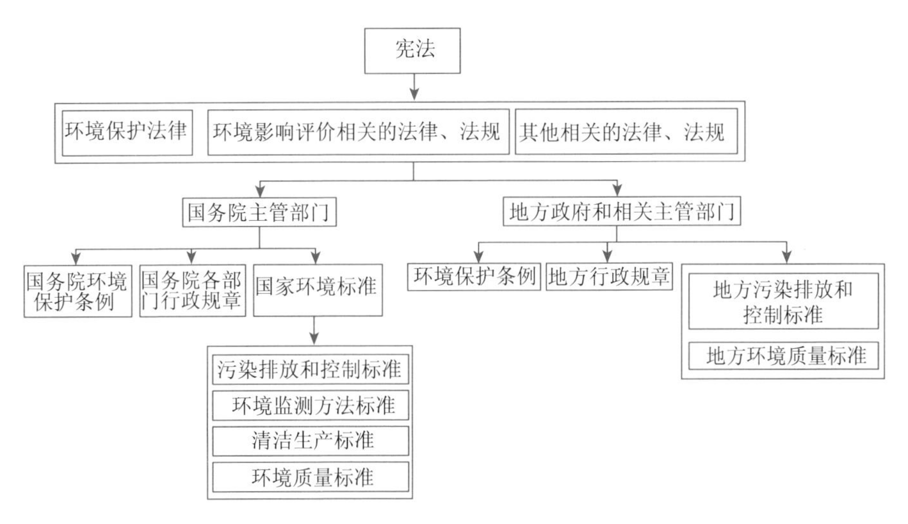

图 5 -1　陆上石油天然气勘探开发环境法律法规和政策体系框架示意图

宪法是我国的根本大法，宪法对我国生态环境保护提出了相应法律约束。根据《中华人民共和国宪法（2004 修订本）》的规定，石油天然气等

矿藏属国家所有，国家负责保障自然资源的合理利用，保护珍贵的动物和植物；禁止任何组织或者个人用任何手段侵占或者破坏自然资源；一切使用土地的组织和个人必须合理地利用土地；国家保护和改善生活环境和生态环境，防治污染和其他公害。

以宪法为根本原则，国家还出台了多部涉及石油天然气开发环境保护的法律和法规，包括综合性的《环境保护法》《大气污染防治法》《固体废物污染环境防治法》《环境噪声污染防治法》《水污染防治法》《环境影响评价法》、《野生动物保护法》等单行法，《规划环境影响评价条例》《建设项目环境保护管理条例》《排污费征收使用管理条例》《河道管理条例》《基本农田保护条例》《风景名胜区条例》《危险化学品安全管理条例》等部门法规，以及《水污染防治法实施细则》《水土保持法实施细则》等具体细则。

在《宪法》和环境保护相关法律法规、国家行政规章的指导下，部分石油天然气资源丰富的省（自治区、直辖市）根据各地区的情况，还颁布了相关的地方性石油勘探开发的环境保护法规。如《山东省陆上石油勘探开发环境保护条例（1994）》《甘肃省石油勘探开发生态环境保护条例（2010）》《黑龙江省石油天然气勘探开发环境保护条例（2010）》和《辽宁省石油勘探开发环境保护管理条例（2011）》等。新疆维吾尔自治区也将于2013年发布《新疆维吾尔自治区煤炭石油天然气开发环境保护条例》。一些对石油天然气勘探开发产生环境问题比较重视的地方环境主管部门，制定了较为系统的环境行政规章，如甘肃庆阳和新疆塔城，涉及石油天然气勘探开发建设项目管理、建设用地、环境管理、环境敏感区保护、水资源管理和恢复性规划等方面。

此外，作为世界环境保护和治理的重要组成部分，中国签署了《生物多样性公约》《控制危险废物越境转移及其处置巴塞尔公约》《联合国气候变化框架公约》《京都议定书》《关于消耗臭氧层物质的蒙特利尔议定书》《保护臭氧层维也纳公约》等国际环境保护条约，并承诺遵守其中有关规定。

如前所述，中国已初步构建了一套较为完整的陆上石油天然气环境法律体系。由于中国环境法律法规的制定和执行一般根据环境要素（水、大气、土地、噪声、固废等）进行划分，本书筛选了石油天然气勘探开发对环境影响较大的要素（水、大气和土地）进行法律法规的分类梳理。

1. 水环境

中国油气开发的水环境法律体系是以《水污染防治法》和《水法》等行业法律为指导，国家和地方两个层级上的条例、法规、标准和政策为实施细则的一套较为完整的法律体系。

在法律层面，国家对石油天然气勘探开采水污染的法条约束较为宏观，一般是将其囊括在项目建设或矿产开发的范畴内，缺少直接针对石油天然气的明确约束性条款，对应的污染防控也要比常规工业水污染滞后。

《水污染防治法》是中国防治水体污染、保护和改善水环境、保障饮用水安全的一部单行法，对于建设项目可能造成的水体污染进行了全面规定。项目建设前，规定新建、改建、扩建直接或者间接向水体排放污染物的建设项目应当依法进行环境影响评价；应建设相应的水污染防治设施，与主体工程同时设计、同时施工、同时投入使用，并经过环境保护主管部门验收通过。对于可能产生污水排放的项目，提出“国家实行排污许可制度，直接或者间接向水体排放工业废水的企业事业单位，应当取得排污许可证”，以及“直接向水体排放污染物的企业事业单位，应当按照排放水污染物的种类、数量和排污费征收标准缴纳排污费”。对于排污口的设置，规定“向水体排放污染物的企业事业单位，应当按照法律、行政法规和国务院环境保护主管部门的规定设置排污口；在江河、湖泊设置排污口的，还应当遵守国务院水行政主管部门的规定；禁止私设暗管或者采取其他规避监管的方式排放水污染物”。对于排污的监管与自律，规定“环境保护主管部门和其他依照本法规定行使监督管理权的部门，有权对管辖范围内的排污单位进行现场检查，被检查的单位应当如实反映情况，提供必要的资料”；“重点排污单位应当安装水污染物排放自动监测设备，与环境保护主管部门的监控设备联网，并保证监测设备正常运行；排放工业废水的企业，应当对其所排放的工业废水进行监测”。

为了合理开发、利用、节约和保护水资源，防治水害，实现水资源的可持续利用，中国还出台了《水法》，对于水资源开发利用、水资源保护、水资源配置和节约使用等方面及相应的法律责任进行规定。对于开采矿藏或者建设地下工程，“因疏干排水导致地下水水位下降、水源枯竭或者地面塌陷，采矿单位或者建设单位应当采取补救措施；对他人生活和生产造成损失的，依法给予补偿”。在取水方面，规定“直接从江河、湖泊或者地下取用水资源的单位和个人，应当按照国家取水许可制度和水资源有偿使用制度的规定，向水行政主管部门或者流域管理机构申请领取取水许可证，并缴纳水资源费，取得取水权”。节约用水方面，规定“工业用水应当采用先进技术、工艺和设备，增加循环用水次数，提高水的重复利用率”；以及“新建、扩建、改建建设项目，应当制订节水措施方案，配套建设节水设施。节水设施应当与主体工程同时设计、同时施工、同时投产”。

以《水污染防治法》《水法》及相关法律为指导，国家层面还制定了石油天然气勘探开发水环境方面的条例、办法、实施细则和标准等。如在排污收费方面，国家先后发布了《排污费征收使用管理条例》《排污费资金收缴使用管理办法》《关于排污费收缴有关问题的通知》《关于减免及缓缴排污费有关问题的通知》等多项规定。再如，为贯彻落实《水污染防治法》，国家专门制定了《水污染防治法实施细则》。又如，根据水质标准和污水综合排放标准（GB8978—1996），按照排放污染物的种类、数量缴纳排污费；超过国家或者地方规定的排放标准的，加倍缴纳排污费。总之，上述规定是近年来环境保护和发展改革部门进行石油天然气行业水污染防治的根本依据。

在上述较为严格的规定以外，为鼓励先进技术的应用，提高资源利用效率，减少和避免污染物的产生，国家制定了一些鼓励性的政策。在法律层面，主要是《清洁生产促进法》和《循环经济促进法》。在具体操作层面，以上述两个法律为指导，国家出台了多项有关政策。如国家发展和改革委员会、科技部和环保总局联合推动石油天然气开采的水处理技术的应用（包括油田污水处理回注技术、石油化工高浓度有机污水治理技术、封隔高压一次充填油井防砂工艺技术和稠油污水深度处理回用蒸汽驱锅炉给水技术）。国家发展和改革委员会通过发布清洁生产指标体系来对石油天然气作业过程（钻井、井下和采石油天然气）进行评价，涉及的水污染指标包括废弃钻井液、钻井废水（COD和石油类）、作业废液量（COD和石油类）、落地原油产生量、采油（气）废水（COD和石油类）和落地原油回收。环境保护主管部门与中石油和中石化，于2011年开始签订减排目标责任书，指导企业建立和完善污染减排绩效管理制度体系和工作机制，减少废弃钻进液、污水和落地原油的排放。

在国家水环境相关法律法规的指导下，地方各省区（山东、山西、辽宁、甘肃、黑龙江和新疆等）先后颁布了专门的石油（天然气）勘探开发环境保护条例/行政规章，明确提出了相应的水污染防控要求，具体包括废弃钻井液、废水、污油；井下作业和测试时产生的废液、废水；石油天然气集输过程中油水分离后产生的废水；产生的油沙、污泥等（见表5－1）。地方的石油类废水排放标准相对国家污水综合排放标准更为严格，如山东省流域石油类综合排放的1级、2级标准分别为5毫克/升和10毫克/升，仅为国家1级标准的1/20～1/10。

表5－1　石油天然气勘探开采水污染监管的主要法律法规、政策和标准

发文单位/编号	条文名称	相关内容
全国人大常委会	水污染防治法（2008年）	新建、改建、扩建直接或者间接向水体排放污染物的建设项目，应当依法进行环境影响评价 国家实行排污许可制度，直接或者间接向水体排放工业废水的企业事业单位，应当取得排污许可证 向水体排放污染物的企业事业单位，应当按照法律、行政法规和国务院环境保护主管部门的规定设置排污口；在江河、湖泊设置排污口的，还应当遵守国务院水行政主管部门的规定。禁止私设暗管或者采取其他规避监管的方式排放水污染物 重点排污单位应当安装水污染物排放自动监测设备，与环境保护主管部门的监控设备联网，并保证监测设备正常运行。排放工业废水的企业，应当对其所排放的工业废水进行监测 直接向水体排放污染物的企业事业单位和个体工商户，应当按照排放水污染物的种类、数量和排污费征收标准缴纳排污费 环境保护主管部门和其他依照本法规定行使监督管理权的部门，有权对管辖范围内的排污单位进行现场检查，被检查的单位应当如实反映情况，提供必要的资料

续表

发文单位/编号	条文名称	相关内容
全国人大常委会	水法（2002年）	开采矿藏或者建设地下工程，因疏干排水导致地下水水位下降、水源枯竭或者地面塌陷，采矿单位或者建设单位应当采取补救措施；对他人生活和生产造成损失的，依法给予补偿 从事工程建设，占用农业灌溉水源、灌排工程设施，或者对原有灌溉用水、供水水源有不利影响的，建设单位应当采取相应的补救措施；造成损失的，依法给予补偿 直接从江河、湖泊或者地下取用水资源的单位和个人，应当按照国家取水许可制度和水资源有偿使用制度的规定，向水行政主管部门或者流域管理机构申请领取取水许可证，并缴纳水资源费，取得取水权 工业用水应当采用先进技术、工艺和设备，增加循环用水次数，提高水的重复利用率 新建、扩建、改建建设项目，应当制订节水措施方案，配套建设节水设施。节水设施应当与主体工程同时设计、同时施工、同时投产。供水企业和自建供水设施的单位应当加强供水设施的维护管理，减少水的漏失
全国人大常委会	清洁生产促进法（2003年）	针对工业企业，从生产过程控制和减少污染物产生，持续提高资源综合利用率，促进循环经济的发展等方面提出要求
国务院	排污费征收使用管理条例（2003年）	按照排放污染物的种类、数量缴纳排污费；超过国家或者地方规定的排放标准的，加倍缴纳排污费
国家发展和改革委员会（国家发展计划委员会）、财政部、国家环境保护总局、国家经济贸易委员会	排污费征收标准管理办法（2003年）	规定了石油类的收费标准
国务院	国务院办公厅关于印发第一次全国污染源普查方案的通知（2007年）	石油和天然气开采业（废水：石油类）被纳入重点污染源普查范围
国务院	国务院关于促进资源型城市可持续发展的若干意见（2007年）	加大石油开采造成水位沉降漏斗的治理

续表

发文单位/编号	条文名称	相关内容
环境保护部门	重点企业清洁生产审核程序的规定（2005 年）	含酚废物
国家发展和改革委员会、科技部和环保总局	国家鼓励发展的资源节约综合利用和环境保护技术（2005 年）	油田污水处理回注技术、石油化工高浓度有机污水治理技术；封隔高压一次充填油井防砂工艺技术；稠油污水深度处理回用蒸汽驱锅炉给水技术
发展改革部门	石油天然气开采行业清洁生产评价指标体系（2009 年）	废弃钻井液、钻井废水（COD 和石油类）、作业废液量（COD 和石油类）、落地原油产生量；采油（气）废水（COD 和石油类）
环境保护部门	污染减排政策落实情况绩效管理试点工作实施方案（2011 年）	环境保护主管部门与两大石油集团签订减排目标责任书，明确工作责任，研究制定污染减排绩效考评体系，出台污染减排绩效管理办法，指导中央企业建立和完善绩效管理制度体系和工作机制
环境保护部门	关于印发“十二五”主要污染物总量减排核算细则的通知（2011 年）	环境保护部核定中石油和中石化主要污染物排放量
山东省人大常委会	山东省陆上石油勘探开发环境保护条例（2010 年）	石油勘探开发单位应当实行用水管理制度，保护地面水和地下水不受污染。未经处理达标的污水不得外排
陕西省人大常委会	陕西省煤炭石油天然气开发环境保护条例（2010 年）	建立原油集中脱水设施，对原油进行脱水。脱出的废水应当回注，不得外排
辽宁省人大常委会	辽宁省石油勘探开发环境保护管理条例（2011 年）	对作业产生的废水进行回收、处理或者综合利用，达标后方可回注，防止污染地下水质。未经处理达标的废水不得回注和外排 禁止利用渗井、渗坑、裂隙和溶洞排放废水、废液；禁止利用无防渗漏措施的沟渠、坑塘等排放或者存贮废水、废液 产生的含有毒化学药剂的污油、油泥或者清罐浮渣、底泥等污染物，按照危险废物管理规定进行转移、贮存和处理 按照《中华人民共和国水污染防治法》第七十六条规定处以罚款

续表

发文单位/编号	条文名称	相关内容
甘肃省人大常委会	甘肃省石油勘探开发生态环境保护条例（2006 年）	建设采出水处理设施，油水分离后产生的污水，经处理达标后应当回注采油层或者综合利用，不得污染地下水；需要外排的，应当排入市级以上环境保护行政主管部门指定的场所 钻井废水应当处理后回用或者达标排放 达标污水未排放到指定地点的，处以二千元以上五万元以下罚款
陕西省政府	陕西省水资源费征收办法（2008 年）	开采石油等行业的水资源费按原油的开采量计收
DB37/675—2007	山东省海河流域水污染物综合排放标准	石油类 1 级，5 毫克/升；2 级，10 毫克/升
新疆维吾尔自治区人民政府	新疆维吾尔自治区石油勘探开发环境管理办法（1995 年）	实行用水管理制度，提高水的重复利用率，对含油污水经处理达到注水标准的，可以实行回注，减少废水的排放量，保护地面水和地下水不受污染；排放废水必须符合国家和自治区规定的标准 限期内未完成治理任务，污染物排放超过规定排放标准的，除按国家规定征收两倍以上排污费外，可并处一万元以上五万元以下罚款
黑龙江省人大常委会	黑龙江省石油天然气勘探开发环境保护条例（2010 年）	进行钻井时，应当使用密闭钻井液循环罐等设备 废弃钻井液、废水、污油等应进行处理，严禁随意排放。废弃钻井液集中处理排放场所选址应当经所在地市级环保部门同意 井下作业和测试时产生的废液、废水应当采取有效措施进行回收利用，严禁随意排放 在石油天然气集输过程中应当对油水分离后产生的废水进行回收利用，确需排放，应当达到污染物排放标准；产生的油沙、污泥应当进行无害化处理 排放污水必须按照该区域水功能区划标准达标排放，严禁直接或者稀释排放。废弃钻井液、污油及其他工业固体废物、生活垃圾必须回收，不得排放或者弃置水体 限期改正；逾期未改正的，处以一万元以上十万元以下罚款；废弃钻井液、废水、废液、污油逾期未改正的，处以一万元以上五万元以下罚款
吉林省人大常委会	吉林省松花江流域水污染防治条例（2008 年）	勘探、采矿工程，必须采取防护性措施，防止污染地下水 排污单位应当加强对生产过程的管理，禁止排污单位使用无防渗措施的沟渠、坑塘、塌陷区输送或者存贮含有毒污染物或者病原体的废水和其他废弃物

续表

发文单位/编号	条文名称	相关内容
GB8978—1996	污水综合排放标准	1997 年 12 月 31 日之前建设的石油化工工业 100、150、500（一级、二级、三级）；石油类，其他排污单位：100、150、500；挥发酚，一切排污单位 20、20、100（单位：毫克/升） 1998 年 1 月 1 日后建设的石油化工工业 60、120；石油类，一切排污单位：5、10、20；挥发酚，一切排污单位 0.5、0.5、2.0（单位：毫克/升）
DB37/676—2007	山东省半岛流域水污染物综合排放标准	石油类 1 级，5 毫克/升；2 级，10 毫克/升

2. 大气环境

中国油气开发的大气环境法律体系是以《大气污染防治法》等行业法律为指导，国家和地方两个层级上的条例、法规、标准和政策为实施细则的一套较为完整的法律体系。

《大气污染防治法》是中国防治大气污染、保护和改善大气环境的一部单行法，对于建设项目可能造成的大气污染进行了全面规定。项目建设前，规定新建、扩建、改建向大气排放污染物的项目，必须遵守国家有关建设项目环境保护管理的规定；建设项目投入生产或者使用之前，其大气污染防治设施必须经过环境保护行政主管部门验收。对于可能产生废气排放的项目，提出"向大气排放污染物的，其污染物排放浓度不得超过国家和地方规定的排放标准"，"国家实行按照向大气排放污染物的种类和数量征收排污费的制度"，以及"在本法施行前企业事业单位已经建成的设施，其污染物排放超过规定的排放标准的，依照本法规定限期治理"。对于废气防治，规定"工业生产中产生的可燃性气体应当回收利用，不具备回收利用条件而向大气排放的，应当进行防治污染处理"，"炼制石油、生产合成氨、煤气和燃煤焦化、有色金属冶炼过程中排放含有硫化物气体的，应当配备脱硫装置或者采取其他脱硫措施"。

对于排污的监管与自律，规定"建设项目的大气污染防治设施没有建成或者没有达到国家有关建设项目环境保护管理的规定的要求，投入生产或者使用的，由审批该建设项目的环境影响报告书的环境保护行政主管部门责令停止生产或者使用，可以并处一万元以上十万元以下罚款”；“向大气排放污染物超过国家和地方规定排放标准的，应当限期治理，并由所在地县级以上地方人民政府环境保护行政主管部门处一万元以上十万元以下罚款”；“未采取有效污染防治措施，向大气排放粉尘、恶臭气体或者其他含有有毒物质气体的，由县级以上地方人民政府环境保护行政主管部门或者其他依法行使监督管理权的部门责令停止违法行为，限期改正，可以处五万元以下罚款”。

以《大气污染防治法》及相关法律为指导，国家层面还制定了石油天然气勘探开发大气环境方面的条例、办法、实施细则和标准等。一方面，根据大气污染综合排放标准、恶臭污染物排放标准和黑烟来限制总烃和硫化物的排放浓度；另一方面，对于控制温室气体排放，也通过《国务院关于印发“十二五”控制温室气体排放工作方案的通知》等进行约束（见表5－2），但目前还缺少有效的大气减排标准和温室气体排放标准。

表5－2 石油天然气勘探开采大气污染监管的主要法律法规、政策和标准

发文单位/编号	条文名称	相关内容
全国人大常委会	大气污染防治法（2000年）	新建、扩建、改建向大气排放污染物的项目，必须遵守国家有关建设项目环境保护管理的规定 建设项目投入生产或者使用之前，其大气污染防治设施必须经过环境保护行政主管部门验收 向大气排放污染物的，其污染物排放浓度不得超过国家和地方规定的排放标准 国家实行按照向大气排放污染物的种类和数量征收排污费的制度 在本法施行前企业事业单位已经建成的设施，其污染物排放超过规定的排放标准的，依照本法规定限期治理 工业生产中产生的可燃性气体应当回收利用，不具备回收利用条件而向大气排放的，应当进行防治污染处理 炼制石油、生产合成氨、煤气和燃煤焦化、有色金属冶炼过程中排放含有硫化物气体的，应当配备脱硫装置或者采取其他脱硫措施 建设项目的大气污染防治设施没有建成或者没有达到国家有关建设项目环境保护管理的规定的要求，投入生产或者使用的，由审批该建设项目的环境影响报告书的环境保护行政主管部门责令停止生产或者使用，可以并处一万元以上十万元以下罚款

续表

发文单位/编号	条文名称	相关内容
全国人大常委会	大气污染防治法（2000 年）	向大气排放污染物超过国家和地方规定排放标准的，应当限期治理，并由所在地县级以上地方人民政府环境保护行政主管部门处一万元以上十万元以下罚款 未采取有效污染防治措施，向大气排放粉尘、恶臭气体或者其他含有有毒物质气体的，由县级以上地方人民政府环境保护行政主管部门或者其他依法行使监督管理权的部门责令停止违法行为，限期改正，可以处五万元以下罚款
国务院	排污费征收使用管理条例（2003 年）	依照大气污染防治法，向大气排放污染物的，按照排放污染物的种类、数量缴纳排污费
发展改革部门	石油天然气开采行业清洁生产评价指标体系（2009 年）	柴油烟气、油井伴生气外排
国务院行政规章	国务院关于印发“十二五”控制温室气体排放工作方案的通知（2011 年）	推动行业开展减碳行动。石油等行业要制定控制温室气体排放行动方案，按照先进企业的排放标准对重点企业要提出温室气体排放控制要求，研究确定重点行业单位产品（服务量）温室气体排放标准。选择重点企业试行“碳披露”和“碳盘查”，开展“低碳标兵活动”
发展改革部门	温室气体自愿减排交易管理暂行办法（2012 年）	中石油、中石化直接向发改委申请
山东省人大常委会	山东省陆上石油勘探开发环境保护条例（2010 年）	石油勘探开发单位应当严格执行井控技术规定，防止井喷污染；排放的废气、烟尘、粉尘应当符合国家或本省的有关规定；天然气、油田伴生气及炼化系统中排放的可燃性气体应当回收利用。不具备回收条件而向大气排放的可燃性气体，必须经过充分燃烧，或者采取其他防治污染的措施
陕西省人大常委会	陕西省煤炭石油天然气开发环境保护条例（2010 年）	天然气井选点测试放喷，应当按规定远离居民区和建筑物，排出的气体应当点燃焚烧；开发中产生的伴生气或者其他有毒有害气体，应当综合利用或者提供给有回收利用能力的单位，不得随意排放；不具备回收利用条件需要排放的，应当进行处理，达到国家或者地方规定的排放标准

续表

发文单位/编号	条文名称	相关内容
辽宁省人大常委会	辽宁省石油勘探开发环境保护管理条例（2011年）	对作业产生的天然气、油田伴生气及其他可燃性气体进行回收、处理或者综合利用。不具备回收利用条件需要向大气排放的，应当采取污染防治措施，并向所在地环境保护行政主管部门或者辽河保护区、凌河保护区管理机构申报 在石油天然气储存、运输过程中，应当减少烃类及其他气体排放 针对违法行为，限期改正，并处一万元以上五万元以下的罚款
甘肃省人大常委会	甘肃省石油勘探开发生态环境保护条例（2006年）	天然气、油田伴生气及其他可燃性气体应当回收利用。不具备回收利用条件需要向大气排放的，应当经过充分燃烧或者采取其他污染防治措施。由于生产需要必须排放的，油田生产单位应当立即报告所在地县级环境保护行政主管部门
黑龙江省人大常委会	黑龙江省石油天然气勘探开发环境保护条例（2010年）	气井测试放喷有毒有害气体时，应当及时采取处理措施，减轻对环境的污染。排气管线应当按照有关规定远离人群聚集区等环境敏感区域 石油天然气生产、储存、集输过程中应当采取有效措施，减少烃类及其他气体排放 天然气、油田伴生气及其他可燃性气体应当回收利用。不具备回收利用条件需要向大气排放的，应当经过充分燃烧或者采取其他污染防治措施。由于安全因素必须排放的，石油天然气勘探开发单位应当立即报所在地环保部门 在气井测试时放喷有毒有害气体，由环保部门责令停止违法行为，并处二万元以上五万元以下罚款
新疆维吾尔自治区人民政府	新疆维吾尔自治区石油勘探开发环境管理办法（1995年）	石油勘探开发单位排放的废气、烟尘、粉尘，应当符合国家和自治区有关规定 天然气、油田伴生气及炼化系统中排放的可燃性气体应当回收利用；不具备回收条件而向大气排放的可燃气体，必须经过充分燃烧或者采取其他防治污染的措施 排放天然气、伴生气及其他有毒有害气体污染环境的，每标准立方米征收排污费0.04元，排放其他污染物的，可以按照国家和自治区规定的同类污染物排放标准，征收排污费 在限期内未完成治理任务，污染物排放超过规定排放标准的，除按国家规定征收两倍以上排污费外，可并处一万元以上五万元以下罚款
GB14554—93	恶臭污染物排放标准	硫化氢等

除上述较为严格的规定以外，为减少温室气体排放，国家还制定了一些试点政策。国务院于2011年提出要求石油行业开展减碳行动，制定控制温室气体排放行动方案，按照先进企业的排放标准对重点企业要提出温室气体排放控制要求，选择重点企业试行“碳披露”和“碳盘查”，开展“低碳标兵活动”。发展改革部门在试行的重点企业清洁生产评价指标中设计的石油天然气勘探开采行业大气污染的指标包括柴油烟气和油井伴生气外排，并颁布《温室气体自愿减排交易管理暂行办法（2012）》，中石油、中石化直接向国家发展和改革委员会提出申请，这有利于发挥该部门在能源管理方面的职能优越性，前瞻性地通过发布专门针对石油天然气行业大气污染的行政规章，为石油天然气行业减少温室气体和国家应对气候变化服务。

在地方层面，具体规范性内容为：石油天然气勘探开采所在的地区通过相应的条例/法规，主要是从常规污染物监控的角度来管理，同时也包括气井测试放喷有毒有害气体、天然气、油田伴生气及其他可燃性气体等。

3. 土地环境

石油天然气勘探开采不当造成的环境污染会导致土地污染、荒漠化和水土流失等环境问题。中国油气开发的土地环境法律体系是以《固体废物污染环境防治法》《水土保持法》《矿产资源法》和《土地管理法》等行业法律为指导，国家和地方两个层级上的条例、法规、标准和政策为实施细则的一套较为完整的法律体系。

国家层面的法律主要是在宏观方面给予原则性约束。一方面，对于可能造成的土地污染进行约束。如《固体废物污染环境防治法》旨在防治固体废物污染环境，维护生态安全。另一方面，国家明令禁止占用耕地、基本农田、林地和草原等采矿，在实施过程中可能造成水土流失的，规划的组织编制机关应当在规划中提出水土流失预防和治理的对策和措施，并在规划报请审批前征求本级人民政府水行政主管部门的意见。如《水土保持法》规定“矿产资源开发在实施过程中可能造成水土流失的，规划的组织编制机关应当在规划中提出水土流失预防和治理的对策和措施，并在规划报请审批前征求本级人民政府水行政主管部门的意见”；《矿产资源法》规定“开采矿产资源，必须遵守有关环境保护的法律规定，防止污染环境，应当节约用地；耕地、草原、林地因采矿受到破坏的，矿山企业应当因地制宜地采取复垦利用、植树种草或者其他利用措施”；《土地管理法》规定“禁止占用耕地采矿”，见表5-3。

表5-3　石油天然气勘探开采土地污染监管的主要法律法规、政策和标准

发文单位/编号	条文名称	相关内容
全国人大常委会	中华人民共和国固体废物污染环境防治法（2005年）	产生固体废物的单位和个人，应当采取措施，防止或者减少固体废物对环境的污染 对收集、贮存、运输、处置固体废物的设施、设备和场所，应当加强管理和维护，保证其正常运行和使用 产生工业固体废物的单位应当建立、健全污染环境防治责任制度，采取防治工业固体废物污染环境的措施 工程施工单位应当及时清运工程施工过程中产生的固体废物，并按照环境卫生行政主管部门的规定进行利用或者处置
全国人大常委会	中华人民共和国土地管理法（2004年）	禁止占用耕地采矿
全国人大常委会	中华人民共和国水土保持法（1991年）	矿产资源开发在实施过程中可能造成水土流失的，规划的组织编制机关应当在规划中提出水土流失预防和治理的对策和措施，并在规划报请审批前征求本级人民政府水行政主管部门的意见
全国人大常委会	中华人民共和国矿产资源法（1996年）	开采矿产资源，必须遵守有关环境保护的法律规定，防止污染环境，应当节约用地。耕地、草原、林地因采矿受到破坏的，矿山企业应当因地制宜地采取复垦利用、植树种草或者其他利用措施
全国人大常委会	中华人民共和国森林法（1998年）	进行勘查、开采矿藏和各项建设工程，应当不占或者少占林地；必须占用或者征用林地的，经县级以上人民政府林业主管部门审核同意后，依照有关土地管理的法律、行政法规办理建设用地审批手续，并由用地单位依照国务院有关规定缴纳森林植被恢复费
全国人大常委会	中华人民共和国防沙治沙法（2001年）	已经沙化的土地范围内的厂矿周围，实行单位治理责任制，由县级以上地方人民政府下达治理责任书，由责任单位负责组织造林种草或者采取其他治理措施

续表

发文单位/编号	条文名称	相关内容
全国人大常委会	中华人民共和国草原法（2002 年）	进行矿藏开采和工程建设，应当不占或者少占草原；确需征用或者使用草原的，必须经省级以上人民政府草原行政主管部门审核同意后，依照有关土地管理的法律、行政法规办理建设用地审批手续
国务院	中华人民共和国森林法实施条例（2000 年）	勘查、开采矿藏需要占用或者征收、征用林地的，根据林地类型和面积必须向国务院林业主管部门、县级以上人民政府林业主管部门提出用地申请。工矿区单位是造林绿化的责任单位
国务院	中华人民共和国基本农田保护条例（1994 年）	禁止任何单位和个人在基本农田保护区内采矿破坏基本农田的活动。毁坏种植条件的，由县级以上人民政府土地行政主管部门责令改正或者治理，恢复原种植条件
国务院	国务院关于促进资源型城市可持续发展的若干意见（2007 年）	加大对石油开采造成土地盐碱化等问题的治理力度
发展改革部门	石油天然气开采行业清洁生产评价指标体系（2009 年）	落地原油量限值
山东省人大常委会	山东省陆上石油勘探开发环境保护条例（2010 年）	应当实行无污染作业，严格控制落地油；对在生产建设中因挖损、钻孔、震裂、压占等造成破坏的土地应当及时采取整治措施，使其恢复到可供利用状态
陕西省人大常委会	陕西省煤炭石油天然气开发环境保护条例（2010 年）	禁止在废弃矿坑、渗坑、裂隙、沟渠内储存或者排放含油的废水、泥浆和其他有毒有害物
辽宁省人大常委会	辽宁省石油勘探开发环境保护管理条例（2011 年）	采用无毒泥浆作业，特殊情况需要使用有毒化学药剂等危险化学品的，石油勘探开发单位应当依照国家规定向有关行政管理部门申报 对钻井废弃泥浆进行回收利用或者无害化处理，并对处理后的钻井泥浆进行监测 严格执行操作规范，防止或者减少落地油泥的产生。对落地的油泥应当在完成试油、修井作业后三日内清除 对土地造成损坏的，应当及时整治、修复，恢复到可利用的状态 违规处以一万元以上十万元以下的罚款

续表

发文单位/编号	条文名称	相关内容
甘肃省人大常委会	甘肃省石油勘探开发生态环境保护条例（2006年）	落地原油必须在完成试油、修井作业后5日内清除，井场油池存放的原油必须在10日内清除；如发生突发性事件，或者因盗窃事件致使原油泄漏的，落地污油污物十日内予以清除，居民区内污油污物两日内清除 落地油和井场内油池存放的原油没有在规定时间内清除，或掩埋、焚烧落地油、油水混合液和其他废弃物的，处以一万元以上十万元以下罚款
黑龙江省人大常委会	黑龙江省石油天然气勘探开发环境保护条例（2010年）	新建井场投产时应当做到原油、化学药剂及其他有害物质不落地，发生落地现象应及时清除 新建井场不准设置土油池。已建井场的土油池应按所在地市级以上人民政府的统一规划逐步整改 发生突发性事件，或者因盗窃事件致使原油泄漏的，落地污油污物应当在排除故障后五日内予以清除，居民区内污油污物应当在两日内清除，清除时不得扩大污染面积
新疆维吾尔自治区人民政府	新疆维吾尔自治区石油勘探开发环境管理办法（1995年）	发生井喷、输油管道破裂和穿孔等突发性事件时，石油勘探开发单位应当及时采取措施排除故障，防止污染面积扩大，并及时回收落地原油 排放或者倾倒含有汞、镉、铅等有毒有害物质的泥浆、岩屑或者其他废弃物的，每立方米每月征收排污费0.5元至1元 落地原油或者油水混合液污染地面的，每平方米征收排污费0.3元至1元 在限期内未完成治理任务，污染物排放超过规定排放标准的，除按国家规定征收两倍以上排污费外，可并处一万元以上五万元以下罚款

在地方层面，为适应新疆维吾尔自治区石油勘探、开发和建设发展的需要，加强石油建设用地管理，也出台了一些管理办法。如新疆维吾尔自治区土地管理局于1997年发布了中国首部地方法规——《新疆维吾尔自治区石油建设用地管理办法》，加强石油天然气勘探开采占用土地的管理，凡是石油建设征拨用地的补偿均按《新疆维吾尔自治区实施〈土地管理法〉办法》第二十八条、第二十九条规定执行，征拨城镇规划区以内的农用土地，按补偿标准上限补偿，在修订中，提高了非法占地的处罚标准。

在石油天然气勘探开采区域土地环境质量的标准方面，主要是参照国家土壤环境质量标准和工业企业土壤环境质量风险评价基准。此外，对石油天然气勘探开采的环境约束，主要表现在对烃和酚类环境风险标准的约束上（见表5－3）。

（二）石油天然气勘探开采项目环境影响评价解析

石油天然气勘探开发项目的环境影响评价主要是依据国家环境保护有关法律、行政法规、部门规章、地方行政规章、评价技术规范（评价技术规范和石油天然气行业环保规范）、相关行业规范、相关规划文件和建设项目有关资料进行编制。

1. 石油天然气勘探开发环境影响评价基本工作流程

首先，根据《中华人民共和国环境保护法》《中华人民共和国环境影响评价法》以及国务院令第253号“建设项目环境保护管理条例”的规定，确定该项目是否需要进行环境影响评价。石油天然气勘探开发建设单位委托具有环评资质的单位做环境影响评价工作，通过现场踏勘，对项目区及周边环境状况的调查、环境监测和资料收集后，结合设计资料，严格按照相关法律法规和《环境影响评价技术导则》等技术规范的要求，编制完成了《工程环境影响报告书》（评估版）。其次，在省级环境工程评估中心召开环境影响报告书技术审查会。最后，根据技术评审会专家组意见及会议精神，对报告表内容进行了修改完善，形成了《环境影响报告书》（报批版），报环境保护部门审批。

2. 石油天然气勘探开发环境影响评价主要工作内容

针对具体的石油天然气勘探开发项目，环境影响评价主要包括评价的总体原则、项目和区域环境概况、对勘探开发过程的工程技术分析、环境影响评价（主要包括针对工程的环境影响因素识别、影响预测、风险评价、建设项目环境保护措施论证）、企业HSE管理、生产过程的污染总量控制、环境经济损益、环境可行与环境选址可行性分析等（见表5－4）。根据《中华人民共和国环境保护法》和《中华人民共和国环境影响评价法》，对建设项目的环境影响评价信息实时公开，并设置公众参与环节，接受公众对勘探开发项目的监督。

表5-4 石油天然气勘探开发环境影响评价主要工作内容

评价方面	具体内容
总体原则	评价目的及总体构思编制依据 评价工作等级、范围、标准、内容、重点和时段 环境敏感特征与保护目标
项目概况	区位交通 项目基本情况与项目组成、气藏特征与资源情况、钻探目的及布井条件、总平面布置、主要工艺设备及原辅材料、征占地与拆迁安置、土石方平衡、人员构成与工作制度、主要技术经济指标
区域环境概况	自然、社会经济、生态环境概况以及区域环境质量现状
工程技术分析	钻井设计与工艺、钻前基建工程环境影响调查分析、钻进工程环境影响因素及设计污染防治措施、污染物产排及设计治理措施汇总
环境影响识别	环境对工程（工程对环境）的制约（影响）因素识别 主要评价因子的筛选与确定
环境影响预测与评价	空气、水、声、固体废物、热辐射环境影响分析；闭井期环境影响分析
环境风险评价	风险识别、源项分析、后果计算、环境风险计算与评价、环境风险管理
环境保护措施论证分析	水、大气、噪声、固体废物处理处置、生态环境保护措施论证；闭井期环保措施论证；污染防治措施及投资估算汇总
HSE 管理体系及环境监控	HSE 管理体系现状、环境监测及环境保护监控计划 施工期环境管理建议、竣工环境保护验收
清洁生产与总量控制分析	清洁生产、总量控制
环境经济损益分析	环境保护费用 社会、环境和经济效益分析
环境可行性论证分析	建设项目环境可行性和选址合理性分析
公众参与	信息公开的方式及内容，公众参与目的、方式、内容，调查范围和反馈分析

二、陆上石油天然气开采行业的环境监管体系

（一）现行环境管理体制与机构

经过30年的持续改革，中国形成了中央统一管理和地方分级管理、部门分工管理相结合的环境管理体制。目前，环保部门主要负责石油天然气勘探开采的污染防治工作，功能包括环境管理、监察、宣教和监测等，农业、生活和交通的污染由农业、城建、公安交通等部门或机构负责管理，水利、卫生、国土、市政等协同环保部门实施水污染的监管，发展改革部门主要从清洁生产技术、能源发展专项规划、企业投资、行业标准化、流域规划和产业利用等方面对石油天然气勘探开发进行宏观环境管理（如图5－2所示）。

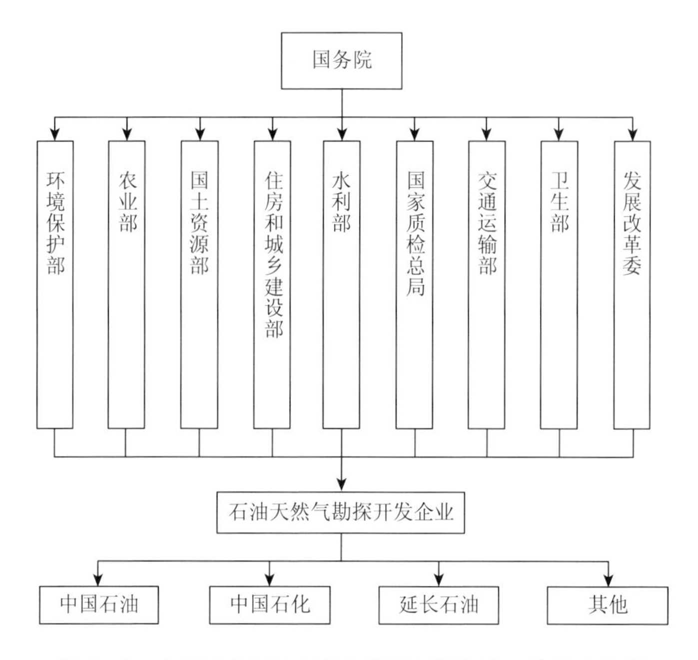

图5－2　中国陆上石油天然气勘探开发行业环境管理体制

根据法律规定，环境管理部门依照属地管理的原则对辖区内的环保工作实施统一监督管理，其他职能部门按照各自的职能负责和开展环保工

作，跨区域（流域）的环境问题由政府协商或协调解决。按照机构配置，国家一级属正部级的环境保护部，省级、地级、县级为独立的一级或二级环保局，上下级的关系是领导、协调和指导等（见表5-5）。

表5-5　中国环境监管制度的基本构成

部门	职责		
国务院环境保护行政主管部门	制定国家环境质量标准	根据国家环境质量标准和国家经济、技术条件，制定国家污染物排放标准	建立监测制度，制定监测规范，会同有关部门组织监测网络，加强对环境监测的管理。定期发布环境公报
省、自治区、直辖市人民政府	对国家环境质量标准中未作规定的项目，可以制定地方环境标准，并报国务院环境保护行政主管部门备案	对国家污染物排放标准中未作规定的项目，可以制定地方污染物排放标准；对国家污染物排放标准中已作规定的项目，可以制定严于国家污染物排放标准的标准。地方污染物排放标准须报国务院环境保护行政主管部门备案。凡是向已有地方污染物排放标准的区域排放污染物的，应当执行地方污染物排放标准	省、自治区、直辖市人民政府的环境保护行政主管部门，定期发布环境公报
县级以上人民政府的环境保护行政主管部门	执行国家（地方）环境标准	执行国家（地方）污染物排放标准，依照法律规定行使环境监督管理权的部门，有权对管辖范围内的排污单位进行现场检查。被检查的单位应当如实反映情况，提供必要的资料	会同有关部门对管辖范围内的环境状况进行调查和评价，拟订环境保护计划，经计划部门综合平衡后，报同级人民政府批准实施

（二）管理职能

石油天然气勘探开发的环境管理主要是在国务院指导下，发展改革部门、环境保护部门、国土资源、农业、水利和质检等部门共同参与的管理体制（见表5－6）。各级行政主管部门根据自身的行政职能权限，对石油天然气开采主要地表（下）水和土地方面进行环境管理和监督，部分石油天然气勘探开发所在的地方行政管理部门在贯彻执行国家环境保护法律的同时，制定了区域内的专门针对石油天然气勘探开发的环境保护的条例、规定和要求，有力地指导了地方环保部门和其他部门落实执法和污染整治工作。

表5－6　中国石油天然气勘探开发的主要环境管理部门及其主要职能

部门	主要的环境管理职能
环境保护部门	建立健全环境保护基本制度；重大环境问题的统筹协调和监督管理；承担落实国家减排目标的责任；从源头上预防、控制环境污染和环境破坏；环境污染防治的监督管理；指导、协调、监督生态保护工作；环境监测和信息发布
发展改革部门	石油天然气开发项目审批；清洁生产评价管理；温室气体减排；行业标准化管理；发布石油天然气环境污染处理技术推荐目录
国土资源部门	石油天然气矿产资源勘探审批、环境地质监测；土地污染防治；基本农田保护
水利部门	地表水、地下水及流域管理、水土保持
建设部门	项目选址意见、建设用地、建设工程规划审批、污水处理设施审批核查
农业部门	在项目所在地实施基本农田保护
质检部门、标准委	发布与石油天然气开采相关的国家环境标准
石油天然气企业部门	石油天然气开发的环境、健康和安全（EHS）管理，制定企业内部适用的环境标准

1. 环境保护部门

国家环境保护部和地方各级环境保护局是对石油天然气勘探开采环境保护工作进行统一监督的管理部门和环境保护制度的具体执行部门。依据《环境保护法》的规定，国家环境保护行政主管部门负责拟订石油、天然气等资源开发类建设项目和石化类建设项目的环境标准、环境影响评价政策、法规、规章、规范和技术导则并组织实施，组织相关行业建设项目环境影响评价审核工作，拟订建设项目环境影响评价分类管理名录，监督和落实“三同时”制度、[①] 排污许可和排污收费等制度的实施，管理和监测石油勘探中会使用到的放射性物质，实施限期治理等行政强制措施和行政处罚。在石油天然气行业进行“国家环境友好企业”的评定活动。国家环境主管部门通过环境监察体系、区域环境保护督查体系、全国范围覆盖各级行政部门的环境监测体系以及环境应急与事故调查中心对环境保护工作进行监管。各省（区、市）环境保护主管部门及其派驻机构对石油天然气开发、天然气脱硫、原油管输和含有废水排放等情况通过专项检查整治和排污费征收等方式进行环境管理，根据上级环境保护部门发布行政规章，制定本级单位的执行办法（细则），并对区域内的石油天然气企业生产活动进行备案和审查。

2. 发展改革和能源局等部门

国家发展改革委对石油天然气勘探开采按国务院规定权限审批、核准、审核重大建设项目，组织开展重大建设项目稽查。组织拟订综合性产业政策，参与编制生态建设、环境保护规划，协调生态建设、能源资源节约和综合利用的重大问题，综合协调促进清洁生产以及国家应对气候变化及节能减排工作领导小组等工作。主要从清洁生产企业评价、石油天然气能源发展专项规划（归国家能源局）、石油天然气企业投资项目审批、石油天然气行业组织的标准制定、流域规划和产业政策等方面对石油天然气勘探开发进行宏观管理，其中分领域的清洁技术指引政策，如《关于公布国家重点行业清洁生产技术导向目录的通知（2000）》，有利于提高石油天然气勘探开采行业的清洁生产水平；《温室气体自愿减排交易管理暂行办法（2012）》规定，中石油和中石化直接向国家发展改革委申请自愿减排项目备案。各省（区、市）发展改革委、能源局拟定能源发展战略、规划

---

① 根据《中华人民共和国环境保护法》第二十六条规定：“建设项目中防治污染的措施，必须与主体工程同时设计、同时施工、同时投产使用。防治污染的设施必须经原审批环境影响报告书的环保部门验收合格后，该建设项目方可投入生产或者使用。”这一规定在中国环境立法中通称为“三同时制度”。

和政策，提出相关体制改革建议，负责本行政区域内石油天然气利用、行业管理工作，制定本区域石油天然气发展规划，推进相关立法、建章工作和建设项目备案，并联合相关部门单位对石油天然气企业建设项目进行环境稽查。

3. 国土资源部门

国土资源部负责保护与合理利用石油天然气矿产资源、规范勘探开发用地管理和地质环境保护责任、土地污染防治和基本农田保护。国土资源部门根据《矿产资源勘查区块登记管理办法（1998）》和《矿产资源开采登记管理办法（1998）》，通过探矿许可证和采矿许可证制度对石油天然气勘探进行行政监管。加强土地管理工作，完善土地执法监察体系，根据《国务院关于深化改革严格土地管理的决定》（国发〔2004〕28 号），经国务院批准，建立国家土地督察制度，在国家层面设立国家土地总督察办公室，向地方派驻 9 个国家土地督察局，进行区域土地监察。根据《国土资源部关于加强页岩气资源勘查开采和监督管理有关工作的通知》（国土资发〔2012〕159 号），鼓励社会各类投资主体依法进入页岩气勘查开采领域。

4. 水利部门

国家水利部负责石油天然气勘探开采地区地下水和内陆河流的保护工作，提出限制排污总量建议，防治水土流失。拟订水土保持规划并监督实施，组织实施水土流失的综合防治、监测预报并定期公告，负责有关重大建设项目水土保持方案的审批、监督实施及水土保持设施的验收工作；负责重大涉水违法事件的查处，协调、仲裁跨省、自治区、直辖市水事纠纷。向河道、湖泊排污的排污口的设置和扩大，排污单位在向环境保护部门申请之前，应当征得河道主管机关的同意。在河道管理范围内，禁止堆放、倾倒、掩埋、排放污染水体的物体。禁止在河道内清洗装储过油类的车辆、容器。勘探开发如在山区、丘陵区和风沙区，其环境影响报告书中的水土保持方案，必须先经水行政主管部门审查同意。石油天然气勘探开采过程造成水土流失应当负责治理，并定期向县级以上地方人民政府水行政主管部门通报本单位水土流失防治工作的情况。因技术等原因无力自行治理的，可以交纳防治费，由水行政主管部门组织治理。

5. 其他部门

住房和城乡建设部门负责监督石油建设项目设计与施工中的环保措施的落实和竣工验收后环境保护设施的正常运转以及勘察设计注册石油天然气工程师的认证管理（住房和城乡建设部、人事部《勘察设计注册石油天然气工程师制度暂行规定2005》与住房和城乡建设部、人事部《勘察设计注册石油天然气工程师资格考试实施办法2005》）。农业部门通过基本农田保护来限制石油天然气勘探开采企业在基本农田附近进行石油天然气资源的开发。质检部门、标准委发布与石油天然气勘探开采相关的国家环境标准。

6. 行业环境保护自律

（1）石油天然气行业协会

2000年10月，经原国家石油和化学工业局批准，由中国石油集团公司牵头，联合中国石油化工集团公司和中国海洋石油总公司等，重新组建了石油工业标准化技术委员会，负责协调石油钻采设备和工具、天然气两个全国标准化技术委员会涉及石油天然气行业标准的制修订工作及相关事宜。

（2）企业标准研究所

石油工业标准化研究所是石油工业标准化研究管理的技术归口单位，是负责石油工业国家标准、行业标准，中国石油集团、股份公司企业标准制修订和研究工作的部门，是中国石油质量安全环保部的直属机构。中国石油和中国石化，按照国际通行的行业做法，实施健康安全环境（HSE）管理体系和推行ISO 14001认证，指导下属子公司、分公司从事清洁生产和环境管理。当前主要依靠行业自律来提高环境保护水平，如中国石油发动全员参与环境因素识别，识别和筛选重大环境因素，制订环境管理方案等。

（3）石油天然气勘探开采企业内部环境管理

1）企业内部环境行政管理体制

石油天然气公司设立了分层级的环境保护机构，以塔里木油田分公司为例，建立了三级环境保护管理机构：油田分公司 HSE 管理委员会及其办公室；各单位 HSE 管理委员会及其办公室；基层单位 HSE 管理小组及其办公室。企业各单位及下属各基层单位的行政正职分别为所在单位环境保护第一负责人，负责建立其 HSE 管理委员会及办公室，领导环境保护工作。

2）石油天然气勘探开采环境管理人员构成

石油天然气田环保工作由油田分公司质量安全环保处直接指导，并由其监督该建设工程的环境保护管理工作。建设项目经理部设专职环境管理人员，全面负责该石油天然气田开发建设期的环境保护工作。石油天然气田进入生产运行期或转为生产承包后，承包单位需配备环保工作人员，负责做好生产期的环保工作。在生产管理与劳动定员编制中设（兼职）环保工程技术人员，负责石油天然气田生产期的环保工作。

3）石油天然气勘探开采企业环境监测

油田环境监测中心站，负责石油天然气田各单位生产、生活过程中的污染源、排放口、石油天然气田环境质量监测（见表 5 -7），综合分析、了解和掌握排污特性，按照排放标准和质量标准研究污染发展趋势，进行环境质量评价，为企业有效开展环保工作提供依据。

石油天然气田建设期、营运期环境监测项目主要是区域生态环境、地表水、地下水、文物古迹保护情况。整个建设期、营运期环境监测工作由油田监测站总体负责，监测结果以监测报告的形式，上报主管部门。若发生意外污染事故，由自治区环境监测中心站监测，并由自治区环保局上报有关政府管理部门，油田分公司上报集团总公司。

表 5－7 石油天然气勘探开发企业分建设阶段的环境管理监测项目列表

监测领域	阶段		
	施工期	营运期	服役结束期
生态环境及水土保持	区域内生态调查：各区块钻井的井场、管线、道路施工期的占地情况，水土保持措施，井场泥浆池防渗情况	检查生态恢复及水土保持措施落实情况	废井安全保护措施，外输管线所经过的地域植被的恢复情况
大气环境		石油天然气处理厂周围监测非甲烷总烃、SO_2、NOx、CO_2	对石油天然气处理厂工艺废气排放点的周围进行采样（非甲烷总烃、NOx、CO_2）。事故（非正常工况）排放时，增加监测次数
水环境	在施工断面河流的上下游监测：pH、石油类、氯化物、氟化物、硫化物、挥发酚、As、CODcr 和氨氮等 9 项	上下游面监测 pH、石油类、氯化物、氟化物、硫化物、挥发酚、As、CODcr 和氨氮等 9 项 区域内（石油天然气处理厂、水源站、废物处理场等设施）下游，监测 pH、总硬度、溶解性总固体、高锰酸盐指数、氯化物、氟化物、石油类、挥发酚等 8 项	进入废水蒸发池的生产废水应达到排放标准（监测 pH、石油类、CODcr），事故状况或非正常工况排放时要增加监测次数 站场内生活污水处理后用于绿化灌溉（监测项 pH、CODcr、SS、氨氮）
土壤环境	对在钻井和完钻一年后的井，在泥浆池底以下取土壤样一次，监测项目为石油类、重金属		

4）石油天然气勘探开发企业与环境保护部门的协调工作机制

①石油天然气企业质量安全环保（以下简称 HSE）部门在石油天然气田开发建设、运行中的环保工作，除受石油天然气分公司 HSE 指导、管理，同时还要接受当地环保部门的监督。在工程建设区内开展对环境和自然生态可能产生不利影响的活动时，必须经当地环保部门批准后方

可进行。

②在施工期，石油天然气企业进行勘探开采活动，HSE部门应将建设期进度报告地方环保行政主管部门，以便对环保措施实施和恢复情况进行施工期的监督管理。

③石油天然气企业HSE部门对环评报告书中提出的污染治理和生态保护恢复措施的执行情况和完成情况，必须在经有审批权的环保行政主管部门确认后上报验收。

④在石油天然气企业HSE部门的协调下，石油天然气田的环保工作要接受所在地区县市环保局定期和不定期的检查。

（三）环境监管行政体系

中国环境监管的行政体系是条块相结合的体系，下级环保主管部门在受上级环保行政主管部门的业务指导的同时，还受同级人民政府的统一领导，这是一种双重的领导体制。由于地方环保部门的领导任免、职位晋升和行政事业费开支主要来自所在地的地方人民政府，并且环保法规定当地人民政府对本辖区的环境质量负责，因此中国环境保护的管理体制主要还是以地方分级管理为主要特点。

对于环境监督和执法，主要由各级环保部门的督查中心和监察局（队）负责。其中，环境保护部下设环境监察局以及华北、华东、华南、西北、西南、东北六大环境保护督查中心，负责重大环境问题的统筹协调和监督执法，主要通过拟定环境监察行政法规、部门规章、规定等，监督地方环保部门的环境执法。地方各级环保部门下设环境监察总队（省级）、环境监察支队（市级）、环境监察大队（县级）、环境监察中队（县级分支）、环境监察所（乡镇级），负责具体项目的环境执法工作。

表5－8 各行政职能部门在石油天然气勘探开发流程中的环境监管体系

部门	立项	监管层级			建设	监管层级			运营	监管层级		
		国家	省级	市县		国家	省级	市县		国家	省级	市县
环境保护部门	建设项目（规划）环评审批	●[①]			有毒有害、放射性物质管理	●	●	●	清洁生产审核	●		
	建设项目（规划）环评审批		●		“三同时”制度核查	●			上市公司环境保护核查 环境污染强制责任险	●		
	建设项目（规划）环评受理			●	“三同时”制度监督落实		●	●	排污专项检查整治	●	●	●
	环境影响评价公众参与	●	●	●					排污费收取			●
	排污许可备案		●						重大环境问题的统筹协调和监督执法检查	●		
	排污许可审批			●					监督环境法规执行、查处环境违法、排污审查收费，严重环境污染督查		●	●
									“国家环境友好企业”评定	●		

① 年产100万吨及以上新油田开发项目；年产20亿立方米及以上新气田开发项目。

续表

部门	立项	监管层级			建设	监管层级			运营	监管层级		
		国家	省级	市县		国家	省级	市县		国家	省级	市县
环境保护部门									制定国家和行业环境标准	●		
									制定地方的行业环境标准		●	●
									生产活动备案和审查		●	●
发展改革部门	石油天然气开发项目审批	●[1]							清洁生产评价管理	●		
	项目可行性研究报告审批		●						温室气体减排	●		
	项目可行性研究报告受理			●					发布石油天然气环境污染处理技术推荐目录	●		
国土资源部门	矿产资源勘查登记	●			环境地质监测	●	●	●	土地污染防治	●	●	●
	探矿权许可证审批	●			用地督查	●			用地督查	●		
	采矿权许可证审批[2]	●										

① 年产100万吨及以上新油田开发项目；年产20亿立方米及以上新气田开发项目。

② 开采石油、天然气、放射性矿产等特定矿种的，可以由国务院授权的有关主管部门审批，并颁发采矿许可证（《中华人民共和国矿产资源法》）。

续表

部门	立项	监管层级			建设	监管层级			运营	监管层级		
		国家	省级	市县		国家	省级	市县		国家	省级	市县
国土资源部门	项目所在地基本农田保护	●	●	●								
水利部门	项目所在地水土保持	●	●	●					项目所在地地表水、地下水及流域管理	●	●	●
建设部门	项目选址意见书核发①	●							污水处理设施核查	●	●	●
	项目选址意见书核发			●								
	建设用地规划审批			●								
	建设工程规划审批			●								
农业部门	项目所在地基本农田保护	●	●	●		●	●	●		●	●	●
质检部门、标准委									发布行业国家环境标准	●		

① 大中型和限额以上的建设项目。

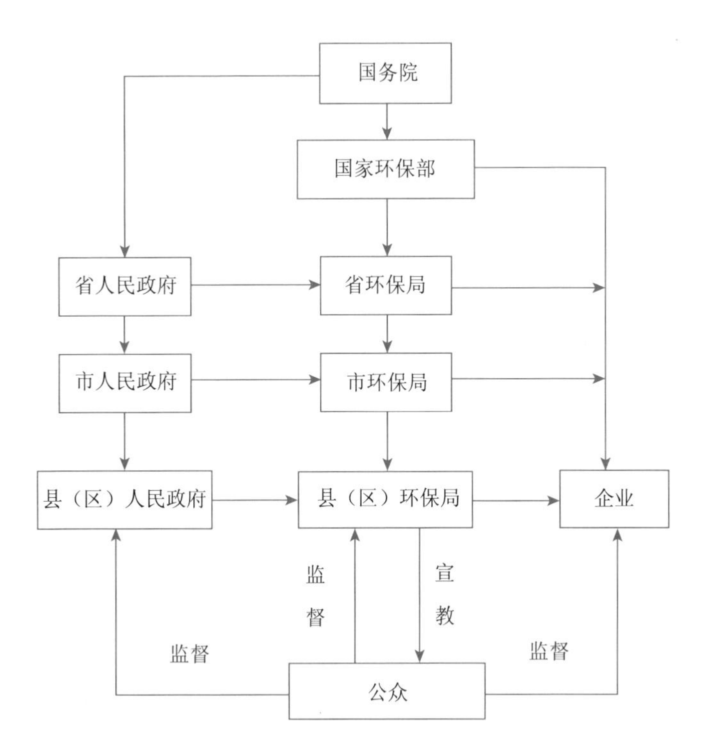

图 5－3　中国环境监管行政体系

（四）环境监管制度

中国环境监管制度主要包括法律中明确规定的九项基本制度，即“老三项”“新五项”以及“污染物总量控制制度”。其中，“老三项”制度包括“三同时”制度、排污收费制度和环境影响评价制度，“新五项”制度包括排污许可证制度、限期治理制度、集中控制制度、综合整治定量考核制度和目标责任制度。另外，《环境保护法》还规定了环境与计划、环境监测、环境标准以及环境状况公报等各项制度。

1. 事前预防的环境影响评价制度和“三同时”制度

环境影响评价制度和“三同时”制度带有事前预防的性质，其中环境影响评价制度侧重于对环境污染的事前预防，“三同时”制度则侧重于环境设施的配套建设。

2. 事中管理的排污收费制度和排污许可证制度

排污收费制度和排污许可证制度是针对企业排污许可和收费的制度。其中，排污许可证制度建立在排污申报登记的基础上，是行政许可的一种类型。排污收费是对排污者收取费用的一种行为，种类包括排污费和超标排污费等。

3. 事后补救的限期治理制度和集中控制制度

限期治理制度和集中控制制度以事后补救的形式发挥作用。限期治理仅限于环境严重污染的单位，由于“严重污染”的界定困难，容易造成限期治理的法律依据不充足。污染集中控制制度是要求在一定区域内建立集中的污染处理设施，对多个项目的污染源进行集中控制和处理，但由于治理缺乏责任主体及其权利和义务的分配，因法理不足较难实施。

4. 涉及政绩考核的综合整治定量考核制度、目标责任制度和污染物总量控制制度

综合整治定量考核制度、目标责任制度和污染物总量控制制度是将环境保护工作与各级政府的考核进行挂钩的制度，有助于理顺各级政府和环境保护部门的关系。其中，综合整治定量考核制度以市长要对城市的环境质量负责为原则，考核内容涉及环境质量、污染控制、环境建设和环境管理四方面；环境保护目标责任制度是通过签订责任书的形式，具体落实到地方各级人民政府和有污染的单位对环境质量负责的行政管理制度，将各级政府领导人依照法律应当承担的环境保护责任、权利、义务，用建立责任制的形式固定下来；污染物总量控制制度是将某一控制区域作为一个完整的系统，采取措施将排入这一区域内的污染物总量控制在一定数量之内，以满足该区域的环境质量要求。

三、存在的主要问题

（一）法律体系存在的主要问题

1. 国家层面缺乏统领油气行业发展与环境保护的法律

目前，在国家层面专门针对陆上石油天然气法律的仅有《中华人民共

和国对外合作开采陆上石油资源条例（1993）》，该条例指出，在中国陆地对外合作开发石油作业中，应当遵守国家有关环境保护和安全作业方面的法律、法规和标准，并按照国际惯例保护农田、水产、森林资源和其他自然资源，防止对大气、海洋、河流、湖泊、地下水和陆地其他环境的污染和损害。该条例的颁布，较为有效地规范了国外企业参与中国陆上石油资源开发的环境行为。除此之外，中国关于陆上石油天然气开发的环境法律条文，散见于《环境保护法》《水污染防治法》《大气污染防治法》《矿产资源法》等法律中，专门的石油天然气法尚未出台，也没有系统规范陆上石油天然气开发利用的环境保护专门法规，还缺少全国性的陆上石油天然气勘探开发环境保护条例。

由于石油和天然气勘探开发包括物探、测井、采油、井下作业等一系列复杂作业过程，伴生大量不同的环境污染物，对于环境的影响往往深入地下，需要较长时间才能显露出来。“石油法”“天然气法”等统筹行业发展的法律缺失，导致油气行业发展与环境保护难以在法律层面相协调，对于构建法律结构严谨、法规内容完善、执行操作到位的石油天然气行业环境监管体系造成了法律障碍。此外，行业性法律的缺失，还导致对于页岩气等新兴产业，缺乏及时有效的法律依据，不利于环境管理。

2. 某些油气资源大省的环境管理条例有待加强

地方政府是中国环境保护的责任主体，各级地方政府应对辖区内的环境质量负责。根据《中华人民共和国环境保护法》第十六条规定，“地方各级人民政府，应当对本辖区的环境质量负责”。《国务院关于环境保护若干问题的决定》（1996 年）规定，“地方各级人民政府对本辖区环境质量负责，实行环境质量行政领导负责制”。

目前，以环境保护法律、行政法规、部门规章和国家标准为指导，一些油气资源大省（山东、陕西、辽宁、甘肃、黑龙江和新疆等）出台了地方性的环境保护法规、规章和标准。这些法规、规章和标准是各地控制油气开发环境污染的依据，相对国家法规和标准更为具体和严格。如山东省流域石油类综合排放标准的 1 级、2 级分别为 5 毫克/升和 10 毫克/升，仅为国家1级标准的1/20~1/10。

然而，由于各地方对于油气开发环境保护的认识和重视程度不同，地方性的环境保护法规、规章和标准有待细化和加强。一是某些油气资源丰富或有资源潜力省份的环境管理条例尚未出台，环境保护执法和监督缺乏具体的依据和办法。二是已经出台的地方环境管理条例往往原则性较强，缺乏具体的支撑标准。三是违法处罚程度普遍较低，不利于油气开发企业环境保护意识的提高。

3. 针对石油天然气勘探开发的国家环境标准不完善

环境标准是环保部门进行环境管理和监督执法的基础依据，中国石油行业在环境标准化方面做了大量工作，但是还存在许多问题，滞后于石油天然气工业的发展进程。

一是缺少针对油气勘探开发的污染物排放标准。石油天然气生产中有不少污染物的产生和排放具有突出的行业特征。中国现行的国家污染物排放标准主要是针对比较普遍的污染源和污染物而制定的综合性标准，较少考虑石油天然气工业的排污特点。国家现行环境保护标准中，只有《海洋石油开发工业含油污水排放标准》一项是针对石油行业制定的，其他执行的国家环境标准绝大部分是综合排放标准，存在行业特点不突出、针对性不强的问题。例如，由于缺少废钻井液固化处置、废钻井液和岩屑土地处置的污染控制技术规范和标准，一些单位的钻井废弃物到处堆放和随意填埋，造成二次污染。在石油天然气行业标准中，也没有专门的环境保护标准，只是在石油天然气设备、工程设计、采油采气、开发、施工、油田化学、安全标准中涉及一些环境保护的内容。

二是缺少能实现过程控制的行业环保标准。目前石油天然气行业采用的国家环境保护标准都是针对污染物排放制定的，属于末端控制标准。石油企业要实施清洁生产，就需要针对生产工艺制定大量的过程控制标准，包括清洁生产评价指标体系、技术指南、审核指南等，没有这些标准，就无法对各单位的清洁生产水平进行比较，进而有效地促进清洁生产工作。

三是缺少资源综合利用领域的行业标准。石油行业在油田生产废弃材料、采油污水的回收利用，自备电厂粉煤灰、地热能的利用，余热余压的利用，伴生资源的开发利用等方面已经做了许多工作，但相应的标准化工作却还比较薄弱，不能满足资源综合利用工作快速发展的需要。

4. 惩罚标准低，机制单一

首先，中国对于环境污染的惩罚较轻，可能造成企业治理成本高于违法成本，而不重视环境问题。根据《大气污染防治法》，建设项目的大气污染防治设施没有建成或者没有达到国家有关建设项目环境保护管理的规定的要求，投入生产或者使用的，处十万元以下罚款。根据《水污染防治法》的规定，建设项目的水污染防治设施未建成、未经验收或者验收不合格，主体工程即投入生产或者使用的，或在饮用水水源保护区内设置排污口的，处上限五十万元的罚款。地方针对石油天然气勘探开采的环境污染违法行为的经济处罚力度在一万元以上十万元以下（个别是在两千元以上），针对类似的污染行为各地的经济处罚力度不一。可见，各部门、各单位间所采用的评估方法和参照均不相同，由此造成的评估结果存在差异，使得司法机关对判决和赔偿金额的裁量产生困难，影响行政效能。

从处罚程度看，国外处置同类污染事件的力度要高出很多，如2010年墨西哥湾漏油事件的经济赔偿达到200亿美元。相对来说，中国在石油天然气勘探开发环境污染事件中的经济处罚力度较轻，使得守法成本相对较高，导致石油天然气企业对自身环境管理的轻视。

其次，以罚代管和乱罚款现象仍然存在。处罚仅是环境监管的手段之一，属于事后的惩罚性措施，过多地使用罚款手段不利于环境保护工作的进行。一些地方上的环境执法队伍过于庞大，且不在行政编制内，工资和福利的发放依赖罚款，导致乱罚款的现象仍然存在，影响了企业治理环境的积极性。

最后，环境处罚大多依赖罚款，较为单一。对于一些大型央企和地方国企，简单的经济处罚不能对企业运行产生明显影响，负责人的环境保护意识难以迅速增强。应根据中国国情和体制，综合运用经济手段、行政手段和法律手段，促使企业依法履行其环境责任。

（二）监管体系存在的问题

1. 缺乏社会监督机制

当前中国环境监管的主体单一，缺乏有效的环境公众监督举报机制。根据《环境保护法》第六条规定，“一切单位和个人都有保护环境的义务，并有权对污染和破坏环境单位和个人进行检举和控告”，但是在中国相关的行政规章中缺少单位和个人对石油天然气勘探开发进行环境检举和控告的实施办法/细则。如对于项目的环境影响评价，主要是针对技术方案进行论证，公众参与仅仅是环评中的一项内容，没有作为一种方法和思路贯穿整个环评，这与国外对于公众参与的重视程度形成了巨大反差。

过于依赖政府的环境监管体制导致了很多问题，如地方政府过于追求政绩，而弱化了环境保护。此外，过多地依赖政府部门，还可能导致环境监管运行的成本过大且效率较差。

2. 监管内容不全面

目前，中国对建设项目实行环境影响评价和“三同时”两项制度，建设项目环境监管工作有环保审批和竣工验收两个重点。这种管理模式对工业污染型的建设项目是可行的、有效的。然而近年来，随着中国国民经济的快速发展，建设项目的数量明显上升，环境监管任务十分繁重。建设项目在建设过程中环保措施和设施“三同时”落实不到位、未经批准建设内容擅自发生重大变动等违法违规现象仍比较突出，由此引发的环境污染和生态破坏事件时有发生。对于石油和天然气开发工程，其生态环境影响开始于勘探，发生在施工筹建期、建设期，而在竣工验收时，许多生态破坏早已发生，诸如自然保护区、生态功能保护区、湿地、珍稀动植物与栖息地的破坏、景观破坏等环境影响已不可逆转。

为实现建设项目环境管理由事后管理向全过程管理的转变，由单一环保行政监管向行政监管与建设单位内部监管相结合的转变，以下两方面内容有待加强：一是推行建设项目环境监理，对于施工期较长、环境影响较大的油气工程建设项目开展环境监理，并形成制度；二是强化企业的环境社会责任，要求大型企业每年出版社会责任报告，并如实反映存在的环境问题。

3. 监管不到位

经过多年发展，中国已初步形成了一套较为完整的、多部门配合的环境监管体系，法律、条例、规章、标准等政策制定相对完善，但监督与落实有待加强。造成这种现象主要有两大原因：

一是环境监管动力不足。以经济发展为核心的思想长期存在，为追求GDP增长可以牺牲环境依然是部分地区领导干部的认识。对于能给地方做出巨大产值和财政贡献的企业，地方政府往往在项目审批和环境执法上予以宽松的环境，如在环境影响评价和日常环境执法上给予放行。目前地方环保局的财权、人事任免权都掌握在地方政府手中，这种制度安排造成的后果是当经济发展与环境保护出现矛盾时，地方政府受政绩考核的利益驱使，往往会选择追求GDP增长，在这种情况下，地方环保局经常无法正常履行部门职责。

二是环境监管能力不足。中国环境监管能力建设不足问题仍然突出，监管不到位的现象存在。“十一五”期间，环境监管能力建设开展了大量工作，尤其是围绕环境监管硬件建设方面，做出了巨大努力，取得了显著成效。然而，面对更加繁重和严峻的形势以及建设美丽中国的更高要求，环境监管尚不足以支撑生态文明建设的需求。现阶段环境监管硬件建设以偿还历史欠账、开展常规能力建设为主，标准化建设全面达标水平不高，业务经费与运行保障经费不足等问题凸显。

4. 监管手段以行政规定和强制处罚为主

监管手段以行政规定和强制处罚等手段为主，法律手段和舆论监督手段相对缺乏。

一是缺乏有效的法律手段。由于公益诉讼在中国刚刚起步，缺乏相应的法律依据，公众和NGO对于环境污染事件的监督权也难以通过法律途径实现。如2005年中石油苯胺车间爆炸导致松花江污染，北京大学法学院6名师生提起的公益诉讼，最终以“原告不合适”而被当地法院认定不予受理。

二是缺乏有效的环境信息公开机制，不利于舆论监督。目前，石油天然气勘探开发环境信息还是笼统地归入环境影响评价的制度体系之中，且环评报告书的内容仅部分公开，一般仅公开环境影响的减缓措施，没有说明环境影响的程度，导致公众获得的环境信息十分有限，不利于舆论监督，有针对性的环境信息公开办法和监督举报办法亟待建立。

第六章

重庆涪陵国家级页岩气示范区页岩气勘探开发环境监管实践

一、环境管理机构

（一）政府环境监管机构

目前重庆涪陵国家级页岩气示范区主要由涪陵区环保局承担页岩气开发日常环境监管工作，业务上接受重庆市环保局的管理、指导和监督。

涪陵区环保局各科室及其承担职责见表6－1。

表6－1 涪陵区环保局各科室及其承担职责

科室、名称	主要的环境管理职能
行政审批科	1. 组织对示范区页岩气开发规划进行环境影响评价 2. 负责页岩气建设项目环境影响报告书（表）的审批，参与选址论证工作，并监督执行“三同时”制度 3. 承办页岩气建设项目环保设施竣工验收的组织工作
污染管理科	1. 组织对页岩气开发重大环境污染事故的调查处理，协调区内跨行政区的环境污染纠纷 2. 指导页岩气建设项目污染防治设施的建设 3. 负责页岩气开发产生危险废物的监管
环境监察支队	1. 依法对页岩气建设项目执行环保法规的情况进行现场监督检查，并按规定进行处理 2. 负责页岩气建设项目生态破坏事件的调查，并参加处理 3. 负责页岩气建设项目环境污染事故、纠纷的调查处理
环境监测中心	负责页岩气开发环境质量现状及污染源监测工作

（二）企业环境管理机构

示范区页岩气开发主要由中石化重庆涪陵页岩气勘探开发有限公司承担，该公司由中国石化与重庆市涪陵区国资委合资组建，专门成立了涪陵页岩气工区QHSE（质量、健康、安全、环境）协调委员会，并设置了HSE管理部、环境监测站等环境相关管理部门（如图6－1所示）。

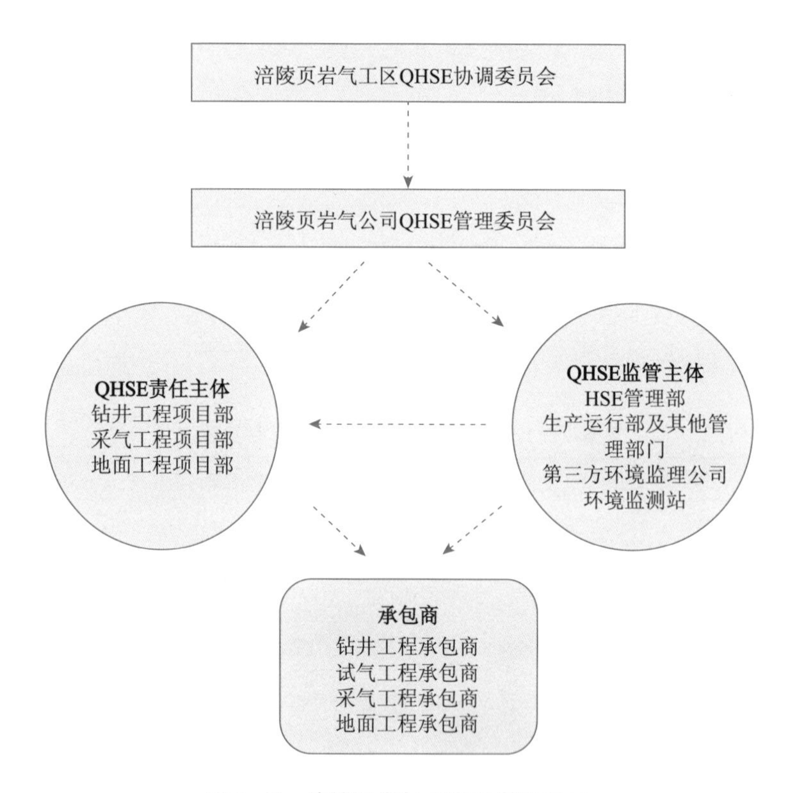

图6－1 涪陵页岩气 QHSE 管理体系

其中，HSE 管理部下设环保科，并配备有专职人员 4 人（其中科长 1 人、环保管理员 3 人）。同时，为加强页岩气建设项目的环境保护管理工作，各井队配兼职环保管理干部和技术人员各 1 人，统一负责环境保护监督管理工作（运行管理等），且有一名钻井队领导分管环保、安全工作。

此外，中石化重庆涪陵页岩气勘探开发有限公司依托江汉石油管理局环境监测中心站在示范区组建有相应监测能力的部门。由公司 HSE 管理部下达环境监测工作任务，江汉石油管理局环境监测中心站监督指导工作，建立完整的质量管理体系，监测机构人员配置 9 人，其中站长 1 人，监测人员 8 人，均为持证上岗。

中国石化一直在积极推进 HSE 管理体系建设，强化健康、安全与环境的一体化管理，2001 年 2 月发布了《中国石油化工集团公司安全、环境与健康（HSE）管理体系》《油田企业安全、环境与健康（HSE）管理规范》《施工企业安全、环境与健康（HSE）管理规范》《销售企业安全、环境与健康（HSE）管理规范》《施工企业工程项目 HSE 实施程序编制指南》《职能部门 HSE 职责实施计划编制指南》，形成了系统的 HSE 管理体系标准。示范区已经纳入中石化重庆涪陵页岩气勘探开发有限公司 HSE 管理体系，目前按照该体系，制定了严格的验收程序和规章制度，加强了对油基岩屑处理、钻屑固化处理、废水处理，钻井、压裂、土地复耕等内部分包单位的监管。

此外，中石化在集团公司层面已印发环境保护及相关制度 10 项，包括《中国石化环境保护管理办法》《中国石化境外环境保护管理办法》《总部机关各部门（单位）主要环保职责》《中国石化环境事件领导干部处分办法》《中国石化建设项目环境保护管理规定》《中国石化清洁生产管理办法》《中国石化环保隐患管理规定》《中国石化环境事件管理规定》《中国石化废水污染防治管理规定》《中国石化建设项目“三同时”管理规定》。江汉油田也出台了 10 个环保标准规范，分别为：页岩气田现场环保监督检查技术规范、环境保护管理规定、环境监测技术规范、页岩气废水管理规范、页岩气田固体废弃物管理规范、页岩气田含油污泥管理规范、页岩气田环境保护验收规范、页岩气田环境监测技术规范、页岩气田建设项目环境管理要求、页岩气田清洁生产实施规范，并根据开发实际制定了与页岩气勘探开发环保工作相关的 20 个制度，指导环保工作开展，不断加强和完善页岩气田开发过程中的生态环境保护。

二、环境管理制度及执行现状

（一）政府环境监管制度及执行现状

针对示范区的环境监管制度主要有规划环评、建设项目环评、突发环境事件应急预案、环境监理、竣工环保验收、危险废物管理及申报登记等，可以实现页岩气开发环境保护全过程监管。主要监管环节及流程如图 6－2 所示。

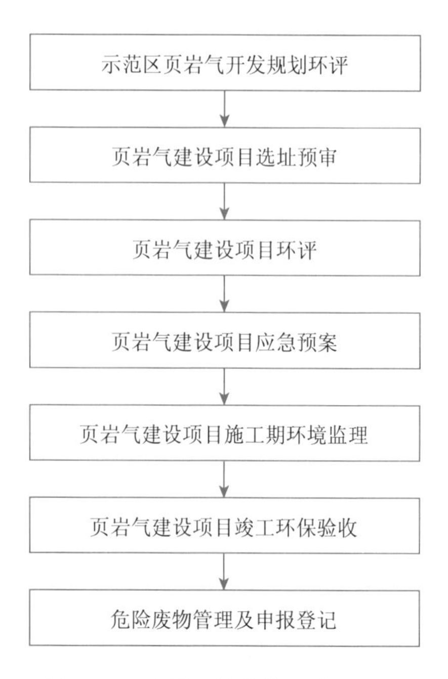

图6－2　主要环境监管环节及流程

目前示范区在规划环评、建设项目选址预审、建设项目环评、应急预案、危险废物管理及申报登记等方面均较好地执行了相关制度要求，但在施工期环境监理、竣工环保验收方面尚处于试点阶段。现有环境监管制度执行情况见表6－2。

表6－2　现有环境监管制度执行情况

制度名称	主要内容	执行现状
规划环评	对示范区页岩气开发规划实施后可能造成的环境影响进行分析、预测和评估，提出预防或者减轻不良环境影响的对策和措施	示范区一期产能建设规划环评由中石化重庆涪陵页岩气勘探开发有限公司委托中煤科工集团重庆设计研究院有限公司开展，已于2015年5月顺利通过由涪陵区环境保护局主持召开的审查
建设项目选址预审	为减少页岩气勘探开发对环境敏感区域以及其他项目的交叉影响，每一口勘探井、每一个开发平台的选址都应送涪陵区环保局组织区发改委、区交委、区林业局、区旅游局、区安监局、区水务局等区级有关部门进行会审，同意勘探开发的井位再开展项目环评	示范区页岩气建设项目在建设项目环评开展前均严格按照要求进行了选址预审

续表

制度名称	主要内容	执行现状
建设项目环评	页岩气建设项目开工前，委托有资质的单位编制建设项目环评文件，对示范区页岩气建设项目实施后可能造成的环境影响进行分析、预测和评估，提出预防或者减轻不良环境影响的对策和措施	存在环评未通过便已开工建设，“未批先建”等违法违规现象
突发环境事件应急预案	编制突发环境事件应急预案，并报涪陵区环保局备案，明确应急组织、指挥、救援体系，落实应急救援设施、设备、物资、资金等，定期进行应急演练	示范区页岩气建设项目均自行或委托第三方编制了应急预案并报涪陵区环保局备案，定期进行应急演练
施工期环境监理	依据项目环评文件及环境保护行政主管部门批复、环境监理合同，对页岩气项目建设实行环境保护监督管理，督促各项环保措施落实到位，并编制环境监理报告。项目竣工后，建设单位将监理报告与其他竣工环保验收材料一并报送涪陵区环保局申请竣工验收	目前尚未全面开展施工期环境监理，正处于制度推行阶段
竣工环保验收	以钻井平台为单位，验收内容包括平台钻井工程、试气工程和生态修复工程，每个平台上述工程完工后，委托有资质的单位编制项目竣工环保验收报告，向涪陵区环保局申请竣工环保验收	目前尚未全面开展竣工环保验收，正在委托有资质的单位对示范区已经投入运行的项目开展竣工环保验收试点工作，以总结出适合页岩气勘探开发环保验收的经验和技术规范，在试点的基础上推进投产项目的全面验收
危险废物管理及申报登记	按照危险废物内部管理流程，如实记录危险废物产生、贮存、利用和处置等环节的情况，建立管理台账，施行台账月报制，每月5日前将上个月的管理台账汇总后报涪陵区环保局备案；同时，每年如实、及时向涪陵区环保局申报危险废物产生的种类、数量、流向，以及贮存、处置情况	示范区页岩气建设项目已严格执行危险废物管理和申报登记制度

（二）企业环境管理体系及执行现状

企业是页岩气开发的主体，也是环境保护与污染防治的主体。中国石化通过加大投入、提高技术、严格标准、加强管理等一系列举措，基本实现了涪陵页岩气的环保开发。其中，涪陵区块一期产能建设项目中直接环保投资约6.07亿元，占总投资242亿元的2.5%。

1. 水资源利用和保护

调研发现，中国石化重视勘探开发全过程的水资源节约与水污染防控，在源头防控、过程保护、循环利用等方面做了大量工作。在水资源节约方面，坚持“减量化—再利用—再循环”的循环经济模式，构建了钻井水、压裂水循环利用体系，以及雨水、生活用水收集体系（如图6-3所示）。钻井废水、压裂返排液、采气伴生水经检测合格后（如图6-4所示），按一定比例混合新鲜水配置压裂液，在压裂施工中重复利用，工业废水回用率达到100%。

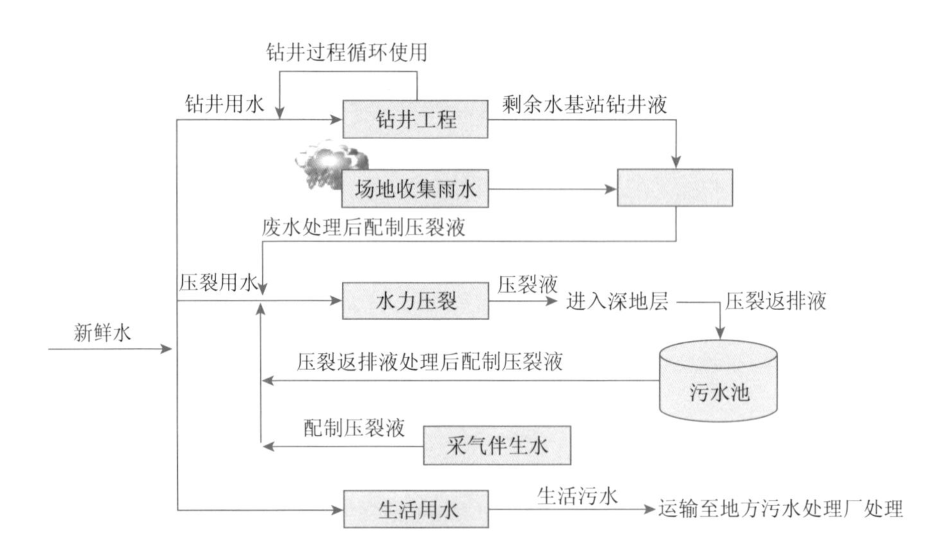

图6-3 涪陵页岩气田开发水循环利用图

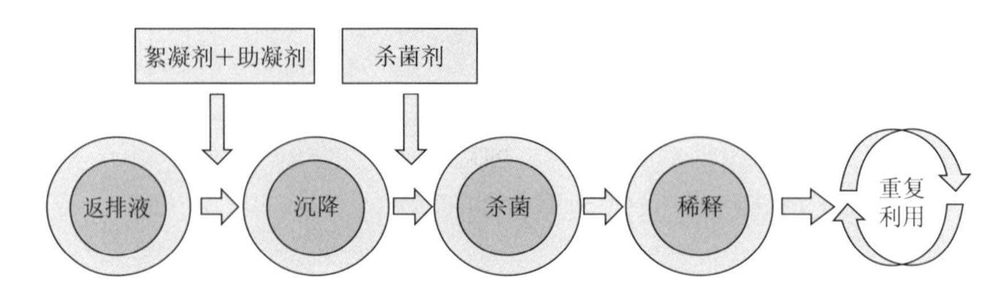

图6-4 涪陵页岩气田压裂返排液重复利用处理流程图

水资源保护方面，通过改进优化设计、使用清洁能源和原材料、采用先进工艺技术和设备、改进管理、综合利用等措施，从源头削减污染，减少或避免污染物的产生。例如，钻井平台推广“井工厂”模式，每4~6口井为一个钻井平台，现在一个“井工厂”平台只需配置一口井的钻井液就能完成4~6口井的钻井任务，同时“井工厂”模式减少了平台用地，缩短了钻井、压裂施工工期。钻井前，修建了废水池、防喷池、油基钻屑暂存池、清污分流沟、截水沟等环保设施，并进行防渗承压实验。钻井过程中，不仅实现了钻井液循环利用（如图6－5所示），还保证所有钻井液均按照《钻井液材料规范》等行业标准执行。压裂试气过程中，采用自主研发的压裂液，不含重金属或高危物质，进入地层后会随温度和时间的增加自动降解，对地层伤害较小。生产过程中的生活污水，也由各平台设置的生活污水池集中密闭储存，定期由专业公司收集运输至当地污水处理厂处理。

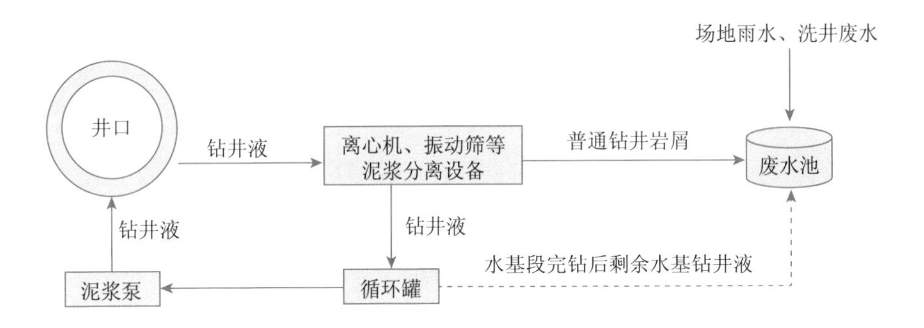

图6－5　钻井液循环体系图

2. 大气污染防控

页岩气的主要成分是甲烷，它既是一种清洁能源，也是一种温室气体。页岩气开发过程中产生的温室气体主要来自试气防喷和压裂过程中的排放，以及采气和集输过程中的泄漏。针对这一特点，在防治温室气体排放和泄漏方面，中国石化也做了大量工作。

试气和返排过程中，实现“边测试，边进站生产”，最大限度减少防喷时间。目前，平均单井放空燃烧量已较2013年下降了50%以上。“页岩气地面流程测试系统”由国家知识产权局认定为实用新型专利。

采气和集输过程中，采用密闭集输流程，对含气返排液进行气液分离，并加强集输过程中闸阀、管线、设备的检测维修，避免异常泄漏。

此外，针对钻井柴油机的废气减排，专门成立网电钻机技术小组，制定了网电改造方案，尽可能利用外来电力，减少柴油机组的使用和废气排放。

3. 固体废物处置

密集开发是页岩气对环境影响较大的原因之一，由此也会产生大量的固体废物。对此，中国石化通过严格标准、强化管理等方式，加强对固体废弃物的环保处置。

一是严格处置标准。按照《川东北地区天然气勘探开发环保规范钻井与井下作业》的固化标准，将水基钻屑在废水池内进行固化处理；油基钻屑坚持“不落地，无害化”处理原则，采用热解析、离心分离等工艺进行无害化处理，处理后的钻屑含油率满足《油田含油污泥综合利用污染控制标准》。

二是强化固废垃圾规范回收。钻井、压裂过程使用完的化工料桶由厂家或专业公司回收，工区产生的生活垃圾按照环卫规范统一回收处置。此外，中国石化推行合同环境管理模式，由专业环保公司提供环保服务，使环境治理更专业、更科学，如图6－6所示。

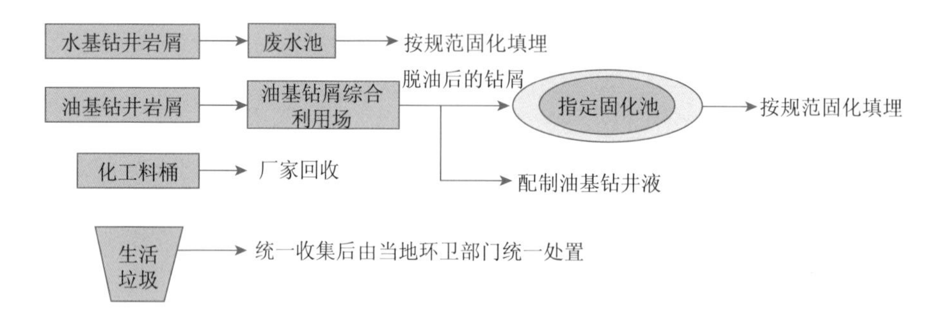

图6－6　固体废物分类处置图

三、环境保护研究现状

（一）环境保护研究机构

示范区现有环境保护研究机构主要为重庆市涪陵页岩气环保研发与技术服务中心（以下简称“涪陵研发中心”），由重庆市环保局和涪陵区人民政府共同建设，重庆市环保局提供资金保障，涪陵区配备相应的机构和人员，已于2014年7月经涪编委〔2014〕113号文批准在涪陵区环保局挂牌成立，单位性质为公益二类差额事业单位；现有研究人员22人，具有高级职称人员（高级及正高级工程师）7人，具有高学历人员20人（博士1人，硕士19人）；拥有1个技术创新机构——重庆市页岩气开发环境保护工程技术中心，各类实验用房6000平方米，各类仪器设备1000余万元。涪陵研发中心承担页岩气开发环境保护各级科研项目7项，发表学术论文6篇。同时，示范区规划以涪陵研发中心为核心，依托中石化重庆涪陵页岩气勘探开发有限公司、中国地质大学、重庆市环科院，以钻井岩屑资源化综合利用及工程示范为突破口，力争在3~5年建成国家级页岩气勘探开发环境保护工程技术中心。

（二）环境保护研究现状

重庆市涪陵页岩气环保研发与技术服务中心正在开展页岩气环保研发现场作业、工艺设计、生态环境保护等方面的研究，已经编制完成了《重庆市页岩气勘探开发环境保护研究规划（2015—2030）》。一是承担了涪陵页岩气田环境保护数据收集工作，目前已完成涪陵页岩气国家级示范区内的地表水环境、地下水环境、大气环境、土壤、废水（钻井废水、压裂返排液、采气分离水）、固体废物（水基钻屑、油基钻屑、固化后的岩屑）等100多项环境监测，并定期开展环境质量监测与环保数据收集；二是承担了“涪陵页岩气开发环境保护数据管理系统开发”项目，该项目是通过对示范区内遥感监测数据、地面人工监测数据以及自动监测数据的集成，构建页岩气开发环境保护空间数据库，充分挖掘数据信息，为系统科学定量评价页岩气开发环境影响提供支撑，也对中国页岩气开采业环境管理和污染防治起到重要的信息积累和示范作用，目前，该项目已完成了一期工作，完成了系统设计和软件开发，正在积极争取资金，进行二期硬件设备安装；三是承担了中石化涪陵页岩气勘探开发公司项目“涪陵页岩气田焦石坝区块一期产建区污染源调查与环境质量评估”，该项目以示范区内大量的监测数据做支撑，客观、真实地反映了页岩气开发对环境的影响，支撑示范基地建设，已于2016年完成；四是与中石化涪陵页岩气公司合作承担了“钻屑资源化综合利用关键技术及装备研究与工程示范”项目，该项目已取得重大突破，中石化油基岩屑装置投产，岩屑可用于种“涪陵榨菜”等蔬菜；五是与重庆大学合作承担了重庆市环保局科研项目“重庆市页岩气开采项目环境影响评价技术规范研究”和“重庆市页岩气开发工程生态环境影响与监管对策研究”，目前正处于修改完善阶段；六是承担了环保部评估中心协作项目“页岩气开采污染控制标准”子课题“涪陵页岩气开采污染源解析及治理技术研究”，目前正在实施中；七是与中石化勘探分公司承担了“涪陵页岩气资源研究”项目，以全面摸清涪陵区块的页岩气资源储量，目前正在实施中。通过对涪陵页岩气环保研发中心的平台建设，积极开展各项页岩气有关环保课题研究，为页岩气绿色健康发展提供科技支撑。

四、环境保护和环境监管方面存在的主要问题

页岩气在中国刚起步，在环境管理程序、污染防治技术、环境影响预测等方面均没有现成的依据和资料供参考，通过对涪陵页岩气国家级示范区环境保护和环境监管的探索和解析，环境保护和环境监管方面存在的主要问题如下：

（一）页岩气开发环境保护法律法规、标准规范等环境保护政策缺乏

目前，页岩气项目的科技攻关均集中在勘探开发技术及装备研究，针对环境保护方面的研究工作则投入不足，尤其体现在页岩气勘探开发环境

保护政策类。目前主要是借鉴常规油气开发的政策、法规和标准进行环境管理，然而页岩气与常规油气开发特征及方式存在较大差异，主要体现在大规模的钻井、水平井和水力压裂技术，导致了页岩气开发比常规天然气开发具有更大的资源消耗和生态环境影响，其潜在的环境风险更具不确定性。在日常的环境监管过程中，依托现有的法律法规和标准规范不能解决的问题，主要通过多方协商并以会议纪要的形式约束，然而目前页岩气勘探开发主体是央企，在国家相关的环境保护政策、法律法规、标准规范空白的情况下，地方环境监管措施很难得到有效实施。

例如，由于页岩气开发项目的环评和“三同时”管理在国家层面缺乏针对性的标准规范，加上页岩气公司的产能压力，从项目立项选址到动工的时间远少于开展环评工作所需的时间，导致环评未通过便已开工建设，“未批先建”等违法违规现象突出；同时，由于页岩气采矿权办理进度滞后，一定程度上影响了环保竣工验收的实施。另外，页岩气项目环境管理实施过程控制的行业标准，以及油基钻屑、压裂返排液、采气分离水等污染物的处理规范和控制标准缺失，严重制约了页岩气项目的环境管理。因此，解决页岩气开发项目环评和竣工验收导则和规范、污染物处理技术规范和污染控制标准、环境保护条例和管理办法等政策类缺失是目前页岩气开发项目环境保护和环境监管最紧迫的问题。

（二）监管机制和能力跟不上

由于国家和地方层面的环保法规、规章和标准缺乏，难以构建严谨完善、权责明确、易于操作的监管体系；另外，由于页岩气开发具有较高的信息壁垒，企业与政府间、油气企业间、企业与社会间均存在较严重的环境影响信息不对称，缺乏有效的信息公开机制，导致地方监管部门掌握的相关信息远低于页岩气开发企业对技术和信息的掌握；再者，地方环境监管机构在专业技术、人员素质、监管设备、监管经费上均存在巨大缺口，监管能力不足问题长期存在，从而导致监管执法不到位。

（三）污染治理技术不成熟

页岩气在勘探开发过程中产生的污染物包括钻井废水、压裂返排液、采气分离水、水基钻屑、油基钻屑，特别是压裂返排液、采气分离水和油基钻屑，这些污染物若得不到妥善的处理，将会对环境造成不可估量的损害。由于页岩气在我国刚起步，配套的环保技术仍在探索研究中。从涪陵示范基地来看，以采气分离水和油基岩屑的处理最为紧迫，由于页岩气采气分离水的特殊性，其技术可行、经济合理的处理技术仍处于探索阶段；而油基钻屑属于危险废物，由于治理地点的分散和治理工艺、治理主体的多元化，给环境管理带来了极大的挑战，目前日趋成熟的热解析工艺，仍然存在系统不稳定、处理效率低、运行成本高、次生污染严重等问题。由于污染治理技术不成熟，以污染治理技术为依托的污染物控制和排放标准也难以形成。

（四）页岩气开发环境影响认识不足

从涪陵页岩气开发情况来看，页岩气开发对该区域地表水环境、地下水环境、区域地质、区域生物多样性以及甲烷泄漏等究竟有何影响、怎么影响、影响程度如何均不明确，而这些均需要大量的监测数据和基础研究做支撑；另外，网络舆情片面地营造负面信息，对环境监管也形成了挑战。

第七章

主要国家页岩气勘探开发环境监管政策

目前，世界各国在能源供应和安全问题上的担心随着石油价格的走弱而逐渐淡化，但对页岩气的勘探和开发仍然热情未减。美国作为全球页岩气的先锋，经过多年的商业开发，页岩气已经从技术和经济方面具备了可行性，并随着产量的增加而成为重要的能源供应来源之一。然而，近年来，随着公众对环境问题越来越关切，美国联邦和州政府已经开始对页岩气相关环境政策进行调整，增强对页岩气的环境监管和信息披露要求。加拿大也采取了与美国相似的措施，加强页岩气环境监管。欧盟面临俄罗斯天然气供应等政治和经济问题的挑战，也在寻求能源独立，页岩气依然是欧盟可以考虑的一个备选能源。与美国不同的是，欧盟前几年并没有跟随美国的脚步大力发展页岩气，而是更关注其技术和环境的可行性，这本身与欧盟的管理体制和页岩气环境监管法规缺位不无关系。2014 年以来，欧盟委员会积极尝试在欧盟范围内建立统一的最低标准，从而能够为各成员国的页岩气开发提供法律基础，欧盟委员会的这种尝试的结果还有待进一步观察。总体而言，欧盟层面对页岩气勘探和开发的态度已经不是一块坚冰，已经开始松动。在其成员国中，波兰和英国积极主张页岩气的开发，并在国内立法层面大力推动，但是政府的支持态度并不意味着其国内没有反对的声音。德国由之前的禁止转向未来有条件地放开页岩气勘探，但是法国仍然坚持禁止的态度。

一、美国页岩气开发环境政策

从全球范围看，美国的相关环境政策是比较健全的，而且在环境监管的实施方面具有一定经验可以借鉴。在经历了页岩气狂热梦想之后，美国页岩气环境监管趋势是更加严格，态度正逐渐由宽松转向谨慎，这些主要体现在环境监管政策法规的收紧及标准的提高。

（一）美国页岩气开发相关环境法规

1. 环境法规体系

在美国，页岩气的开发过程受到一系列法律法规的监管。基于美国的政治结构和法律结构，美国页岩气开发相关环境法律法规可划分为联邦和地方两级，联邦法律适用于全境，对页岩气开发环境影响作出总体性规定；地方法律法规（主要是州级）是各州根据自身资源条件和经济发展水平，在联邦法律基础上添加相应条款所形成。在两者关系上，当联邦规定与州规定冲突时以联邦优先，当联邦标准低于州标准时则同时实施两套标准。

针对页岩气开发过程的影响，美国联邦法律作出了总体性规定，相关法案根据环境要素分类如表7－1所示；同时各法案针对页岩气开发特点提出了具体条款，如表7－2至表7－6所示。目前，针对页岩气开发，在一些法律条款中给予了豁免权，主要包括：开发过程产生废物不视为危险废物（降低处理成本）；未污染的生产用水排放不需许可；不适用柴油情况下水力压裂操作需取得《安全饮用水法案》许可的规定，但目前正在考虑更改。

表7－1　美国联邦页岩气开发相关法规

环境要素	法案名称
水	《清洁水法案》（Clean Water Act，CWA）
	《安全饮用水法案》（SWDA）
空气	《清洁空气法》（Clean Air Act，CAA）
土地与生态	《紧急计划及社区知情权法案》（Emergency Planning and Community Right－to－Know Act，EPCRA）
	《濒危物种法案》（Endangered Species Act，ESA）
	《候鸟协定法案》（Migratory Bird Treaty Act，MBTA）
	《综合环境责任、赔偿和债务法案》（Comprehensive Environmental Responsibility，Compensation，and Liability Act，CERCLA）
安全	《职业安全与健康法案》（Occupational Safety and Health Act，OSHA）

表 7－2　《清洁水法案》内容摘要

法案目标	管理进入地表水的污染物排放，并对影响河流和溪流的泄漏作出响应
页岩气开发相关部分条款要求	• 国家污染物排泄清除系统（NPDES）限定了可排放至地表水的污染物类型/数量 • 美国环境保护署针对石油与天然气开发制定了流出物限制准则/标准 • 对于陆上类型，零地表水排放（可行替代方案：地下注水，污水处理设施） • 要求用管理方案去控制雨水排放，但石油与天然气行业大部分均不受该要求的限制 • 泄溢预防、控制与对策（SPCC）规定，凡靠近通航水域的所有井场均受该规定限制；即刻与实质性危害和释放响应法令

表 7－3　《安全饮用水法案》内容摘要

法案目标	保护饮用水质量
页岩气开发相关新增条款颁布时间	• 2005 年《能源政策法案》对 SDWA 进行了修订，压裂操作不需要许可，除非压裂液中使用了柴油（哈里伯顿漏洞）；2009 年提出了《水力压裂责任和化学药品知情法案》，但未获通过
页岩气开发相关部分条款要求	•美国环境保护署要求，在地下灌注有害物质必须获得地下灌注控制许可 •适用于强化生产井和处理井 •油气运营商必须： ①证明套管与固井充足 ②通过最初的完整性测试，之后每五年进行一次测试 ③确定在一定距离内的其他气井 ④遵守监控要求（灌注压力、灌注速度和流体体积） • 美国环境保护署可发布即刻与实质性危害法令，EPA 有权调查和命令厂商立即采取措施，厂商可以到法院反驳 EPA 命令

表 7－4　《清洁空气法案》内容摘要

法案目标	监管空气排放
页岩气开发相关新增条款颁布时间	• 2012 年 4 月 17 日，EPA 发布新规定以减少石油与天然气行业的有害气体排放，至 2015 年将全面实施 • 首批针对压裂天然气井的联邦空气标准 • 新规定是对环保组织法律诉讼的响应，因 EPA 未能及时更新关于油气行业挥发性有机化合物（VOC）、二氧化硫（SO_2）和有毒空气的标准
页岩气开发相关部分条款要求	• 要求“绿色完井”，以捕捉空气排放 • 使用特殊设备从回流中分离气体与液态烃 • 绿色完井减少 VOC、有毒空气和甲烷 • 要求气动调节器（用于调节空气压力的设备）满足具体标准，储存容器以减少 VOC 排放 • 要求石油与天然气企业每年报告温室气体排放量

表 7-5 《濒危物种法案》与《候鸟协定法案》内容摘要

法案目标	禁止伤害濒危或受到威胁的动物或植物
页岩气开发相关部分条款要求	• 显著的栖息地改变将被视为伤害 • 持有野生动物管理局的许可，允许"意外捕获"，该许可要求栖息地保护方案 • 根据《候鸟协定法案》规定，运营商应负责对候鸟造成的任何伤害

表 7-6 《职业安全与健康法案》内容摘要

法案目标	保护员工，避免暴露在有毒化学品、过度噪声、有碍健康的环境中
页岩气开发相关部分条款要求	• 职业安全与健康管理署在所有 50 个州执行此法案 • 制定了减少石油与天然气行业安全与健康危害的具体标准 • 在井场保存超过一定数量的危险化学品时，运营商必须在当地政府保存化学材料安全数据表

同时，为推进页岩气开发相关法律法规的制定和完善工作，立法机构专门成立了 Shale Gas Subcommittee of the Secretary of Energy Advisory Board。该机构针对页岩气开发的公众关心的问题提出了多项立法建议。

2. 针对水力压裂操作的《联邦压裂规定》

水力压裂技术所带来的环境风险是政府和民众普遍关心的问题，也是页岩气环境监管所面临的最大问题和挑战。美国内政部下属的土地管理局（Bureau of Land Management，BLM）在公布其最初提议三年后，于 2015 年 3 月 20 日，最终发布了名为《联邦和印第安人土地上的水力压裂规定》（《联邦压裂规定》），此规定于 2015 年 3 月 26 日在美国联邦公报发布后 90 日（即 2015 年 6 月 24 日）生效。BLM 此前分别于 2012 年 5 月和 2013 年 5 月发布了该规定的草稿。

2010 年以来，BLM 一直在尝试对联邦土地上的压裂行为进行规制，2011 年能源顾问委员会秘书处也建议 BLM 应充分承担这部分的责任，加强水资源的保护和化学品的披露。经过两年左右的讨论和研究，BLM 于 2012 年 5 月公布了第一版的联邦压裂规定草稿，公开征求意见，并于 2013 年 5 月公布了第二版公开征求意见稿。又经过了近两年的时间，才在各方（包括公众）的共同努力下，发布了最终版的《联邦压裂规定》。其出台也是对页岩气压裂活动的认识逐步加深，并伴随着科学研究的进一步深入的结果。

与当前的石油和天然气规范相比，《联邦压裂规定》增加了以下内容：BLM承担制定规则的责任，通过制定相关规则以保证勘探开发过程中气井完整性，水资源保护和准确的信息公开披露；要求美国石油协会就采用水力压裂的气井建设和完整性提供指导，并提出行业操作规范；BLM通过监管影响分析方法（RIA）对《联邦压裂规定》的成本和效益进行分析。BLM预测，《联邦压裂规定》的平均合规成本将是1.14万美元/井，即仅占每口井成本的0.13%~0.21%。同时，由于许多规定均反映了当前行业规范指导和现场实践的情况，成本增加的影响可能预测过高。但行业组织一直对这些数据有异议，其认为平均合规成本会超过9.6万美元/井。

《联邦压裂规定》是对2010年以来关于水力压裂规定争议的一个阶段性定论，对当前主流水力压裂和水平钻井技术作出了较详细的规定。根据BLM的报告，在联邦管理的土地上有超过10万口井，其中至少90%的井使用的是水力压裂技术。

（1）适用范围

《联邦压裂规定》适用于在公众土地（包括所有权分享土地，即土地所有权并不由美国政府所有的土地）及印第安人土地上开展的石油和天然气作业。由于美国土地的所有制不同，《联邦压裂规定》并不适用于在私人所有或州所有的土地上开展的水力压裂活动，而这些土地上的油气开发活动占到美国绝大部分，由州政府的相关机构管理。BLM在32个州拥有管理的土地，其中13个州对水力压裂有明确的规定，为了解决州和印第安部落对法律相互重叠的担心，《联邦压裂规定》指出，在这些州，如果与BLM的规定相比，某一州或部落的规定被证明具有相同或更强的保护性，这些州或部落的规定可以继续有效。

如果租用联邦土地进行作业，必须遵守BLM的规定及州政府的相关要求，包括在不与BLM规定冲突的前提下遵守州的许可和通知要求。

（2）新要求

《联邦压裂规定》设定了新的要求，以达到保证井孔完整、保护水质、加强水力压裂作业过程中化学品和其他信息公开披露的目标。规定要求在联邦土地和印第安土地上进行水力压裂的作业者满足以下条件：

①向 BLM 提交钻探许可申请（APD）[①]，并提供详细的作业信息，包括井孔的地质情况、断层和裂缝的位置、所有可用水的深度、预估使用的压裂液数量、压裂的长度和方向，或对现有井进行水力压裂前，提交井孔各项数据通知和报告[②]作为意向通知[③]。

②作业者必须通过钻探许可申请或意向通知任一种方式向 BLM 提交单个井或多个井的水力压裂计划。

③根据最佳规范制定符合性能标准的套管、固井设计和实施方案，以保护并隔离可用水，可用水通常被界定为含有总溶解固体[④]（TDS）少于百万分之一万的水。

在意见征求过程中，行业人士曾表示，这种保护可用水的要求会大量增加成本，因为如果总溶解固体水平不高于 10000ppm，就要求套管和固井比目前更深。

④在气井建设过程中，通过固井评价日志[⑤]（CEL）监测固井作业。

A. 对于用来保护可用水的中间套管柱和生产套管柱，作业者必须固井至地表，或通过固井评价日志证明在最深的可用水区与压裂层之间有至少 200 英尺水泥固井。

B. 对于通过钻探许可申请但并没有获得水力压裂作业许可的井孔，作业者需要在开始水力压裂作业前 48 小时向 BLM 提交固井监测报告。

C. BLM 授权官员仅可在提交的文件足以保证固井完全可以隔离并保护可用水时才可批准水力压裂。BLM 可以在必要时要求进行额外的测试，包括核实、固井或其他保护或隔离措施。

⑤如果有现象表明固井不当必须采取补救措施，并向 BLM 证明这些补救措施是成功的。

---

① Applications for Permits to Drill（APD），钻探许可申请。

② Sundry Notice and Report on Wells，即 3160 – 5 表格。

③ Notice of Intent.

④ Total Dissolved Solids.

⑤ Cement Evaluation Logs.

A. 作业者必须在发现固井不当后 24 小时内通知 BLM，并向 BLM 提交计划，以获得 BLM 对实现适当固井补救措施的批准。

B. 作业者必须通过固井评价日志或其他 BLM 事先认可的方式来证明补救措施是成功的。

⑥在进行水力压裂操作前要开展成功机械完整性测试①（MIT）。

要求对气井完整性测试适用最严格的标准，包括钻井前的上返水泥量（Cement Return）和压力测试，以及固井评价和地面套管不符合标准时的补救计划。摒弃了使用"类型井"取样进行气井完整性测试的做法，而是要求对所有井均要采用最佳规范。BLM 作出此改变的重要原因是，类型井并不能反映每个气井在地质条件和钻井程序方面的差别，即使是在同一钻探作业中也是如此。

⑦监测水力压裂作业过程中的环空压力②。

⑧以坚固、封闭、覆盖或网状和可检查的地上储存罐的形式来存放"回收液"（包括生产水和回流水），此储存罐容量不能超过 500 桶，在极个别的例外情况下，必须根据具体情况获得批准。

这些规定与部分州的要求相比更加严格，在有些州，允许企业使用露天的在井区附近土地上挖池储存这些废水。尽管如此，已经有许多公司自愿使用地面储存罐。BLM 作出此要求的理由是，这一要求将确保水力压裂作业周围的地下水不会受到潜在污染，并且防止溢出。

⑨水力压裂后，向 BLM 和公众披露使用的化学品，推荐通过 FracFocus 网站进行披露，但通过书面陈述证明是商业秘密的化学品除外：

与许多州的规定相同，《联邦压裂规定》也寻求增加信息透明度，要求企业在完井后 30 日内向 FracFocus 披露压裂液中使用的化学品。FracFocus 是由地下水保护委员会③和州际石油契约委员会④共同管理的一个公共数据库，目前有 16 个州要求钻探者通过 FracFocus 网站公开压

① Mechanical Integrity Test.

② Annulus Pressure.

③ Ground Water Protection Council.

④ Interstate Oil and Gas Compact Commission.

裂过程中使用的化学品。在公开征求意见期间，环保组织试图寻求企业应直接向 BLM 公开这些化学品，而不是向 FracFocus 披露，且要求在钻探前公开。BLM 认为 FracFocus 是一个低成本且高效的方式，既能够要求披露，也不会耽误钻探操作，同时也指出应对 FracFocus 网站作出改进，包括增加其搜索功能。但化学品披露将受到有限的商业秘密保护，这与许多州的法律相同。

⑩就以上作业向 BLM 提供所有文件。

⑪BLM 可能会借助批准条件[①]（COA）的方式要求基准水资源测试和其他最佳管理规范（BMP）。

与 2012 年和 2013 年两个版本相比的主要变化如下：

①允许使用大量的固井评价工具以确保可用水区域被隔离并免受污染。这一变化主要是解决 BLM 要求使用某一种具体类型的固井日志问题，尽管 CEL 也是很难正确解释且经常产生错误的测试结果。

②取消了“类型井”的概念，明确井的完整性要求并证明所有井的完整性，而不是某一类型的井。

③对于主张是商业秘密而想豁免披露的情况作出了严格的规定，包括要求提供书面陈述详细说明要求保护的原因。

④对回收液的处理提出了更具有保护性的要求，之前允许通过有防漏垫的坑池储存。

⑤每个水力压裂作业都需要额外的信息披露，并让公众获得这些信息。

⑥修改记录保留要求，以确保在水力压裂作业中使用的化学品记录在井的生命周期内均得到保存。BLM 提供机会与各州和部落就相关标准和程序进行协调，以降低行政成本并提高效率。

（3）各界反映

在《联邦压裂规定》公布后几小时内，两个行业组织，美国独立石油协会和西部能源联盟立即在怀俄明州的美国联邦地方法院提起诉讼，此诉

---

① Conditions for Approval.

讼的目的是阻止《联邦压裂规定》的实施，认为BLM独断专行，《联邦压裂规定》与州法律的要求重叠，并将给油气运营商增加许多成本。其他的一些组织也表示《联邦压裂规定》可能对能源生产和美国经济的增长产生潜在影响，指出自2009年以来，在联邦土地上的开发活动已经出现了明显的下降。环保组织对此反应不一，一些组织支持《联邦压裂规定》，特别是完整性测试和废水处理方面，这是对目前联邦监管框架的提高。另一些环保组织认为BLM的行为是对水力压裂的背书，而不是禁止这种操作，今后可能会产生更多的法律诉讼。

3. 美国部分州立法进展

美国各州政府根据当地特点，在联邦法案的基础上，添加其他的适用于页岩气特点的环保条款，从而形成各具特点的州级环保法规，对页岩气开采行为进行全过程的监督管理，以保证满足环保法律法规的要求，包括发放钻井许可证及其他许可证、违规处罚等。

马里兰州正在推动页岩油气立法。马里兰议会2015年3月初讨论了用水力压裂开发该州的能源资源，立法者对此提议仍然有分歧。根据此前马里兰州州长提议的规定，钻探活动至少在三年内不会开始，其后可能在该州的部分地区禁止水力压裂。但是反对者认为，此规定并不能解决问题，提议在8年时间里暂停水力压裂活动，直到开展额外的研究以评估其健康和环境影响。

宾夕法尼亚州提出修改地表钻探规定。宾州已经对噪声和废水储存提出了额外标准，并要求对井区附近的学校和其他建筑物进行保护。州环保部一直在进行相关研究并起草相关规定，这将是自2011年以来对现有规定的第一次修改。规定将建议对作为公共资源的部分区域，包括学校，要求额外的许可或重新考虑井的位置。其他的一些规定将对废水池、贮水量和噪声监测级别予以明确。在2013年听证会上，环保部收到了几千条建议，并就这些建议进行了考虑，作出了立法的决定。2015年4月开始为期30天的意见征集，最终规定预计将于2016年生效。

表7-7 美国各州部分页岩气开发规定

分类	页岩气环境友好开发措施和规定
水力压裂	
在钻井之前收集水与空气的基础数据	科罗拉多州要求
公开披露水力压裂液体的化学成分	蒙大拿州、怀俄明州、德克萨斯州、科罗拉多州、宾夕法尼亚州和阿肯色州均要求该项信息公开
研究水力压裂液体所含有毒化学物质的替代品	相关企业和行业组织正在进行
废水处理与处置	
循环利用产出废水	宾夕法尼亚州：马塞勒斯区块的企业对水力压裂废水进行循环回收
	德克萨斯州：在鹰潭区块作业需循环利用水力压裂废水
对钻井现场附近的水质进行持续检测	新墨西哥州：要求对处置井进行监控
在油气行业应用雨水排放许可要求	科罗拉多州：涉及一英亩以上的土地的施工活动应具备雨水排放许可证
	蒙大拿州：油气生产所有阶段都应具备雨水排放许可证
空气污染与气候变化	
在生产链各个环节确定甲烷排放测量以及报告体系	美国环保署（EPA）要求天然气行业从2012年起上报每年甲烷排放情况
甲烷减排技术	德克萨斯州：巴奈特区块使用绿色完井技术
	科罗拉多州和怀俄明州：要求采用绿色完井技术，低渗出或无渗出气动装置阀门
	美国环保署（EPA）：将甲烷纳入污染源监测中以提倡应用甲烷减排技术
确立空气污染物排放标准	美国环保署2011年7月发布了针对油气行业新污染源的行为标准
	科罗拉多州：对完井过程中的甲烷排放以及废水存储设备的挥发性有机化合物进行监管
研究页岩气生产全生命周期的温室气体排放	大学及美国环保署正在进行
建立问责制	
水供应被破坏时进行问责并补偿当地社区	北达科他州和宾夕法尼亚州：企业必须更换或恢复水源供应

续表

分类	页岩气环境友好开发措施和规定
聘用巡视员和监管人员	宾夕法尼亚州：开采企业缴纳聘请费用
改进关于页岩气作业的公共信息	美国能源所计划建立国家数据库统一记录公共信息

美国各州在执行环境监管方面的努力一直没有停止，虽然各自手段和方法不尽相同，但目标都是加强对页岩气行业的环境监管，而不是放松。最近新发布的相关研究报告，如氢气泄漏和固体废物处理能力等，均给页岩气发展提出了新的挑战。

（二）美国页岩气开发环境监管体系与措施

1. 美国页岩气开发环境监管体系

美国实行以州政府为基础的监管体制，形成联邦、州、地区及开采地多级协调格局（见表7－8）。

表7－8　美国页岩气监管机构结构层级表

层级	监管机构	职责
联邦	能源部（Department of Energy，DOE）、联邦能源监管委员会（Federal Energy Regulatory Commission，FERC）、美国环保署（EPA）、美国内政部（主要为其下属的土地管理局，Bureau of Land Management）等	负责制定页岩气开发环境监管的相关法律。环境相关监管主要由美国环保署（EPA）负责，执行关于水、空气和土地的联邦法律
区域性机构	特拉华流域委员会（Delaware River Basin Commission）等	区域性水务管理机构负责跨州的水资源利用和保护。例如，特拉华流域委员会（Delaware River Basin Commission）管理范围覆盖了纽约州、宾夕法尼亚州、新泽西州和特拉华州等几个州，区域内页岩气开采用水的取用必须向该委员会提出申请并获得其许可
州	州环保机构（Department of Environment Protection）或者自然资源机构（Department of Natural Resources），或者公用事业委员会（Public Utility Commission，PUC）	实际监管权主要由州政府实施。各州政府通常会根据当地特点，在联邦法案的基础上，添加适用于本州页岩气开发的环保条款，因此州环境机构具体负责联邦政府环境规章的贯彻执行，同时执行州的环境规定

续表

层级	监管机构	职责
开采地地方政府	地方政府	针对页岩气生产过程各个环节提出具体监管政策。开采地政府机构可能会为保护当地居民的生活而制定一些额外的环保条例，例如针对施工过程噪声问题、交通堵塞问题、工地保洁问题等提出要求
非政府组织	环保和公共组织（如 The Ground Water Protection Council、The State Review of Oil and Nature Gas Environment Regulations）、行业组织（American Petroleum Institute、National Petroleum Council）	针对公众热点问题进行独立研究，向政府提供政策建议

联邦政府负责制定页岩气开发环境监管的相关法律。在联邦层面，与页岩气监管相关的机构主要为美国能源部（Department of Energy, DOE）、联邦能源监管委员会（Federal Energy Regulatory Commission, FERC）、美国环保署（EPA）、美国内政部（主要为其下属的土地管理局，Bureau of Land Management），其中环境相关监管主要由美国环保署（EPA）负责。美国环保署（EPA）负责执行关于水、空气和土地的联邦法律。

实际监管权主要由州政府实施，各州的对口监管机构主要为州环保机构（Department of Environment Protection）或者自然资源机构（Department of Natural Resources），或者公用事业委员会（Public Utility Commission, PUC），环境监管主要由州环境机构承担。各州政府通常会根据当地特点，在联邦法案的基础上，添加适用于本州页岩气开发的环保条款，因此州环境机构具体负责联邦政府环境规章的贯彻执行，同时执行州的环境规定。为了更好地行使监管权力，避免出现漏管、重复监管以及权力交叉等问题，联邦政府与各州政府建立了协作关系。州政府机构参与联邦政府一些监管法规制定工作，并与联邦政府就一些监管问题达成协议。例如当联邦规定与州规定冲突时以联邦优先，当联邦标准低于州标准时则同时实施两套标准。

地方政府针对页岩气生产过程各个环节提出具体监管政策。开采地政府机构可能会为保护当地居民的生活而制定一些额外的环保条例，例如针对施工过程噪声问题、交通堵塞问题、工地保洁问题等提出要求。

联邦政府下设的区域性水务管理机构会负责跨州的水资源利用和保护。例如，特拉华流域委员会（Delaware River Basin Commission）管理范围覆盖了纽约州、宾夕法尼亚州、新泽西州和特拉华州等几个州，区域内页岩气开采用水的取用必须向该委员会提出申请并获得其许可。

同时，监管过程中，环保和公共组织（如 The Ground Water Protection Council、The State Review of Oil and Nature Gas Environment Regulations）、行业组织（American Petroleum Institute、National Petroleum Council）也广泛参与，主管机构会听取各方报告及意见。

2. 美国页岩气开发环境监管措施

美国以较完善的常规油气开发环境监管体系为基础，针对页岩气开发特点新增监管措施。在页岩气开发初期，美国政府并未对页岩气开发采取特殊监管政策，而是将常规天然气的监管框架引入页岩气监管中，包括相关的环境监管。近些年来，随着页岩气开发规模不断加大，页岩气开发引发的环境争议增多，美国对页岩气开发监管越来越严格。联邦政府正试图通过修改部分法律对页岩气开发实施更为严格的环境和生产监管，要求页岩气开发商加强环保投资，提出更多规避风险和解决问题的方案。针对公众关心的热点，美国已经出台了水力压裂操作过程空气污染控制联邦标准，并正在酝酿一系列措施增加页岩气开发过程的透明度，强制公开页岩气开发中压裂液使用情况，建议州立机构建立废水排放标准，建立地下水检测机制等，提升监管强度。

美国实行页岩气开发全过程监管，推广自行申报制度。现有监管涉及页岩气勘探、选址及地面建设、设备运输、钻井及完井、水力压裂、生产水供应、空气污染控制、地表水管理、废水及固体废物处置、井址复原和地下水污染防控等。美国未来资源研究所（Resources for the Future，RFF）在研究中总结了监管中涉及的 24 个要素，如表 7－9 所示。

表7-9 美国页岩气开发监管要素

开发活动	监管要素
井场开发与钻井准备	①钻井前水井测试；②抽水；③远离建筑限制；④远离水源限制
钻井与生产	①水泥类型；②下套管与固井深度；③地面套管水泥环流；④中间套管水泥环流；⑤生产套管水泥环流；⑥排气；⑦燃烧；⑧压裂液公布
回流/废水存放与处理	①流体存放选择；②出水高度要求；③机坑里衬要求；④回流/废水运输跟踪；⑤用于处理回流和生成水的地下注水井
气井堵塞与弃用	①气井闲置时间；②临时弃用
气井调查与强制执行	①事故报告要求；②监管机构数量；③每位调查人员负责的气井数量
其他	①州和地方暂停开采；②开采税

各环节均有详细监管措施，例如气井选址及地面建设监管中，要求井址不得触犯居民权益、自然环境保护地等，设定最小安全距离和缓冲带，并限制井址及其附属建筑物占地。废水和固体废物监管是公众主要关心点，现有大部分监管措施同常规油气田开发废物处理要求，但针对压裂返排水和产出水出台特别规定，而且各州规定差别较大。废水存放方面，某些州允许废水露天存放，某些州则要求所有污染性液体必须储存在罐体中以实现闭环钻井系统（Closed Loop Drilling System）操作。废水最终处置方面，西部和南部各州允许处理后将废水注入地下，东部各州则要求取得许可后将废水排入公共污水处理厂。

政府监管还要求企业在页岩气开发过程中严格遵守法律法规，接受监管，推广自行申报制度，并制定了严厉的违规惩罚配套措施。同时许多州推行“自愿评估”项目以评估、监督环保法规的执行效果，比如“地下灌注控制项目”主要用于评估地下水保护情况，“油气环保法规州级评估项目”用于定期评估整个州的废弃物处理情况，这些项目大多由独立机构进行操作。

（三）美国页岩气环境友好开发指南

为解决页岩气开发环境问题，除监管外，美国政府积极支持页岩气开发企业创新技术、发展环境友好开发方式，并提出了一系列开发指南和最佳实践案例以帮助企业降低页岩气开发环境风险。

1. 基准测试

在开发活动前建立当地主要环境指标的基准（例如地下水水质），并在开发期间进行持续监测，从而可评估开发活动所带来的环境影响程度。这需要监管部门与开发企业或者第三方单位共同进行。

2. 优化开发方案设计

对页岩气田所在地区进行全面的地质勘查，优选钻井和水力压裂地点，并评估深部断层或其他地质特征引发地震或使流体穿过不同地层的风险。制定适宜的开发方案可以在较大程度上减少钻井数量，降低水力压裂风险，提高气井采收率。

3. 气井隔离与泄漏管理

严格落实气井设计、施工、加固和完整性测试准则，含气层必须完全与气井贯穿的其他地层隔离，特别是与含水层隔离。根据当地地质情况和含水层位置，为页岩气井设定深度限制，同时限制水力压裂最小操作深度。

4. 循环用水与废水、废物处理

通过提高作业效率和水的循环利用，减少淡水用量。设定水力压裂最大用水量限制，促进压裂操作回流水循环使用。制定严格监管制度督，促对废水、废物进行安全存储和处理。鼓励无害化压裂液添加剂研发，并研究减少化学添加剂用量的技术手段。

5. 甲烷捕集与减排技术

具体到生产环节，甲烷排放主要来自采用水力压裂技术进行开采的气井、天然气储存以及管道输送的过程设备等。当前已经设定气井天然气排空和燃烧限值，并明确要求安装甲烷捕集设备。已有多项甲烷捕集技术可实现80%以上甲烷减排。目前针对天然气开发生产过程的甲烷减排技术主要包括绿色完井技术、柱塞举升气井排液技术、离心式压缩机干式密封技术、基于闪蒸分离器的天然气脱水系统优化技术等。

（1）绿色完井技术

水力压裂技术是开采非常规天然气的常用技术，而采用水力压裂技术进行开采的气井是天然气行业最大的空气污染排放源之一。

水力压裂过程中，水、化学物质和支撑剂（通常为砂）的混合物在高压条件下被泵入天然气井，使岩层产生裂缝并使天然气流入井筒实现生产。在气井水力压裂后的“返排”阶段，大量压裂液、水和储层气会高速涌上地表。这一混合物中包含大量的甲烷和挥发性有机化合物，以及诸如苯、乙苯和正己烷之类的毒性空气污染物，现在一般的处理方式是排放或燃烧。一般地，每次钻井完成，平均排放量是 26 万立方米天然气和 2100 万克的挥发性有机化合物（VOC），且返排过程可能需要重复，直到天然气满足设定的储存和管输要求。

绿色完井技术可有效回收返排气体，减少甲烷和雾状挥发性有机化合物排放，不仅有显著的环境效益，同时回收的天然气可产生收入。图7－1说明了绿色完井技术的一般操作过程，主要设备包括滤沙器、分离器、燃气脱水器、冷凝罐和废水储罐等。初始高速返排液（水、砂子和气体）首先经过滤沙器以去除可能损坏其他分离设备的大尺寸固体（如钻屑等），随后进入三相分离器进行气、液、固三相分离，分离气体脱水后进入储罐或管道。通过此过程可将原本排空或燃烧的甲烷进行回收，避免环境污染。

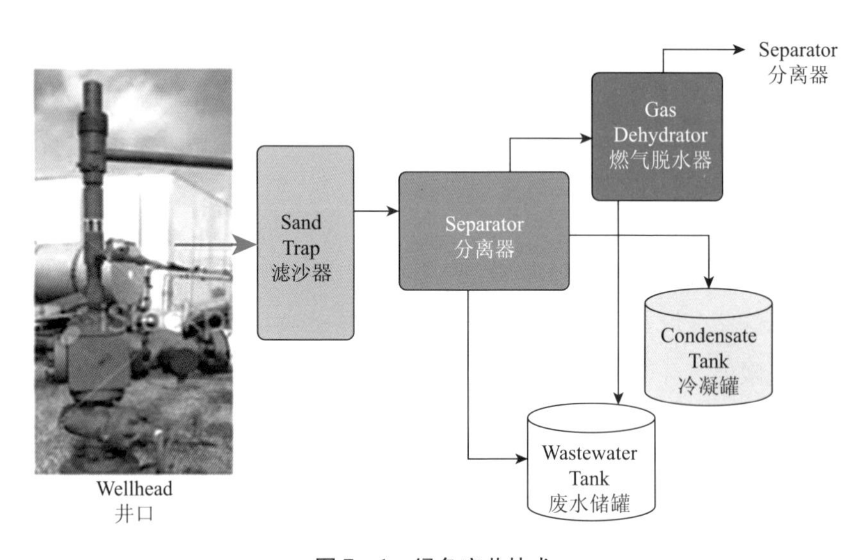

图 7－1 绿色完井技术

资料来源：NRDC. China－Economic and Environmental Benefits of Air Regulations for Oil and Natural Gas Production.

预计今后 30 年内，中国采用水力压裂技术的井数将超过 18 万口，其中页岩气井 12 万口，煤层气井 3 万口，致密砂岩井 3 万口。若采用绿色完井技术，预计可减排并回收超过 440 亿立方米天然气，并且减少超过 370 万吨形成雾气的挥发性有机化合物。

（2）柱塞举升气井排液技术

当气井进入成熟开发阶段后，井筒积液可能妨碍天然气生产甚至导致气井停产。当出现这种情况时，一般通过使用有杆泵或采用诸如抽汲、泡排或者将气井排放至大气压（称作气井“放空”）等补救措施来除去积液，以此来维持气体流动。这些气井排液方法，特别是放空作业，将排放大量的甲烷气体。柱塞举升技术是取代井口放空的一种经济有效的气井排液方法，可显著降低与放空作业相关的甲烷排放量，并存在一定增产效果。

柱塞举升技术利用井内气体压力恢复将积液举升至井外，其系统组成如图 7－2 所示。柱塞举升系统帮助维持气体生产，并可减少对其他补救作

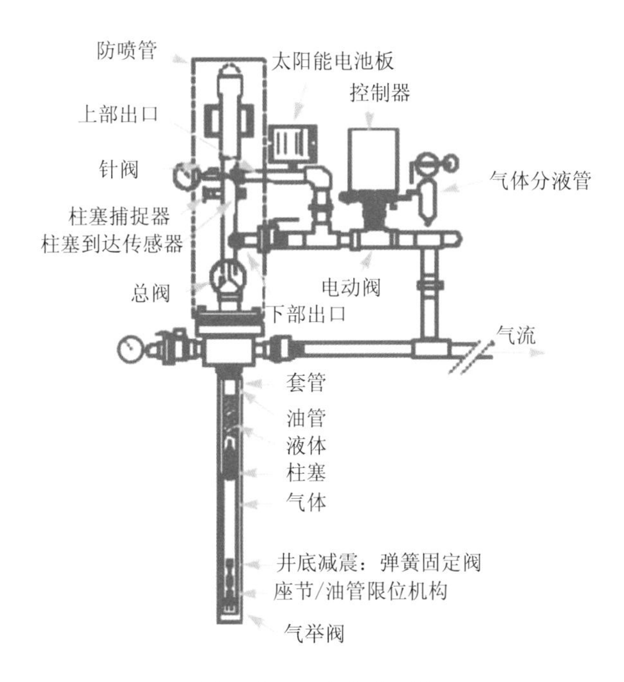

图 7－2　柱塞举升系统

资料来源：NRDC. China－Economic and Environmental Benefits of Air Regulations for Oil and Natural Gas Production.

业的需求。有数据显示，利用柱塞举升系统平均每年每口气井可节约1.7万立方米天然气，但不同气井获得的增产和减排效益与气井和油藏的具体情况有关。

（3）离心式压缩机干式密封技术

通过管道输送天然气需要进行压缩，离心式压缩机是石油与天然气行业使用的主要压缩机类型之一。离心式压缩机需要围绕旋转轴周围进行密封，以防止天然气在转轴脱离压缩机箱的情况下逃逸。传统的密封被称作“湿密封”，即密封油在高压下循环于压缩机轴周围的密封环之间，从而形成防止压缩气泄漏的屏障。尽管湿密封阻止了压缩天然气的泄漏，但密封油在高压下吸收了大量的天然气。吸气后密封油需进行脱气以保持其黏性和润滑能力（使用加热器、闪蒸罐和脱气技术）从而循环使用，而脱除的甲烷一般会排到大气中。

对于由离心式压缩机湿密封油脱气导致的排放，可采用机械干式密封技术。机械干式密封系统在水动力槽和静压产生的反向作用力下进行工作。密封环和弹簧之间的高压气体所产生的反作用力可将密封环挤压在一起，减小了密封环之间的间隙，从而可大大降低气体泄漏量。

（4）基于闪蒸分离器的天然气脱水系统优化技术

气井产生的天然气可能含有水分，需要采用脱水设备将水分从天然气气流中除去，以达到储存和管道外输质量标准。目前，石油和天然气产业一般使用乙二醇脱水器通过物理吸收法将水分从天然气中除去，在其中使用三甘醇（TEG）作为吸收液将水分从天然气中除去。当TEG吸收水分时，它还吸收甲烷、其他挥发性有机化合物（VOCs）和危险性空气污染物（包括苯、甲苯、乙苯、二甲苯等苯系物）。当TEG在再沸器中通过加热再生时，吸收的甲烷、VOCs等随着水蒸汽排放到大气中。

基于闪蒸分离器的天然气脱水系统优化技术可减少甲烷排放，其流程如图7-3所示。在闪蒸分离器中，液体和气体在燃料气压力下或者在压缩机吸入口压力下被分离开来，在低压和无加热情况下，气体中富含甲烷和较轻的VOCs，而水仍然溶解在TEG中，除去大部分甲烷和轻烃的湿TEG后，流入再沸器/再生器中，通过加热蒸发去除所吸收的水分以及残留的甲烷和 VOCs。有数据表明安装闪蒸分离器可以每年回收 3.5 万 ~30.5 万立方米天然气。

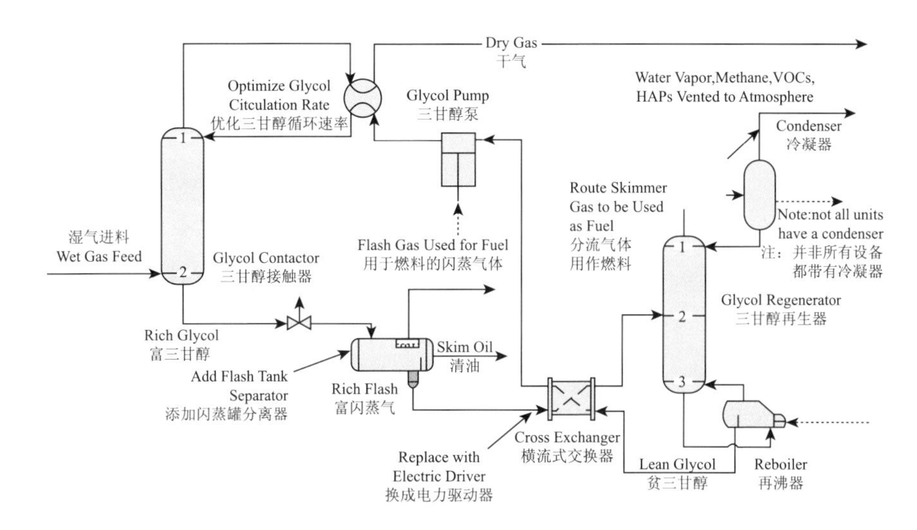

图 7-3　基于闪蒸分离器的天然气脱水系统流程

资料来源：NRDC. China - Economic and Environmental Benefits of Air Regulations for Oil and Natural Gas Production.

二、欧盟页岩气开发环境政策

尽管欧洲之前在页岩气勘探和开发方面谨小慎微，但有些国家政府和公众对页岩气所带来的环境危险紧张情绪已经有所缓解。在欧盟层面，对页岩气的开采仍然态度谨慎，其 2014 年完成的对成员国的调查问卷结果也显示了其对页岩气监管的这一态度。同时也要注意到，与美国收紧页岩气环境监管的做法不同，欧盟似乎在做放松的努力。由于各成员国对此的响应程度不同，能否将欧盟的法律转化到各成员国的国内法并得到实施，还需要时间检验。但欧盟对页岩气行业和环境监管的一些讨论和做法，可能对中国页岩气环境监管机制的建立有一定的启示作用。

（一）欧洲页岩气监管进展

2015 年，欧盟将页岩气纳入到 2 月 25 日发布的《能源联盟框架》战略，表明页岩气依然保留在欧盟能源日程之中。一份包括页岩气在内的开发欧盟区域内能源资源的征求意见可能很快将由欧盟委员会发布，征求意见中将包括如何利用欧洲在非常规油气开采领域的科学和技术网络支持页岩气开发。与此同时，部分成员方也积极开展各自的立法框架制订工作，以促进国内能源资源勘探开发投资。

2015 年 2 月 27 日，欧盟委员会公布了页岩气公告，列出了欧盟 28 个成员方对委员会发布的《利用大量水力压裂进行油气（如页岩气）勘探和生产的最低准则建议》① 做出的回应。其中五个成员方，英国、丹麦、荷兰、波兰和罗马尼亚表示，它们已经或准备许可压裂活动。另外有六个国家，奥地利、德国、匈牙利、立陶宛、葡萄牙和西班牙确认它们仍然在考虑开发页岩气的可能性。

欧盟多次表示，欧洲天然气的勘探和生产是一个被高度管制的行业，受能源领域内最严格的健康、安全和环境程序约束。页岩气的开发将适用多达 17 个欧盟法律，也受到成员方和当地强大的现行监管机制的监管。欧盟要求所有的操作必须遵守反映行业良好规范的指导原则，目的就是要实现气候和环境保护以及资源有效利用和公众的知情。尽管各成员方可以就其境内的页岩气活动制定详细的监管规则，但以下欧盟法律必须在成员方内得到适用：

①《油气法令》。

②《水框架法令》。

③《REACH 条例》。

④《栖息地法令和鸟类法令》。

⑤《矿业废物法令》。

⑥《地下水法令》。

欧盟目前适用于页岩气开采的主要立法是《油气法令》，但其中关于环境方面仅在第 6 条第 2 款中提到，要求各成员方在制定颁发开采自然资

① Commission Recommendation of 22 January 2014 on Minimum Principles for the Exploration and Production of Hydrocarbons (such as Shale Gas) Using High - volume Hydraulic Fracturing (2014/70/EU) [J]. Official Journal of the European Union, L 39/72.

源的许可或授权的条件和要求时应考虑“环境”。在页岩气作业者申请许可的过程中，环境可能成为拒绝页岩气生产许可的原因之一。然而，考虑到“环境”并不是对成员国的约束性要求，各成员国在颁发压裂许可的决定程序过程中，对于是否要考虑环境问题仍有自由裁量权。

欧盟认为页岩气勘探开发带来的环境影响和风险需要高度重视，因为页岩气井产量较常规井偏低，需要在广泛区域钻更多的井，以获得与常规气井相同的产量，其累积性影响需要进行评估。由于欧盟的许多环境立法是在压裂技术大规模应用之前制定的，因此，环境方面的许多问题并没有在现有的欧盟立法中得到全面解决，需要欧盟采取进一步的行动以解决公众关切的问题。

（二）《利用大量水力压裂进行油气（如页岩气）勘探和生产的最低准则建议》

2014 年 1 月 22 日，欧盟委员会通过了《利用大量水力压裂进行油气（如页岩气）勘探和生产的最低准则建议》（以下简称《建议》），要求所有利用此技术的成员国解决健康和环境风险，并提高对公民的信息透明度。《建议》给页岩气行业设定了一个基础标准，也给投资者确立了更清晰的监管框架。

《建议》根据欧盟现有的立法，在以下方面对成员国提出了要求：

第一，在开发前进行规划并在授予许可前评估可能的累积影响；

第二，认真评估环境影响和风险；

第三，确保按照最佳规范标准开展完整性测试；

第四，在作业开始前，要对当地水、空气和土壤的质量进行检测，以监测变化情况，并处理新出现的风险；

第五，通过气体捕捉控制空气排放，包括温室气体；

第六，将每口井所使用的化学品向公众公开；

第七，确保作业者在项目整个过程中均应用最佳规范。

欧盟成员国可于 6 个月内适用这些原则，自 2014 年 12 月以后，每年需要向欧盟委员会告知它们已经采纳的措施。欧盟委员会检查建议的适用情况，并比较在各成员方中的实施情况，最近的结果已经于2015年2月由欧盟委员会通过公告发布，并将在18个月后评估这种方法的效果。

由于成员方拥有自由裁量权，成员方的权力机构有权就如何推行规定自行作出决定，从而各成员方在颁发许可程序中对环境因素的考量也就存在差别。从页岩气生产角度看，此法令并没有对成员方在颁发许可时设定额外的环境门槛。

（三）成员方页岩气监管进展

1. 波兰

目前，波兰页岩气的勘探和开采均需要获得许可，企业必须向环保部提交详细的申请资料。主要的规定是，油气属于国家所有，投资者必须与国家财政部签署协议以确立使用权（授权对矿藏的使用）。

波兰要创建由财政部监管的国有企业——国家矿业资源运营者（NOKE）的计划公布后，有些人担心波兰政府可能会试图将页岩气的生产集中管理，它将管理所有项目，按5%的比例承担项目的融资并享有利润分配权。还有一个建议是，NOKE对于许可持有人的决定没有否决权，仅拥有向环保部提出持“保留意见”的权利。但是目前关于页岩气方面的提议，并没有得到最终批准，如果其能够得到实施，将严重降低波兰这个行业的投资水平。

波兰政府一直致力于法律框架设计，以创造有利于波兰页岩气行业发展的环境。在2014年完成对《地质和矿业法》及税收框架的改革之后，目前其正在起草简化许可申请行政程序的法律。尽管波兰于2014年9月23日公布了《油气法》草案，但到目前为止并没有生效。这种不确定性也影响到波兰页岩气行业的发展，截至2014年11月，页岩气的投资在持续下滑，当地民众对部分区块的抗议行动也使得相关勘探活动暂停，部分国际投资者已经或正在退出波兰页岩气市场。

波兰政府正在与英国合作编制页岩气政府报告，此报告将就欧洲页岩气商业开发相关问题提供确定性的指导，并深入分析页岩气将给经济、能源安全和气候变化带来的潜在好处。2015 年 3 月，波兰地质局与其他研究机构共同发布的报告指出，波兰的页岩气勘探对于环境没有长期的影响，此报告对 2011 年和 2012 年的 7 口页岩气井（包括使用水力压裂气井）进行了分析。

2. 英国

英国于 2012 年 12 月专门成立了非常规油气办公室，负责推进和监管英国非常规能源的发展。2015 年 4 月 1 日，英国能源和气候变化部[①]（DECC）的部分职能转划给了新组建的 DECC 执行机构油气局（OGA）[②]。执行机构油气局将与监管机构紧密合作以保证与新能源发展相关的勘探和开发活动均是安全且可持续的。

在英国，获得许可进行常规和非常规油气井开采的程序是相似的。作业者需要通过公开招标程序获得区块权利。然后，作业者要获得土地所有人的同意和规划许可，在此过程中需要提供环境影响评价。

除了环境影响评价外，他们还需要获得环境许可（分别从英格兰的环保署、威尔士的自然资源署、苏格兰环境保护署或北爱尔兰环境署获得）。本书中将主要以英格兰为例展开讨论，环保署要保证任何页岩气作业均以保护公众和环境的方式展开。环保署的环境许可监管包括以下几方面：

第一，保护水资源，包括地下水（地下蓄水层），并评估和批准作为水力压裂液组成部分的化学品的使用；

第二，适当处理在钻探和压裂过程中产生的废物；

第三，适当处置和管理任何天然存在的放射性材料（NORM）；

第四，通过燃烧处理废气。

环保署也是规划制定过程中的法定顾问，向地方矿业规划机构（通常是县或某个地方的机构）提供关于具体页岩气勘探和开采区块潜在环境风险的建议。

作业者还必须在开始钻探前至少 21 天将气井的设计和作业计划通知建

---

① Department of Energy and Climate Change，DECC.

② Oil and Gas Authority，OGA.

康和安全执行局。此执行局会检查气井的设计以保证相关措施已经到位，从而控制气井相关活动和突发事件可能给公众带来的重大风险。

DECC已经于2013年公布了页岩气的监管路线图，目前，在英国有约十几家企业在从事页岩气的勘探开发作业，但截至2014年底，还没有任何气井投产。2014年12月，工党提出要加强水力压裂行业的监管，并对《基础设施法案》提出了许多修改意见，以修补主要漏洞，要求作业者就其作业活动公开更多的信息，保护国家公园、著名自然风景地区和有特别科学价值地区。2015年1月26日，政府接受了工党提出的许多新监管措施，但是，如果作业者的井口位于这些区域之外，仍然可以在这些区域内的地下进行水平钻探。

2015年1月，英国地质调查局（BGS）发布了英国第一份独立压裂监测研究。BGS已经开始在英国可能开展页岩气开发的地区进行环境监测，这将扩展应用于兰开夏的两个拟议页岩气勘探项目的水力压裂监测。

3. 德国

2013年2月，德国政府开始起草法律以规定页岩气勘探条件，并对可能进行钻探的区域予以限制，但是并没有推进。2013年11月，作为保守党的德国总理默克尔与社会民主党达成共识，暂停压裂。2015年4月1日，德国环保部长宣布了《修改水和自然保护监管法规以防止和减少压裂技术风险的法案》，就在几个月前，政府对此仍然持反对态度。德国政府批准的立法草案规定在五年内禁止水力压裂。

法律草案适用于压裂深度3000米以上的项目，在自然保护区或国家公园内，各种压裂均被禁止，但是以科学研究为目的的试验性钻探在某些情况下是允许的。法律草案允许在常规天然气行业继续使用压裂技术，但是法律草案将收紧非常规天然气作业中使用的水资源和液体。

环境部长表示，对于地下水资源的保护仍然是大家关心的问题，“只要风险无法明确或目前无法作出确定性评估，压裂将一直受到禁止”。德国的工业部长则警告说，在面对与俄罗斯的紧张政治关系时，德国不应忽视自己的天然气储量，这是一个重要的天然气供应源。

法律草案规定，仅在此行业“环境跟踪记录”提高了的情况下，某些限制可以提前取消。一个科学小组将于 2018 年年中对行业的发展作出评估，以便当其认为取得足够进步时在 2019 年实现商业生产。

三、加拿大页岩气开发的环境政策

（一）加拿大页岩气开发的环境法规

在环境保护方面，加拿大政府要求在加拿大进行页岩气开发的石油公司必须向政府提供全面的开发信息，以便更好地利用和保护当地水资源。受政府委托，加拿大石油生产商协会（CAPP）2011 年发布了《页岩气开发水力压裂技术指导条例》，明确要求加强水资源管理，加强水和液体使用信息的披露。该条例具体内容包括：通过合理的钻井施工管理，对地表和地下水资源的质量和数量进行保护；对施工用水进行循环回收利用，尽量使用清洁水的替代物；测量和公布水资源利用情况，减少对环境的影响；支持环保型压裂液添加剂的开发，向公众公布压裂液添加剂的成分等。

在加拿大，前期页岩气在开采过程中对大气和水源造成了一定污染，这使得加拿大各省对页岩气开发持谨慎态度。2011 年，出于环境保护的考虑，魁北克省已暂停大部分新的天然气开发项目；不列颠哥伦比亚省虽然没有出台严厉政策，但也对新勘探的页岩气区块采取审慎开发的态度。加拿大政府除维持原有的能源开发激励政策外，并没有针对页岩气再出台新的产业政策。

（二）加拿大页岩气开发环境监管措施

加拿大环境监管措施主要是要求企业公开压裂液成分和实施压裂液风险控制。

2011 年 6 月 22 日两家协会向加拿大环境防御总审计长办公室递交了请愿书，要求从法律上强制规定企业公开在页岩气水平钻井中向地下注入的及在油砂原地开采提炼过程中所使用的化学物质成分。加拿大环境部于

2011 年 11 月 25 日对此请愿书作出回应，表示会将此建议列入正在进行中的国家污染物排放清单（NPRI）的重审的考虑之中，并与利益相关方进行磋商，最终将于 2015 年 3 月底前公布最终决定。

各省政府也一直在积极努力推动使压裂液信息披露成为页岩气、致密气和致密油开发中的强制性成分，以增加页岩气开发过程的信息透明度、增强公众认知能力等。各地区对压裂液添加剂化学成分的公开有不同程度的要求。

加拿大石油生产商协会（CAPP）关于压裂液成分公开的指导说明（非强制性）指出，根据工作实践，公司将在自己公司的网站或在第三方的网站上公布其压裂液添加剂中含有的属于材料安全数据表（MSDS）中明确的化学成分。材料安全数据表（MSDS）中所列化学物是由联邦法律确定的。披露内容包括：各添加剂的商品名及其在压裂过程中的作用，如酸、断路器、生物杀伤剂、腐蚀抑制剂、交联剂、破乳剂、减阻剂、凝胶、控制铁含量、氧清除剂、pH 调节等。每一种添加剂中所含的每个MSDS中所列的化学成分的名称和其化学成分注册编号。如果某成分被视为商业机密，一般的是保持与 MSDS 一致而使用较为通用的描述。各呈报化学成分的浓度，包括占各添加剂的总质量的比例，以及占压裂液包括基础流体和添加剂的总质量的比例。

加拿大石油生产商协会（CAPP）关于压裂液风险评估和管理的指导原则——在能控制环境风险前提下支持压裂液添加剂的发展，将继续推进、协作和沟通水力压裂技术和最佳实践，以减少对环境的潜在风险。公司要公开其为每口页岩气井压裂液添加剂所制定的风险管理计划过程。根据材料安全数据表（MSDS）的规定，压裂过程中使用的添加剂或支撑剂的化学成分和特性等信息需要根据化学物品供应商所提供给作业公司的信息进行披露。各添加剂对健康和环境潜在风险的评估由运营公司或运营公司指定的有适当资质的第三方进行。为选定的添加剂所设置的营运程序及监控，在适当情况下，将被用于管理风险评估中所确定的健康和环境潜在风险。书面的风险管理计划将被纳入特定的水力压裂方案。风险管理计划的执行和实际使用的添加剂需要在项目启动之前和完成时确认。

四、IEA 非常规天然气开发黄金规则

IEA 认为美国页岩气开发的成功将带动世界其他非常规天然气资源丰富国家开发进程，从而大幅推动世界天然气供应的增长，并将世界带入所谓“天然气黄金时代”（A Golden Age of Gas）。但同时，也将会有一系列因素影响非常规天然气的开发，IEA 指出其中一个关键的限制因素是“在大多数地区，非常规天然气开发还未获得足够的社会认可。尽管非常规天然气开发的潜在利益（效益）巨大，但政府和相关企业必须努力尝试并有效解决非常规天然气开发过程中出现的社会和环境问题，使其影响和风险降至最小或可接受。否则公众就会反对非常规资源开发”。

为促使各国重视并着手解决非常规天然气开发过程中可能引发的环境和社会问题，在综合北美页岩气开发经验的基础上，IEA 提出了“非常规天然气开发黄金规则”（Golden Rules for a Golden Age of Gas）（IEA，2012）。此规则是 IEA 为帮助经营者、决策者、监管者和其他利益相关方应对非常规天然气开发过程中产生的问题而提出的一套方法措施，核心是完善的水资源管理，关键在于开发措施的完全公开透明、对环境影响的持续监测以及与当地社区的沟通协调。这些规则的应用，可以消除非常规天然气资源开发对环境的潜在威胁，提高环境保护和公众对页岩气开发的接受程度，从而为业界维持或赢得“社会经营许可证”，为非常规天然气的大规模、广泛发展铺平道路，进而促使天然气黄金时代及早实现，因此称之为“黄金规则”。“黄金规则”具体内容包括以下七个方面：

（1）监测、公开和参与

首先，把与当地社区、居民和其他利益相关者的接洽融入开发的每一个阶段，为他们提供充足的机会了解开发规划，倾听他们的担忧，并恰当、迅速地作出回应。只是简单地向公众提供信息是远远不够的，企业和政府部门需要主动与当地社区及其他利益相关者进行接洽。对企业来说，寻求公众的知情并同意往往是其继续实施项目开发的关键。经营者要公开、诚实地解释开发过程中可能存在的环境、安全和健康风险，以及公司

将如何应对这些风险。公众需要对相关的挑战、风险和利益有清楚的了解。在这个过程中，政府机构应提供可行的、有科学根据的背景信息，以促进对知情的辩论，并为相关利益者的共同努力提供必要的刺激。

其次，在开发活动开始前建立当地主要环境指标的基线（如地下水水质），并在开发期间进行持续监测。这是监管当局、行业和其他相关利益者的共同责任。要赢得公众的信任，重要的一点就是向公众公开搜集到的所有数据，并为所有利益相关者提供解决问题的机会。监管机构必须在钻井作业之前就获得地下水质等信息（对煤层气生产来说，要提前获得地下水位等相关信息），从而建立一个基线来比较地下水水位和质量的变化。

再次，测量并公开用水量、废水量、废水指标、甲烷及其他空气污染物等相关操作数据，并对压裂液添加剂的成分及其用量进行全面、强制性的公开。公开、全面的数据对获得公众信心至关重要。虽然出于商业竞争的原因，企业不愿公开压裂液中的化学药剂及其用量是可以理解的，但这会使当地社区和环保团体的不信任迅速增加。

最后，以对社会和环境负责的态度，尽量减少开发期间对环境的破坏，并确保当地社区也能享受到经济效益。目前的法律法规通常要求经营者以对环境和社会负责的方式行事，但经营者在履行他们发展当地经济和保护环境的承诺时，遵守法律仅仅是最低的要求，例如，与当地社区民众协调解决好卡车运输过程中产生的噪声和粉尘等问题。特别是在那些矿权属于国家的地区，如何确保非常规资源开发能给当地带来实际利益是很重要的。当地政府和开发商在开展早期勘探开发活动的时候，公开承诺发展当地基础设施和服务，能起到辅助作用。另外，政府要将部分财政收入（来自税收、矿区土地使用费等）投入到相关地区的发展之中。

（2）密切关注钻探所在地的情况

首先，在确定井位时，要尽量减少对当地社区、文化遗产、现有在用土地、居民生活和生态环境的影响。井位的选择需要与当地利益相关者和管理者接洽，要非常慎重地加以处理。在确定井位时，既要考虑到地下地质，又要考虑到居民区、自然环境和当地生态，现有基础设施和道路交通条件，可用水量和污水处理方案，以及气候或野生动物带来的季节性限制。

其次，对所在地区进行全面的地质勘察，以此作出最优的开发设计，确定在何处钻井、在何地进行水力压裂，并评估深部断层或其他地质特征引发地震，或使流体穿过地质地层的风险。周密的策划可以在很大程度上提高气井的生产力和采收率，减少钻井的数量，并将水力压裂强度和对环境的影响降至最低。尽管引发地震的风险并不大，但即使是轻微的地面震动都可能损害公众对钻井作业安全性的信心。

最后，加强监测。确保水力压裂不会延展到产气层外。页岩气和致密气开采所用的压裂液穿过岩石，从生产层泄漏到地下含水层的风险极其小，因为含水层一般位于较浅的位置。但在某些特殊情况下，发生这样的运移也是可能的。

（3）隔离气井，防止泄漏

首先，严格落实气井设计、施工、加固和完整性测试准则，并将其作为综合性能标准的一部分，含气层必须完全与气井贯穿的其他地层隔离，特别是要与淡水层隔离。制定整体性能标准，要求操作者系统地遵守推荐的行业最佳做法。

其次，制定恰当的水力压裂最小深度限制，让公众知晓作业区域与地下水位有相当远的距离，以增强公众信心。在严格落实各项规章制度的同时，管理者还需参考当地的地质情况和淡水层所处位置，为页岩气和致密气井设定一个恰当的深度限制。

最后，采取有效措施防止和遏制地表泄漏和气井泄漏，并确保对所有液体和固体废弃物进行妥当处理。这不仅需要严格的监管，还需要参与钻探和生产活动的所有企业作出明确的绩效承诺，按照可行的最高标准进行操作。

（4）以负责任的方式进行水处理

首先，通过提高作业效率和水的循环利用，减少淡水用量，减轻当地水资源的负担。在相关规章制度中，要鼓励开发者有效利用水资源，鼓励水的循环利用。水力压裂过程耗水量特别大，要设定水力压裂的最大用水量，促进压裂操作回流水的循环使用。

其次，对采出水和废水进行安全的存储和处理。制定严格一致的规章制度，指导污水的安全存储。例如，建设稳固的露天蓄水池，或者使用储水性能更好的储罐。

最后，尽量减少化学添加剂的使用，促进更环保、无害的替代品的开发和利用。压裂液添加剂的公开应该与持续的创新刺激相一致。行业应该加快开发不损害地下水水质的压裂液，并研究减少化学添加剂用量的技术手段。

（5）禁止直接向大气中排气，并减少燃烧和其他污染物的排放

首先，在完井期间，要设定天然气零排放和最小燃烧的目标；在整个生产期内，要设法减少温室气体的泄漏和排放。最佳的方法就是将完井阶段产生的天然气回收并出售。另外，政府机构要考虑设定排气和燃烧的限值，并明确要求安装相关设备，以帮助减少废气排放。

其次，尽可能减少来自车辆、钻机、泵和压缩机的空气污染。这些污染通常是根据现有的环境和燃油效率标准来控制的。开发商和服务提供商要认识到使用环保车辆和设备的益处，比如说：采用电动车和以天然气为动力的钻机引擎，既可以减少当地空气污染，又可以减少噪声污染。

（6）着眼于大局

首先，在降低环境影响的前提下，努力实现规模经济和当地基础设施的协调发展。为气田开发而进行的某些基础设施投资，对单个井场来说可能没有商业价值，但可能会有利于区域的整体发展。

其次，重视大量钻井（丛式井）、生产和运输活动对环境产生的累积效应和区域效应，特别是在用水、水处理、用地、空气质量、交通和噪声等方面的影响。任何烃类资源的开发都需要建设大量的基础设施，来实施物资转运、钻井作业、资源生产，并对资源进行处理，最后运送到市场。非常规天然气勘探开发活动的钻井强度很大，监管部门需要对这些活动的累积影响进行评估，并恰当及时地予以应对。

（7）确保持续高水平的环境绩效

结合非常规天然气开发的预期发展，配备充足的许可审批和监管人员，建立强有力的监管体系，并及时向社会公开有关信息。雄厚的资金投入和合格、充足的监管人员配置，对非常规资源的安全有效开发至关重

要。制定政策时，需要在指令性调控和以绩效为基础的调控之间寻求平衡，以保障高水平操作标准的制定和贯彻，同时促进创新和技术进步。此外，还要确保各种预案健全且与风险规模和等级相匹配，不断改进规章制度和生产实践，并积极开展独立的环境绩效评估和检验。

若上述“黄金规则”在世界各地非常规资源开发中得到严格贯彻，同时支持全球非常规天然气供应继续扩大的条件得到落实，IEA 认为全球天然气开发将进入“黄金规则情景”。在黄金规则情景下，到 2035 年全球天然气需求增长将超过 50%，达到 5.1 万亿立方米，在世界能源格局中所占份额将超过煤炭，上升到 25%，成为仅次于石油的第二大能源。这一时期内，以页岩气为主的非常规天然气产量将增加两倍以上，由 2010 年的约 4700 亿立方米增至 2035 年的 1.6 万亿立方米。非常规天然气在天然气总产量中所占份额，将从 2010 年的 14 % 提高到 2035 年的 32%，即非常规天然气供应量的增长占天然气供应总量的 2/3。

五、启示

1. 构建基于页岩气勘探开发特点的环境监管法律体系是进行有效环境监管的基础

页岩气不同于常规天然气的资源特点，决定了其勘探开发有别于常规天然气，相应的环境监管法律、法规、标准等也应有针对性的规定。从已有实践来看，各国在已有的环境监管法律体系基础上，一方面，基于页岩气开发特点，在现有条款基础上提出了补充规定。例如美国在其《清洁水法案》《清洁空气法》《综合环境责任、赔偿和债务法案》和《职业安全与健康法案》中均出台了特定条款。另一方面，针对与常规天然气区别较大的技术环节，专门出台特别规定。例如，针对页岩气勘探开发需大规模利用水力压裂技术等特点，各国均针对水力压裂技术出台了特别规定，美国提出了《联邦压裂规定》，欧盟制定了《利用大量水力压裂进行油气（如页岩气）勘探和生产的最低准则建议》，加拿大也制定了《页岩气开发水力压裂技术指导条例》等。整体来看，认识到页岩气有别于常规天然气勘探开发的技术特点，出台针对性的环境监管法律、法规、标准等，是进行有效环境监管的基础。

2. 职责明确、协调顺畅的环境监管机构体系是进行有效环境监管的必备条件

从国际经验来看，欧盟和美国均对页岩气环境监管采取了分级管理模式。欧盟层面环境监管由欧盟委员会负责，各成员国环境监管机构负责本国监管。美国联邦层面环境监管由环境保护署（EPA）负责，各州还有独立的监管机构，例如得克萨斯州的铁路委员会等。各州通常会根据当地特点，在联邦法案的基础上，添加适合于本州页岩气开发的环保条款，因此州环境机构具体负责联邦政府环境规章的贯彻执行，同时执行州的环境规定。为了更好地行使监管权力，避免漏管、重复监管以及出现权力交叉等问题，联邦政府与各州政府建立了协作关系。州政府机构参与联邦政府一些监管法规制定工作，并与联邦政府就一些监管问题达成协议。例如当联邦规定与州规定冲突时以联邦优先，当联邦标准低于州标准时则同时实施两套标准。国外体制对我国页岩气环境监管的借鉴意义在于，第一，中央级别政府制定页岩气项目环境监管的最低要求，以便于实施，同时允许地方政府根据实际情况额外制定更高环保要求；第二，各级监管机构之间充分协调，保留中央级别对页岩气环境监管的权力。

3. 页岩气勘探开发实行全过程监管

除最受关注的水力压裂操作外，页岩气勘探开发还涉及地震探测、钻井、采气、输运等多个环节，各个环节对水、大气、土地等均存在一定影响，因此当前美国、加拿大等页岩气勘探开发实践较多的国家均采取全过程监管的模式。例如，美国现有页岩气环境监管涉及勘探、选址及地面建设、设备运输、钻井及完井、水力压裂、生产水供应、空气污染控制、地表水管理、废水及固体废物处置、井址复原和地下水污染防控等。我国页岩气资源富集地区普遍自然生态环境脆弱，同时页岩气开发将出现多元开采主体，为避免页岩气开发过程出现大的污染事故，在页岩气勘探开发起

始阶段即应推行页岩气勘探开发实行全过程监管。

4. 重视页岩气勘探开发信息公开

随着页岩气勘探开发规模不断扩大，公众对页岩气勘探开发环境风险越发关注，不仅美国、加拿大等页岩气勘探开发实践较多的国家越发重视信息公开，英国等尚未大规模开展页岩气勘探开发的国家也已经着重提出推进公众参与和监督。例如，针对公众关心的热点，美国正在酝酿一系列措施增加页岩气开发过程的透明度，强制公开页岩气开发中压裂液使用情况，加拿大要求各公司在网站上公布其压裂液添加剂，英国加强对水力压裂行业的监管，要求作业者就其作业活动公开更多的信息。我国页岩气资源部分集中在人口稠密区，随着公众环保意识的增强，存在公众反对开发页岩气的风险，因此要重视与页岩气开采所在地的公众和其他利益相关方的沟通，并通过健全企业和环境监测机构的信息公开制度规范信息披露行为。

第八章

中国页岩气示范区环境监管制度研究

一、制定示范区页岩气开发环境保护管理办法

目前，国家层面缺乏统领油气行业发展与环境保护的法律，中国关于陆上石油天然气开发的环境法律条文，散见于《环境保护法》《水污染防治法》《大气污染防治法》《矿产资源法》等法律中，专门的石油天然气法尚未出台，也没有系统规范陆上石油天然气开发利用的环境保护专门法规。“石油法”“天然气法”等统筹行业发展法律的缺失，缺乏及时有效的法律依据，不利于环境管理。

地方和企业层面，依据《中华人民共和国环境保护法》及相关制度要求，地方政府和油气生产企业制定了环保规章。如重庆市政府制定实施的《重庆市环境保护条例》；又如中国石化制定实施的《中国石化集团公司暨股份公司建设项目环境工程评价管理办法》《中国石油化工集团公司环境保护工作管理办法》《中国石油化工集团公司环境监测工作管理办法》等。但总的来看，上述地方和企业层级的环保规章出台时间已达10年以上，仅限于一般性的建设项目环境管理，对于示范区页岩气开发实际出现的环保问题准备不足；同时，当地方环保部门与开发企业的执行惯例出现差异时，由于页岩气开发在环境管理程序、污染治理技术、环境影响预测等方面均没有现成依据，环境监管工作常常遇到阻碍，急需制定出台示范区页岩气开发环境保护管理办法。

建议示范区所在地的地方政府可以根据本地区页岩气开发实际情况，制定出台区域性的页岩气开发环境保护管理办法。管理办法需事先与环保部协商，起草完成后向环保部报备。

管理办法应进一步明确地方环保部门的环境监管权力与职责，确保环境影响评价制度、“三同时”制度等环保制度的严肃性。加强施工过程和环保治理过程的监督管理，全面落实废水、废气、废渣的管理与处理，加强对于地表水、地下水、土地资源的保护，强化资源综合利用，重点对钻井油基泥浆等危险废弃物的处置，以及返排压裂水、钻井废屑等废物的综合处理和利用进行明确规定；加强对甲烷泄漏的研究与监测，控制温室气

体排放；开展定期环境监测，提出增强环保应急管理和处理能力的方案；加强对页岩气开发环境保护工作、废弃物治理的知识普及和宣传报道，营造良好的社会舆论氛围。

管理办法应明晰页岩气开发者的法律责任，严格按照项目建设“三同时”制度等有关要求，组织、开展环境影响评价工作。要求树立“绿色开发，清洁生产”的理念，强化环保事故的预防和控制，切实开展环境监测并建立数据共享机制，开展压裂返排液和含油钻屑等污染物处理技术攻关试验，探索“三废”综合利用途径，努力提高员工的环保意识。

二、制定出台页岩气开发环境保护的地方标准

环境标准是环保部门进行环境管理和监督执法的基础依据，中国石油行业在环境标准化方面做了大量工作，但是还存在许多问题和不足，总体滞后于石油天然气工业的发展进程，更加不能适应当前页岩气开发的环境保护要求。

一是缺少针对油气勘探开发的污染物排放标准，尤其是针对页岩气勘探开发的标准。石油天然气生产中有不少污染物的产生和排放具有突出的行业特征。中国现行的国家污染物排放标准主要是针对普通污染源和污染物而制定的综合性标准，较少考虑石油天然气工业的排污特点。国家现行环境保护标准中，只有《海洋石油开发工业含油污水排放标准》，地方标准仅有陕西省《石油开采废水排放标准》和黑龙江省《油田含油污泥综合利用污染控制标准》两项涉及石油行业，其他执行的国家环境标准绝大部分是综合排放标准，存在行业特点不突出、针对性不强的问题。例如由于缺少废钻井液固化处置、废钻井液和岩屑土地处置的污染控制技术规范和标准，一些单位的钻井废弃物到处堆放和随意填埋，造成二次污染。这个问题在页岩气开发过程中尤为明显，页岩气密集钻井产生的钻屑、压裂返排液等污染物数量巨大，而由于治理地点的分散和治理工艺、治理主体的多元化，给环境管理带来极大的难度。此外，在石油天然气行业标准中，也没有专门的环境保护标准，只是在石油天然气设备、工程设计、采油采

气、开发、施工、油田化学、安全标准中涉及一些环境保护的内容。

二是国家页岩气环境标准制定工作刚刚起步，出台实施时间尚待明确。2013 年，页岩气标准化技术委员会经国家能源局批准成立（国能科技〔2013〕257 号），负责开展 8 个专业领域共 81 个条目标准的研究制定。安全环保标准作为其中的重要组成部分，“页岩气排放标准”“页岩气开发水环境保护技术要求”“页岩气采出水处理排放标准”“页岩气开发气体排放技术要求”“页岩气开发井场征占地定额及生态恢复推荐做法”“页岩气井场土地复垦推荐做法”“大型压裂噪声治理推荐做法”“页岩气生产环境保护推荐做法”“页岩气压裂返排液技术要求和处理推荐做法”“油基泥浆微生物技术要求和处理推荐做法”等一系列环境标准列在其中。目前，仅有涉及资源评价的《页岩气资源储量计算与评价技术规范》于 2014 年 6 月出台实施，环境标准仍在制定过程中，距离正式出台实施仍有较大距离。

三是缺少能实现过程控制的行业环保标准。目前石油天然气行业采用的国家环境保护标准都是针对污染物排放而制定的，属于末端控制标准。石油企业要实施清洁生产，就需要针对生产工艺制定大量的过程控制标准，包括清洁生产评价指标体系、技术指南、审核指南等，没有这些标准，就无法对各单位的清洁生产水平进行比较，无法有效地促进清洁生产工作。

四是缺少资源综合利用领域的行业标准。石油行业在油田生产废弃材料，采油污水的回收利用，自备电厂粉煤灰、地热能的利用，余热余压的利用，伴生资源的开发利用等方面已经做了许多工作，但相应的标准化工作却还比较薄弱，不能满足资源综合利用工作快速发展的需要。在页岩气开发过程中，油基钻屑的处理及综合利用标准、钻井、压裂和采气废水的治理与回收利用标准等也均为空白。

建议示范区所在地的地方政府可以根据本地区页岩气生产特点，以压裂液污染防治、返排水回收利用、钻屑综合利用、生态保护与修复等为重点，制定出台针对开发各环节的污染物排放标准、污染物处理技术规范、生态保护与修复技术规范；总结环境管理经验，制定出台页岩气开发环境监察技术指南、应急处理技术指南等。有关标准、规范和指南应与示范区的开发工作结合起来，不断摸索经验进行完善，以便制定国家标准时进行检验、修改和完善。由于中国的页岩气开发与欧美国家地质条件不同，开发难度不一样，环保技术的发展水平也不一样，建议标准制定过程中要充分征求行业协会、企业的意见，标准制定要符合国情。

有关标准、规范和指南的制定建议由示范区所在地环境主管部门牵头，国土、水利、发改等部门配合，通过委托研究机构、社会组织、有关企业的方式开展。

三、统筹管理机构设置与职能

建议我国页岩气环境监管采取地方、省级和中央三级管理体制，并明确各自职能。示范区页岩气勘探开发环境监管实行属地化管理，监管实施主体为所在区县环境主管部门，负责具体监管工作。考虑到监管机构实际能力，建议在省级（区、市）环保主管部门成立页岩气环境监管主管机构，为地方监管提供技术支持、人员支持。同时，为了避免出现漏管、重复监管以及权力交叉等问题，省级页岩气环境监管主管机构应协调页岩气开发环境监管过程中涉及的国土、水利等部门，建立环境监管协调机制，使各部门之间建立起沟通、协作关系。中央政府环境主管部门以页岩气开发环境管理相关的法律、法规、技术标准和规范制定为主，同时在制定环境监管法规、条例和标准，国家页岩气发展规划、战略以及相关产业政策时，协调各相关部委。

在页岩气勘探开发初期，省级页岩气环境监管主管机构在中央环境主管部门指导下，基于先行先试指导思想，可先从示范区页岩气勘探开发实践出发制定相关环境监管规章制度和标准，为国家层面出台页岩气环境监管规章制度和标准提供支撑。

四、开展环境基准研究和全过程环境监测

环境基准研究应是进行页岩气勘探开发前必要的准备工作。从法律依

据和现实需要两方面看，都存在开展针对页岩气的环境基准研究的迫切性，否则相关示范项目或公开招标的推进就存在较大的环境隐患和风险。新《环境保护法》第二章第十五条规定“国家鼓励开展环境基准研究”，这是环境基准研究首次在我国法律中得到明确，将有利于推动相关基础研究工作的开展。同时，开展环境基准研究是应对日益严峻环境形势的迫切需要。目前，我国已进入环境高风险期，环境污染、环境突发事件以及由此导致的生态破坏和人体健康危害已引起全社会的普遍关注，而页岩气勘探开发可能带来一定的环境风险，同时面对页岩气开发将出现多元开采主体这一现状，开发相关环境问题必须引起高度重视，避免页岩气开发过程中出现大的污染事故和群体性事件，防止对页岩气产业发展的冲击。开展页岩气开发区域国家环境基准研究，可以为页岩气开发环境污染控制和风险管理工作提供全面、科学的基础支持。页岩气示范区作为国家页岩气产业先行先试的区域，应在页岩气开发示范区首先开展环境基准研究。

开展环境基准研究，除了基准研究方法之外，基准研究工作的承担主体也是必须明确的问题。考虑权威性和实际组织能力，建议环保部作为基准研究的发起主体，协调相关部委，通过公开招标的形式，从各类机构（如大学、科研院所、环保组织、咨询机构和其他能够承担研究工作的主体）中选聘承担基准研究工作的实施主体。实施主体应对其进行的基准研究工作制定详细的计划并对所提交报告内容的真实性和准确性承担责任。近期而言，要充分利用中国环境监测总站在环境监测方面的经验、人员、网络和网点，将示范区内和周边建立起来的针对页岩气项目的环境监测网络和信息公开渠道汇总到这个平台，从而为探索和建立页岩气中长期环境监测框架积累经验并奠定基础。中长期看，要建成一个以中国环境监测总站为平台，以独立第三方、公众、作业者和政府参与为主体，以公开透明为原则，事前、事中和事后均可使用的体系化页岩气环境监测框架，形成持续的环境基准研究。对页岩气示范区环境进行基准研究，在国家环境基准线划定工作完成前，可由环保部授权地方环境主管部门在开发活动开始前委托第三方建立当地主要环境指标的基线（如地下水水质、地表水水质、空气质量等），并在开发期间进行持续监测。

同时，考虑当前页岩气勘探开发现状，在政府部门要求和监督下，应要求勘探开发企业参与到环境基准监测过程中。目前，中石化在涪陵页岩气勘探开发示范区开展环境背景值监测的做法值得推广。2014 年针对一期产建区域内大气、水质、土壤、噪声等各环境要素进行定时、定点现状监测，调查平台周边敏感区域内环境本底值，以了解和掌握环境质量的状况和变化趋势。2015 年，完成地表水麻溪河四个监测断面、三个水期共 10 批次地表水环境质量监测，环境背景质量调查涉及 36 个钻井平台。

在环境基准研究基础上，考虑到页岩气勘探开发涉及地震探测、钻井、水力压裂完井、采气、集输等多个环节，这些环节存在对水资源污染、土地利用和甲烷等废气排放以及对当地社区环境的影响，为此需要进行对页岩气开发的全过程环境监测，在事前、事中、事后三个阶段针对重点环境风险进行严格监测。事前监测内容主要针对页岩气开发前的规划和准备工作。除环境基准线划定工作之外，生态脆弱区页岩气的开发必须经过详细环境评价并严格审批，要从源头上杜绝环境风险；企业或作业者在编制页岩气开发方案的同时，必须编制页岩气环境影响报告书，在其中对水资源污染、土地利用和甲烷等废气排放以及对当地社区环境和公众的身体健康产生的影响进行评价，并提出为避免、减轻各种污染影响拟采取的环境保护措施。事中监测内容主要针对页岩气钻探、水力压裂完井、采气及后续生产过程。应对土地利用、水资源取用、地表水及地下水污染、废气排放、废物排放等进行重点监测。在页岩气开发引发的潜在环境风险中，水力压裂技术可能带来的水资源大量消耗、废水对地下水和地表水污染，钻井过程中钻井液及碎屑对地下水、地表水和土壤的污染是需着重防范的环境污染，应是页岩气开发环境监测的核心内容。事后监测内容主要是针对页岩气开发可能引发的长期风险进行跟踪。有时页岩气开发在监管前期和监管过程中所产生的环境影响不易被发现和掌握，在生产阶段结束后需对地下水、地表水、土壤、空气等环境状况进行分析，并与开发前基准进行对比，评估页岩气开发环境影响。

五、强化规划环评和项目环评

当前，页岩气开发建设速度超过环评速度，已违背环境保护法的规定。根据 2014 年修订的《环境保护法》，“未依法进行环境影响评价的建设项目，不得开工建设”，页岩气项目环评未通过就开始建设的属违法行为，可以由“负有环境保护监督管理职责的部门责令停止建设，处以罚款，并可以责令恢复原状”。

为了实现页岩气开发可持续发展，涪陵区环保局实行了页岩气勘探开发选址预审制度，以减少页岩气勘探开发对城镇规划建成区、风景名胜区、饮用水源保护区、自然保护区等敏感区域的影响以及与其他项目的交叉影响。预审制度要求每个勘探井、开发平台的选址由开发者进行申报，由当地环保主管部门组织发改部门、交通部门、林业部门、旅游部门、安监部门、水利部门等有关部门进行会审，会审通过后即可开工建设。实际上，由于涪陵页岩气开发速度较快，而环评流程则相对较长，会审制度更多地考虑了页岩气的开发建设进程，严格来看，仍与《环境保护法》中“先环评，后开工”有所冲突。为解决发展和环保二者的协调问题，笔者建议如下。

一是建立页岩气开发规划环评制度，将页岩气开发纳入规划环评要求范围内。根据原国家环保总局《关于印发〈编制环境影响报告书的规划的具体范围（试行）〉和〈编制环境影响篇章或说明的规划的具体范围（试行）的通知〉》（环发〔2004〕98 号），油（气）田总体开发方案应编制环境影响报告书。尽管页岩气已成为一种独立矿产资源，但也应按照油气田的要求，编制规划环境影响评价报告。建议尽快编制“涪陵页岩气田总体开发方案环境影响报告书”，并将现有项目预审的内容纳入其中，重点考量整个区块集中和大规模开发造成的累积效应和叠加影响，以地下水、生态等宏观影响为重点，进行规划环境影响评价。

二是按照法律规定严格进行页岩气建设项目环评。根据《新环境保护法》第十九条规定，“未依法进行环境影响评价的开发利用规划，不得组织实施；未依法进行环境影响评价的建设项目，不得开工建设”。要求页岩气勘探开发主体在进行勘探开发活动之前，必须编制、送审页岩气区块规划环评和具体勘探开发项目的项目环评，否则不得开工建设。此外，页岩气开发属滚动开发过程，矿区开发过程中生态环境在不断变化，有必要在规模化开发前提前设计页岩气建设项目的动态环境影响评价制度，对整个开发过程进行动态跟踪评价。

三是加快建设项目环评报告审批进度。根据《建设项目环评分类管理名录》要求，按照建设项目对环境的影响程度，对环境影响评价实行分类管理，分别编制环境影响报告书、环境影响报告表或填报环境影响登记表。其中规定，天然气、页岩气开采建设项目需编制环境影响报告书。根据《环境影响评价法》要求，“审批部门应当在收到环境影响报告书之日起60日内，收到环境影响报告表之日起30日内，收到环境影响登记表之日起15日内，分别作出审批决定并书面通知建设单位”。60日的审批时限影响了页岩气开发进展，也客观上造成了诸多建设项目未环评先开工的违法现象。由此，建议环评审批部门对鼓励发展的产业领域设置优先级，突出环评的时效性，加快页岩气建设项目的审批进度。同时，研究简化项目环评的内容和流程。规划环评是项目环评的宏观指导和前期评价，对于项目建设可能产能的宏观影响已经有了初步的总体评价。建议针对现有环评制度设计上时效性不足的问题，研究能否在完成规划环评的基础上，页岩气开发项目由完成环评报告书简化为完成环评报告表。

四是突出页岩气建设项目环境影响评价的针对性，加强对于微观和具体环境影响的评价。环境影响评价具体应包括页岩气作业的以下几个环节：基准监测、水资源获取、化学品使用、气井完整性、回注井、回流液管理、气体管理、场外土地处置和再利用及弃井等。在当前尚未积累更多经验情况下，国家、地方环保部门及企业在制定页岩气发展规划时，应以环境友好地开发页岩气为原则，具体为不影响当地水资源供需平衡、尽量减少土地使用和地表植被破坏以及进行文物保护等，将页岩气资源的勘探开发规划与区域水资源规划和土地利用规划以及环境影响评价相结合。在编写规划中，应增加环境负面影响篇章，对可能产生的负面影响因素进行分析和影响评估，并说明针对所产生的环境负面影响的防范措施。应将页岩气规划和具体项目的环境影响评价向社会公开。需要注意的是，页岩气环境影响评价需要多个科学领域的专家学者共同合作，在环境影响评价的招标工作中，应充分允许学者和/或机构之间的合作。在可靠的情况下，应邀请规划所涉及地区或项目所在地的环境评价机构参与。

五是开展并推广页岩气勘探开发项目竣工环境保护验收。根据《建设项目环境管理条例》《建设项目竣工环境保护管理办法》等有关规定，应开展竣工项目的环境保护验收工作。在涪陵页岩气勘探开发示范区，页岩气勘探开发主体应委托有资质的单位对投入运行的页岩气项目开展竣工环境保护验收试点工作。同时，基于示范区实践经验，总结出适合页岩气勘探开发项目竣工环境保护验收的技术规范，在试点基础上进行推广。

六、完善推广环境监理制度

根据《关于进一步推进建设项目环境监理试点工作的通知》（环办〔2012〕5号），建设项目环境监理是指建设项目环境监理单位受建设单位委托，依据有关环保法律法规、建设项目环评及其批复文件、环境监理合同等，对建设项目实施专业化的环境保护咨询和技术服务，协助和指导建设单位全面落实建设项目各项环保措施。

我国环境监理工作起步于20世纪90年代。由于环境管理部门监管力量有限，环境管理过多倚重环评和环保验收，对项目建设过程中的环境监管较为薄弱，而恰恰这一阶段产生的环境问题，尤其是生态破坏较为突出，并且有许多不可逆的生态影响。在此背景下，全过程环境监管被逐步提上日程。建设项目环境监理是建设项目环评和“三同时”验收监管的重要辅助手段，对强化建设项目全过程管理、提升环评有效性和完善性具有积极作用。近年来，许多地区在建设项目环境监理方面开展了富有成效的探索工作，浙江、山西、陕西、辽宁、江苏、内蒙古、青海等省、自治区地方环境保护主管部门相继出台了一系列关于开展环境监理工作的规范性文件，对我国环境监理制度建设起到了引领作用。例如，2007年，辽宁省环境保护局发布了《辽宁省建设项目环境监理管理暂行办法》；2010 年，山西省环境保护厅发布了《关于进一步加强建设项目环境工程监理工作的通知》。

经过 20 年的努力，虽然我国环境监理制度建设取得了一些成绩，但总体尚处于试点阶段，对其定位、作用和范围还不够明确，相关管理制度和技术规范体系还不够完善。

一是定位模糊，法律地位不清。目前，对于环境监理有无必要从工程监理中独立出来，环保部门内部及相关部门对环境监理的定位仍然存在分歧，如交通和水利主管部门主张将环境监理作为工程监理的一部分，工程监理人员通过环境保护专业培训后，承担环境监理任务。这就导致在国家层面，尚未确立环境监理的法律地位。

二是技术规范滞后，专业化体现不充分。到目前为止，环境监理尚未形成符合环境保护工作特点的环境监理技术规范，环境监理的程序、制度、方法、内容基本照搬工程监理模式，涉及范围比较宽泛，面面俱到，甚至包含很多工程监理的内容，从效率和效果方面都未体现出环境监理的专业化。

三是有效监管不足，政策落实不够深入。近年来，随着环境监理逐渐受到重视，大量建设项目环评审批文件要求业主开展施工期环境监理，并将其作为项目试生产和竣工环保验收的前置条件。但在实际操作过程中，多数建设项目并未按批文要求及时开展环境监理，到了试生产和验收阶段，为满足环评批复要求，补做环境监理。环境监理是一种过程管理工作，工程结束后，施工过程中产生的环境影响已经发生，隐蔽工程已经完成且不可复原，补办环境监理对于减少施工期环境影响毫无意义，只是在形式上完成了一项程序，对环境监理工作的推进带来了负面影响。这种现象的蔓延有两个原因：一是有些环境监理工作未能真正发挥应有的作用，导致建设单位对环境监理产生偏见；二是管理部门对建设项目环境监理缺乏有效的监管。

页岩气作为一项施工强度密集的新兴产业，具有开展环境监理试点的必要性。在涪陵页岩气示范区内，中国石化已经通过委托第三方机构的方式开展了环境监理。结合实际工作，示范区的环境监理除按相关技术规范和规定要求开展外，还应在以下方面加强：

首先，制定完善规章，加快环境监理制度建设。当前，在国家层面确立环境监理的法律地位尚有困难，但示范区的环境保护主管部门应根据本地区页岩气开发的环境管理需求和环境监理工作开展经验，建立健全管理体系，明确建设项目环境监理工作范围、工作程序、工作内容、工作方法和要求。通过制定和完善部门规章，引导环境监理尽快由行政推动为主向企业自主需求方向转换。

其次，确保环境监理的公正性。现阶段，可以采取“业主出资，公开招标”的方式，委托独立的第三方机构进行环境监理。同时，应明确建设项目环境监理单位准入条件，加强对环境监理单位的监督与考核，确保环境监理的公正性。

再次，规范监理技术，探索专业化的服务方向。示范区的环境保护主管部门应逐步建立建设项目环境监理技术规范体系，统一建设项目环境监理技术工作程序、内容、方法和要求，推动建设项目环境监理工作的科学化、规范化。在页岩气开发过程中，对于主要环保设施与主体工程建设的同步性、防腐防渗工程建设、废弃物综合利用，以及与公众环境权益密切相关、社会关注度高的环保措施等方面，应重点加以明确。

最后，强化环境监理工作的监督实施。明确要求页岩气开发项目应开展环境监理，开发者应定期向环境保护主管部门报送环境监理报告，并将环境监理报告作为环境保护行政主管部门进行试生产审查和竣工环保验收的重要依据之一。环境保护行政主管部门发现建设项目环境监理单位弄虚作假的，要对其进行处理。

七、健全信息公开制度，拓宽公众参与渠道

在现有信息公开制度基础上，针对页岩气勘探开发特殊性，应从信息公开内容、受众目标和渠道等方面进一步强化。

信息公开内容方面，环保部已经出台了相关的部门规章，要求相关企

业必须向公众提供某些环境信息。但其中存在的问题是，公开的内容是否能够满足页岩气作业过程中存在的潜在环境风险监管要求，是否能够解决公众对页岩气开发的安全担忧，而且压裂过程中使用的化学添加剂并没有在公开范围之内。从实践的角度出发，我国页岩气环境监管中所涉及的化学品公开问题，应坚持以全面事先和事后公开为基础，个别成分不对公众公开为例外。对执行环境监管的政府机构而言，公开应是全面的；如果有需要保护的商业秘密，应由相关部门根据化学成分对环境的影响进行认定，对于可能产生健康或环境损害的成分，不应认定为商业秘密，反之则可以。其理由是，当商业秘密与公共利益、环境保护和公众知情权相背离时，后者应是执法追求的目标。

信息公开受众目标方面，应重点向可能受影响的周围居民和其他公众公开。考虑到页岩气区块地理位置偏远及当地居民的文化程度，除了在《环境信息公开办法（试行）》和《企业事业单位环境信息公开办法》中规定的方式外，还应由作业者自负费用在这些居民所在社区、村镇设立信息发布栏，并协助其理解这些信息可能带来的影响。在利用电视、广播等进行公开时，当地媒体应是主要介质。环境监管部门也要承担相关的教育和宣传工作，以帮助公众理解页岩气相关的环境知识和风险。针对页岩气环境监管的特殊性，应考虑专门制定页岩气环境监管信息公开办法，对信息公开主体、内容、时间、范围、责任等作出清楚规定，这是页岩气环境监管的着力点。

信息公开渠道方面，应尽快搭建全国性、地区性或行业性的信息公开平台。结合我国实际，国家安监总局下属的国家安全监管总局化学品登记中心是可选择的化学品登记和公开平台。环保部可以协调安监部门，就页岩气勘探和开发过程中所使用的化学品公开进行合作，以保证页岩气勘探开发的专业性、透明性和公开性。页岩气项目环境监管中涉及的其他信息，如土地、空气、地下水和地表水、地震、固体废物、辐射、噪声、交通等的监管信息公开或可保持现有的公开渠道，但是需要加强公开的及时性、准确性和对公众的便利性。环保部门在此过程中，应通过其网站和其他方式让公众知晓从哪里获得这些信息。当然，也可尝试通过非政府出资或管理的平台公开方式，如借助环保组织、行业组织、科研机构或第三方独立平台进行信息公开，还可尝试以页岩气富集盆地或示范区为单位建立信息公开平台。在信息公开中，环保部门要做的就是监督企业主动、及时、准确地提供所有应公开的信息，让公众知晓、理解并提出意见。企业应定期发布页岩气勘探开发项目环保白皮书，形成制度化，明确公开环境影响的信息及采取的具体措施。

信息公开是保证公众有效行使知情权的重要前提，同时应进一步拓宽公众参与渠道，指导公众有序参与页岩气勘探开发环境监管工作，促进页岩气产业顺利发展。以《环境保护公众参与办法（试行）》（征求意见稿）为基础，示范区环境主管部门应编制《页岩气环境保护公众参与指南》，明确公众参与的规则与权利，指导公众在项目实施过程中通过参与可以获得什么，如何参与及如何获得通知等，使公众参与制度化与规范化。指南可以针对一个页岩气储量丰富的盆地、区域、省份或示范区进行编制。指南的编制，除了要依据现行法律法规外，还要体现不同项目所在地区的实际情况。通过设立针对不同群体的特定研究项目，如青年页岩气环境研究等形式，来推广和普及页岩气知识，增加不同公众的参与度。

除了普通公众的参与之外，专家学者的参与应是非常重要的。根据英国之前出现的情况看，这些专家学者必须具有极强的独立性，不会被商业利益所左右，其观点有真实准确的数据予以证明。已经承担了基准研究、监测、环境评价工作和进入政府专业人士名单中的专家学者，不应进入公众参与程序。其他专家学者参与时，也应提交其自身独立性的声明，保证其与任何页岩气行业企业没有任何直接或间接的联系。

加强与环保组织（国内或国外）、专业媒体人士和环保志愿者的联系和沟通，充分征求他们的意见和建议，这将有助于我们学习借鉴国外的经验，并发挥他们在页岩气日常环境监督中的积极作用。在中国当前的政治和法律制度框架下，环保组织还可能在公益诉讼中承担重要角色。根据我国《民事诉讼法》及其司法解释，只要有明确的被告、有具体的诉讼请求、有社会公共利益受到损害的初步证据、属于人民法院受理民事诉讼的范围和由受诉人民法院管辖，环保组织或相关组织就可以提起诉讼。《环境保护法》进一步指出，环保组织应依法在设区的市级以上人民政府民政部门登记，专门从事环境保护公益活动连续五年以上且无违法记录，但环保组织不得通过诉讼牟取经济利益。

八、加强环境监管基础能力建设

环境污染治理离不开一支高效能的监察队伍，监察队伍建设离不开高素质的人才。近年来，我国基层环境监察队伍建设趋于规范化和制度化，但是与监管行业种类的多样性相比，与环境污染类型的复杂性相比，与环境污染事故的多发性与突发性相比，基层环境监察队伍的能力仍显不足。

一是执法人员数量不足。随着经济的发展，大中型城市的工业污染企业逐渐向小城市和农村转移，城市服务业蓬勃发展，农村工矿和农业面源污染形势严峻，环境执法工作也向生态监察、农村面源污染监察、城市“三产”监察等领域不断拓展。但环境监管执法人员数量增长极为缓慢，部分地区执法人员工作负荷远超合理范围。调研发现，示范区监管人员数量也严重不足，负责涪陵页岩气示范区环境监管的涪陵区环保局环境监察支队目前仅有30个执法人员，包括20个编制内人员和10个编制外人员。环境监察支队要负责整个涪陵区内环境污染事故、生态破坏事件的调查和纠纷处理，以及排污费的征收和财务编制会审工作。其中，页岩气的环境执法只是其中的一项工作，现有人员编制已经远不能满足其日常工作需要。

二是执法人员素质不高。全国本科以上学历环境监管执法人员仅占1/3，环保相关专业毕业的执法人数仅占1/5，且人员素质呈倒金字塔结构，省、市、县呈逐级降低趋势。调研发现，负责示范区环境监管的环境监察支队本科以上学历约占1/2，人员素质相对较高。但对于页岩气这一新兴产业大多数执法人员比较陌生，如何进行环境监管更是处在探索阶段，亟须加强培训和学习，提高执法水平。

三是基础条件差，执法需求和现有执法能力不平衡。基层环境执法队伍特别是中西部地区基层环境执法队伍装备水平差、业务用房不达标、经费保障不足现象比较普遍，全国县级执法机构标准化硬件达标率仅为50%左右。调研发现，涪陵区环境监察支队同样存在基础条件较差的问题，排污申报大厅、执法会商室等业务用房缺失，执法车辆仅有4台，远不能满足日常监管需要。

四是监管主要是企业在进行，政府发挥的作用有限。受制于人员数量不足、基础条件差等因素，目前示范区的环境监管主要依赖于中石化等作业者的自身监管，政府更多地起到督促作用。此外，由于缺乏环保专业知识，企业层面的监管也较为薄弱，如存在对于危险废物的集中堆放、处理等问题重视不足等问题。

为此，《中共中央关于全面深化改革若干重大问题的决定》提出，要加强环境保护等领域基层执法力量。页岩气作为一项施工强度密集的新兴产业，环境监察工作需要大量高素质的环境执法人员。一是增加基层环境监管力量，根据井场数量配比环境监察人员。在现有环境监察体系中，应统筹安排人员编制，提高基层一线执法人员比例。二是提升环境监察能力。根据《国务院办公厅关于加强环境监管执法的通知》要求（国办发〔2014〕56号），到2017年底前，现有环境监察执法人员要全部进行业务培训和职业操守教育，经考试合格后持证上岗。新进人员把好“入口关”，坚持“凡进必考”，择优录取。研究建立符合职业特点的环境监管执法队伍管理制度和有利于监管执法的激励制度，鼓励和支持高素质的专业环境执法人才扎根基层、服务基层。三是切实改善基层监察队伍的执法条件。建立健全将财力、物力、人力更多投放到基层的长效机制，进一步加大基层投入力度，建立稳定的经费投入保障机制，改善基层基础设施和装备条件，加强基层环境监察机构标准化建设和移动执法系统建设，保障基层环境监察执法用车。

九、加强污染物处理处置技术研发

页岩气在我国刚起步，在页岩气开发环境影响机理、污染物处理处置技术等方面均没有现成的依据和资料供参考，通过对涪陵页岩气国家级示范区环境保护和环境监管的探索和解剖，建议加强环境影响机理和污染物处理处置技术研究。

一是加快环境影响机理研究。钻井和压裂液中的化学添加物有几十种，进入地层中就长期停留，但添加物对地表水环境、地下水环境的影响，压裂液返排机理、甲烷泄漏对区域环境、区域地质、区域生物多样性、区域健康效益的影响机理尚不清楚，缺乏有效控制手段。建议加快页岩气开发对环境的影响机理研究，只有明确其影响后，才能更好地采取防御措施。

二是加快污染物处理处置技术研究。在页岩气勘探开发过程中，产生了许多废弃物，如钻井过程中的钻井废水、废弃水基泥浆、水基钻屑、油基钻屑，压裂过程中的压裂返排液，采气过程中的采气废水等。这些污染物若得不到妥当的处理，将会对环境造成不可估量的损害。从涪陵地区页岩气开发废弃物处理现状来看，油基岩屑主要采用热解方式处理后进行固化填埋；水基钻屑和废弃水基泥浆直接在废水池进行固化填埋；钻井废水和压裂废水采用循环利用方式处理；采气废水、部分钻井废水和压裂废水需要经处理后排放，但目前废水处理工艺还在中试阶段。这些污染防治技术和处理技术不够成熟，容易导致次生污染。所以建议加强油基钻屑处理技术研究、油基热解灰分和水基钻屑综合利用技术研究、废弃水基泥浆综合利用技术研究、废水处理技术研究等，从而推进污染物控制和排放标准形成。

三是加快废弃物综合利用技术研究。研究水基钻屑、油基钻屑资源综合利用技术，返排水回用关键技术。

四是加大资金保障和支持力度。页岩气开发中环保技术与措施的应用会抬升页岩气开发成本。IEA 预测环保技术的应用将使典型页岩气井的总开发成本增加 7%。由此，建议在页岩气产业起步阶段设立环保技术推广专项基金，平衡成本增加与保护企业开发积极性之间的关系。此外，中央和地方政府可以分级设立环境保护风险基金，此基金用于事故环境污染治理和页岩气开发环保技术研发及推广应用。

第九章

主要结论与政策建议

一、主要结论

（一）世界主要国家重视页岩气开发环境监管并形成了适应各自国情的监管政策体系

目前，全球已有30多个国家陆续开展了页岩气资源前期评价和基础研究，其中美国和加拿大实现了大规模商业化开发，中国进入了商业化开发阶段，欧盟内部由于对技术和环境问题的认识不一致导致各国进展差异较大。虽然各国进展程度不一，对页岩气开发环境风险具体种类、影响程度等还存在一些争论，但重视页岩气开发潜在环境风险，并将环境风险控制措施作为促进页岩气产业顺利发展的手段已经成为共识。

美国在页岩气发展过程中逐步建立起了涵盖页岩气开发全过程的监管体系，且规定日趋严格。法律法规方面，主要是在已有法案基础上，基于页岩气开发特点添加相关条款而成，且划分为联邦和地方两级。政府监管方面，一是实行以州政府为基础的监管体制，形成联邦、州、地区及开采地多级协调格局，同时监管过程中环保和公共组织、行业组织广泛参与；二是以常规油气开发环境监管体系为基础，针对页岩气开发特点新增监管措施，实行页岩气开发全过程监管。环境友好开发技术方面，政府采取多项措施支持企业创新研发，并提出了一系列开发指南和最佳实践案例以帮助企业降低页岩气开发环境风险。加拿大采取与美国相似的措施，着重要求企业公开压裂液成分和实施压裂液风险控制。欧盟努力建立统一的页岩气开发最低环境标准，英国有动议建立页岩气开发独立监管机构，并高度重视公众参与。

国际能源署（IEA）提出了页岩气开采的“黄金规则”：需要经营者、决策者、监管者和其他利益相关方共同参与，核心是完善的水资源管理，关键在于开发措施的完全透明、对环境影响的持续监测以及与当地居民的沟通协调。IEA和美国的经验表明通过合理的监管制度和不断发展的技术可以控制页岩气开发带来的环境风险，实现页岩气环境友好开发。

（二）现阶段中国页岩气开发环境影响总体可控，但未来大规模开发阶段存在潜在环境风险

《页岩气开发环境影响评估》调研问卷结果显示，大部分专家认为页岩气钻井和压裂操作是可能引发环境问题的关键，主要关切集中在水资源大量消耗、压裂液（包括返排液）和产出水污染、钻井液及碎屑对地下水和地表水及土壤的污染，需着重防范。调查发现，①在正常工况下页岩气开发不会造成地表水、地下水污染和地下水漏失，但是一旦井场污染物收集、存储和处理措施不到位发生漏失，将造成地表污染物渗入，可能会对周边耕地和浅层地下水造成一定的影响。②可预见的页岩气开发规模对生态环境的影响有限。通过对气井施工结束后加强井场临时占地的复垦和植被绿化，可在较大程度上减轻对区域植被、土壤以及水土流失的影响。

四川盆地水资源比较丰富，根据产能建设、单井用水量、目前四川的用水额度、天然气行业开采用水指标估算，页岩气开发对四川盆地的工业用水和居民用水影响不大。涪陵国家级页岩气示范区生产用水主要取自乌江，2015 年和 2020 年该区页岩气开发用水量测算表明，其对乌江水资源量影响很小。对于我国其他页岩气有利区，由于其水资源条件不同，仍需要开展更广泛的研究。

不同情景下四川盆地页岩气开采产生的 TSP、NOx 和 SO_2 等气态污染物排放量相对不高，在几十至几百吨之间，不会对污染物总量控制造成明显影响；通过采取洒水抑尘措施，并在放喷时对周边居民进行临时疏散，可避免气态污染物排放对环境和人体的危害。从中长期看，若不采取甲烷捕捉措施，页岩气开采产生的温室气体将对当地温室气体减排行动造成一定压力。

页岩气开采占地类型分为永久占地和临时占地，单个井场永久占地一般在 0.5 ~1.5 公顷，对整个区域景观、生物多样性及植被覆盖影响不大。通过在施工结束后加强临时占地的复垦和植被绿化，可以在较大程度上减轻页岩气开发对区域植被、土壤以及水土流失的影响。

涪陵示范区页岩气开采采用近平衡钻井技术，钻井过程中采用分段固井

方式封隔地层，在正常工况下不会造成地表水、地下水污染和地下水漏失。但是如井场污染物收集、存储不到位，发生漏失会造成地表污染物入渗，对周边耕地和浅层地下水造成一定的污染，导致依靠这些水源的群众饮水困难。

（三）中国油气行业环境监管体系基本形成，但适应页岩气开发特点的环境监管制度有待完善

1. 经过近十几年的不断完善，我国油气行业环境监管体系基本形成

一是初步构建了一套以宪法为根本，环境保护和环境影响评价等行业法律为指导，国家和地方两个层级上的条例、法规、标准和政策作为实施细则，加之我国缔结或参加的与环境保护有关的国际条约构成的较为完善的陆上石油天然气法律体系。

二是形成了条块相结合的环境监管行政体系。环境保护部下设环境监察局以及六大区域环境保护督查中心，负责重大环境问题的统筹协调和监督执法；地方各级环保部门下设环境监察队，负责具体项目的环境执法工作。

三是构建了环境监管的基本制度体系。包括法律中明确规定的九项基本制度，即“老三项”“新五项”“污染物总量控制制度”，以及《环境保护法》规定的环境监测、环境标准、环境状况公报等各项制度。

2. 涪陵示范区环境监管职能不断完善，但示范区环境保护和环境监管仍存在一些问题

示范区环境监管和环境保护的职能由政府和企业分别承担。政府方面，涪陵区环保局承担示范区页岩气开发日常环境监管工作，履行规划环评、建设项目环评、突发环境事件应急预案、危险废物管理及申报登记、环境监理、竣工环保验收等环境监管制度。

企业方面，中石化重庆涪陵页岩气勘探开发有限公司是环境保护的实施主体，该公司通过加大投入、提高技术、严格标准、加强管理等一系列举措，基本实现了涪陵页岩气的环保开发，但存在项目环评未通过便已开工建设等现象。

示范区环境保护和环境监管仍存在一些问题，一是页岩气开发环境保护法律法规、标准规范等环境保护政策缺乏，地方环境监管措施很难得到有效实施。二是监管机制和能力跟不上，地方环境监管机构在专业技术性、人员素质、监管设备、监管经费上均存在巨大缺口。三是污染治理技术不成熟，以采气分离水和油基岩屑的处理最为紧迫，给环境管理带来了极大的挑战。四是基础研究不足，难以支撑环境保护工作。页岩气开发的环境影响机理、影响程度均不明确，环境影响认识不足，均需要大量的监测数据和基础研究做支撑。

(四) 页岩气示范区应“先行先试”建立环境监管制度

1. 制定示范区页岩气开发环境保护管理办法

示范区所在地的地方政府可以根据本地区页岩气开发实际情况，制定出台区域性的页岩气开发环境保护管理办法。首先，管理办法需事先与环保部协商，起草完成后向环保部报备。第二，明确地方环保部门的环境监管权力与职责。第三，明晰页岩气开发者的法律责任。第四，要树立“绿色开发，清洁生产”的理念，强化环保事故的预防和控制，切实开展环境监测并建立数据共享机制。

2. 制定出台页岩气开发环境保护的地方标准

结合示范区勘探开发工作实际，以压裂液污染防治、返排水回收利用、钻屑综合利用、生态保护与修复等为重点，尽快研究制定针对开发各环节的污染物排放标准、污染物处理技术规范、生态保护与修复技术规范；总结示范区环境管理经验，出台页岩气开发环境监察技术指南、应急处理技术指南等。有关标准、规范和指南的制定建议由示范区所在地环境主管部门牵头，国土、水利、发改等部门配合，通过委托研究机构、社会组织、有关企业的方式开展。标准制定过程中可以参考吸收现有企业标准，要充分征求行业协会、企业的意见。

3. 统筹管理机构设置与职能

建议我国页岩气环境监管采取地方、省级和中央三级管理体制。环境监管实行属地化管理，监管主体为所在区县环境主管部门，负责具体监管工作。省级（区、市）环保主管部门为地方监管提供技术支持、人员支持，并与国土、水利等部门建立环境监管协调机制。中央政府环境主管部门以页岩气开发环境管理相关的法律、法规、技术标准和规范制定为主。

4. 开展环境基准研究和全过程环境监测

建议环保部作为基准研究的发起主体，近期要充分利用中国环境监测总站的环境监测网络和信息公开渠道；中长期，要建成一个以独立第三方、公众、作业者和政府参与为主体，事前、事中和事后均可使用的体系化页岩气环境监测网络。应对页岩气开发进行全过程环境监测，事前监测主要针对页岩气开发前的规划和准备工作；事中监测主要针对页岩气钻探、水力压裂完井、采气及后续生产过程；事后监测主要是针对页岩气开发可能引发的长期风险进行跟踪。

5. 强化规划环评和项目环评

建立页岩气开发规划环评制度，将页岩气开发纳入规划环评要求范围内。按照法律规定严格进行页岩气建设项目环评，加强对于微观和具体环境影响的评价。加快建设项目环评报告审批进度，研究简化项目环评的内容和流程。

6. 完善推广环境监理制度

制定完善规章，明确建设项目环境监理工作范围、工作程序、工作内容、工作方法和要求。确保环境监理的公正性，采取“业主出资，公开招标”的方式，委托独立的第三方机构进行。强化环境监理的监督实施，将监理报告作为环境保护行政主管部门进行试生产审查的重要依据之一。

7. 健全信息公开制度，拓宽公众参与渠道

信息公开内容方面，应坚持以全面公开为基础，个别成分不对公众公开为例外。如果有需要保护的商业秘密，应由相关部门根据化学成分对环境的影响进行认定。信息公开受众目标方面，应重点针对可能受影响的周围居民和其他公众。信息公开渠道方面，应尽快搭建全国性的信息公开平台，示范区可先行试点。同时，编制《页岩气环境保护公众参与指南》，

指导公众有序参与页岩气勘探开发环境监管工作。

8. 加强环境监管基础能力建设

一是增加基层环境监管力量，根据井场数量配比环境监察人员。二是提升环境监察能力。环境监察执法人员要全部进行业务培训，持证上岗。三是切实改善基层监察队伍的执法条件。加大基层投入力度，建立稳定的经费投入保障机制，改善基层基础设施和装备条件。

9. 加强污染物处理处置技术研发

一是加快污染物环境影响机理研究。二是加快污染物处理处置技术研究，推进污染物控制和排放标准形成。三是加快废弃物综合利用技术研究。四是加大资金保障和支持力度，在页岩气产业起步阶段设立环保技术推广专项基金。

二、政策建议与保障措施

我国页岩气资源丰富，加快页岩气开发利用将有利于增加国内天然气供应、优化能源结构、缓解减排压力以及保障能源安全。但是，环境问题是制约页岩气开发利用的主要障碍之一。目前我国对油气勘探开发的监管工作仍在不断完善，而我国环境污染事件已经进入一个高发期，群众对环境敏感度高。面对页岩气开发将出现多元开采主体这一现状，开发相关环境问题必须引起高度重视，避免页岩气开发过程出现大的污染事故和群体性事件，造成对页岩气产业发展的冲击。政府必须在开放准入的同时，创新监管制度，承担起监管的责任，政策设计思路上应将页岩气环境监管作为促进页岩气产业健康、顺利发展的一个手段。

（一）根据“先行先试”指导思想和页岩气勘探开发实际需要，率先出台示范区环境监管制度

我国页岩气资源集中在中西部地区，面临着水资源短缺、生态环境恶化等环境限制，国外页岩气开发过程中出现的环境问题也将不可避免，环

境影响必将成为我国页岩气产业发展的关键制约因素之一。我国已设立了四个页岩气开发国家级示范区，希望通过示范区发展带动整个页岩气开发。从已有实践来看，页岩气示范区是当前我国页岩气开发的主战场，勘探开发取得显著进展的同时，页岩气开发过程中各种环境风险也在集聚。基于“先行先试”指导思想，率先研究制订示范区页岩气开发环境监管框架和相关配套制度是当前勘探开发工作的实际需要，同时通过示范区内环境监管及相关制度实践，通过自下而上的方法，可为制定全国页岩气开发环境管理相关政策提供经验借鉴，对促进我国页岩气产业的健康快速发展具有非常重要的意义。

（二）持续深入开展页岩气开发环境风险评价，完善环境影响评价制度

美国作为目前页岩气开发实践最多的国家，社会各界对页岩气开发可能引发的环境风险具体种类、影响程度等还存在争论，尤其是生产阶段结束后对地下水、地表水、土壤、空气等方面的长期影响尚未取得统一认识，对环境风险仍在进行持续评估。我国页岩气勘探开发刚刚起步，数据资料极为有限，环境风险评价工作仍处于起步阶段，为此，需高度重视基于我国页岩气资源和开发技术特点持续深入地开展页岩气开发环境风险评价。同时，应进一步完善环境影响评价制度，建立起包括战略环境影响评价、规划环境影响评价和页岩气建设项目的动态环境影响评价在内的页岩气开发环境影响评价体系。战略环境影响评价方面，应从资源环境、生态环境承载力及环境风险水平等多方面考虑，制定我国页岩气发展战略和页岩气发展规划。规划环境影响评价方面，应将页岩气资源的勘探开发规划与区域水资源规划和土地利用规划以及环境影响评价相结合。此外，页岩气开发属滚动开发过程，有必要在规模化开发前提前设计页岩气建设项目的动态环境影响评价制度，对整个开发过程进行动态跟踪评价。

（三）建立环境监管协调机制，保障环境监管高效实施

建议建立全国页岩气环境监管协调机制，促进中央与地方政府之间、

各相关部门之间的沟通与协作。明确各相关部门在环境监管中的具体职责和管理范畴，中央政府主要负责页岩气开发环境管理相关法律法规、技术标准和行业规范制定，地方（省）政府机构主要负责依法实施监管和具体协调工作。在制定环境监管法规、条例和标准以及国家能源发展规划和页岩气产业政策时，需加强环保部门与能源相关部门的沟通与协作。

（四）加强环境监管基础能力建设，为实施监管提供技术支撑

建议“十二五”和“十三五”期间率先在几个国家级页岩气开发示范区开展环境监管试点工作，为推进全国页岩气环境监管提供基本经验和借鉴。示范区的环境监管队伍需要得到环保部、国土资源部及水利部等相关部门的具体授权，并接受业务指导。要尽快制定相应技术标准和规范，使环境监管有法可依、有章可循。要尽快建立基层监管队伍，鼓励在加强政府、行业协会、大学和研究单位的国际合作中吸纳具有国际视野和先进经验的优质人才，重视培养专业的监管队伍，尽快掌握环境监管标准和规范，为实施监管提供技术支撑。

（五）设立页岩气开发环保技术推广基金和环境保护风险基金，为实施监管提供资金保障

建议从资金支持方面为环境监管提供保障。一是在页岩气产业起步阶段设立环保技术推广专项基金，对环境保护技术研发和产业推广提供定向支持，支持对页岩气开发污染物治理和生态环境保护方面关键技术的科技研发，鼓励企业和相关单位在环境保护技术、工具和管理方法方面的研究和创新，同时对加强环境保护工作所增加的生产成本给予一定的资金补贴，以保护其参与页岩气开发投资的积极性。二是建立环境保护风险基金制度，中央和地方政府分级设立环境保护风险基金作为备用资金，以应对环境污染事故发生后进行应急处置和环境治理的资金需求。

（六）鼓励环境保护技术引进与自主研发，为环境风险控制提供技术保障

一是鼓励在对外合作中对环境监测、污染治理、环保工艺等关键技术着重引进、消化、吸收和再创新，重点引进北美地区已被证明切实有效的环保技术，将其列入优先引进技术目录。二是加强对以上技术的自主研发，一方面政府应加大对环境友好开发技术的研究投入，加强低成本环保型材料体系建设，尤其是低成本、可回收、环境友好型压裂液体系，新型低成本高效支撑剂材料等；另一方面应积极促进企业自主研发，同时政府出台优惠政策（如税收减免政策）鼓励优先采用自有知识产权的技术。鼓励页岩气开发技术向节水、节地和设备小型化方向发展。三是设立页岩气国家科技攻关专项，基于四川盆地地形、地质特点，围绕基础理论、工程技术和装备等重点领域，集中优势力量，加强协同攻关。

（七）提高环境污染惩罚标准，完善奖惩机制

提高环境污染惩罚标准，采取有效措施，罚款标准应不低于环境污染治理的成本。充分利用事后监管措施，推动企业提高环保方面的责任意识，倒逼企业进行全生产过程环境保护措施。综合运用经济、行政和法律等多种手段完善环境污染和重大事故的惩罚机制，可考虑将环境污染要求纳入国有企业考核指标，可在促进环保技术、环保设备、环保管理方法等创新和应用方面有突出贡献的单位给予表彰和奖励。

参考文献

[1] EIA. Shale in the United States [R]. Washington: U. S. Energy Information Administration, 2016.

[2] Clark C. E., J. Han, Burnham A., et al. Life – Cycle Analysis of Shale Gas and Natural Gas [M]. Energy Systems Division, Argonne National Laboratory, 2011.

[3] Digiulio D. C., Wilkin R. T., Miller C., et al. Investigation of Ground Water Contamination near Pavillion, Wyoming (Draft) [M]. Ada, Oklahoma. U. S. Environment Protection Angency, 2011.

[4] Burnham A., Han J., Clark C. E., et al. Life – cycle Greenhouse Gas Emissions of Shale Gas, Natural Gas, Coal, and Petroleum [J]. Environmental Science & Technology, 2011, 46 (2): 619 – 627.

[5] Angency E. P. Proposed Mandatory Reporting of Grennhouse Gases: Petroleum and Natural Gas Systems [M]. Washington: U. S. Environment Protection Angency, 2012.

[6] IEA. Golden Rules for a Golden Age of Gas [M]. Paris: International Energy Agency, 2012.

[7] Enoe M., He Y., Pohnan E. Lessons Learned: A Path Toward Responsible Development of China's Shale Gas Resources – Prepared at the Request of the Natural Resources Defense Council (NRDC) [M]. New York: Yale Environmental Protection Clinic, Yale University. 2012.

[8] Woodward B. Devon Energy – EPA Natural Gas Star Program [M]. SPE America's E&P Environmental and Safety Conference, 2007.

[9] RFF. Managing the Risks of Shale Gas: Identifying a Pathway toward

Responsible Development [M]. Washington: Resources for the Future, 2013.

[10] Board S. O. E. A. Shale Gas Production Subcommittee Second Ninety Day Report [M]. Washington: U. S. Deoartment of Energy, 2011.

[11] Harvey S., Gowrishankar V., Singer T. Leaking Profits – The U. S. Oil and Gas Industry Can Reduce Pollution, Conserve Resources, and Make Money by Preventing Methane Waste [M]. New York, 2012.

[12] NRDC. China – Economic and Environmental Benefits of Air Regulations for Oil and Natural Gas Production [M]. Washington: Natural Resources Defense Council, 2012.

[13] Puertas J. Reduction of Greenhouse Gases: A Technology Guide [M]. International Gas Union, 2012.

[14] EPA U. S. Oil and Natural Gas Sector: Proposed New Source Performance Standards and National EmissionStandards for Hazardous Air Pollutants Reviews. 2011.

[15] EPA U. S. Lessons Learned: Reduced Emissions Completions for Hydraulically Fractured Natural Gas Wells, 2012.

[16] EPA U. S. Lessons Learned: Installing Plunger Lift Systems In Gas Wells, 2012.

[17] EPA U. S. Lessons Learned: Reduce Methane Emissions From Compressor Rod Packing Systems, 2012.

[18] EPA U. S. Lessons Learned: Optimize Glycol Circulation And Install Flash Tank Separators in Glycol Dehydrators, 2012.

[19] 崔珊珊，刘申奥艺. IEA: "黄金规则"照亮天然气黄金时代[J]. 国际石油经济，2012 (6): 6 – 13.

[20] 王道富，高世葵，董大忠，等. 中国页岩气资源勘探开发挑战初论[J]. 天然气工业，2013，33 (1): 8 – 17.

[21] 姜在兴. 沉积学[M]. 北京：石油工业出版社，2003.

[22] 邹才能，董大忠，王社教，等. 中国页岩气形成机理，地质特征及资源潜力[J]. 石油勘探与开发，2010，37 (6): 641 – 653.

［23］张金川，徐波，聂海宽，等．中国页岩气资源勘探潜力［J］．天然气工业，2008，28（6）．

［24］张金川，姜生玲，唐玄，等．我国页岩气富集类型及资源特点［J］．天然气工业，2009，29（12）．

［25］刘洪林，王红岩，刘人和，等．中国页岩气资源及其勘探潜力分析［J］．地质学报，2010，84（9）：1374－1378.

［26］国土资源部．全国页岩气资源潜力调查评价和有利区优选成果［M］．北京：国土资源部，2012.

［27］中国工程院．我国页岩气和致密气资源潜力与开发利用战略研究［M］．北京：中国工程院，2012.

［28］Agency E. I. EIA Annual Energy Outlook 2012［M］. Washington：Energy Information Agency，2012.

［29］Agrawal A.，Wei Y.，Cheng K.，et al. A Technical and Economic Study of Completion Techniques in Five Emerging US Gas Shales；Proceedings of the SPE Annual Technical Conference and Exhibition，F，2010［C］.

［30］Hayden J.，Pursell D.. The Barnett Shale：Visitors Guide to the Hottest Gas Play in the US［J］. Pickering Energy Partners Inc，Houston，Texas，unpublished report for investors，2005.

［31］Kapchinske J.，Sharp J. Haynesville Shale Overview［R］. Oklahoma City，Oklahoma：Presented at the Chesapeake 2008 Investor and Analyst Meeting，2008.

［32］Drake S. Unconventional Gas Plays［R］. Presented at the 2007 SPEE Convention，SPEE，2007.

［33］Dewitt H. Marcellus Shale Overview［R］. Oklahoma City，Oklahoma：Presented at the Chesapeake 2008 Investor and Analyst Meeting，2008.

［34］Coffey B. Gas Resource Potential of the Woodford Shale［R］. Arkoma Basin，Oklahoma. Snowbird，UT：Presented at the 2007 AAPG Rocky Mountain Meeting，2007.

［35］Langford S. The Woodford Shale. 2009.

［36］李庆辉，陈勉，金衍，等．工程因素对页岩气产量的影响［J］．天然气工业，2012，32（4）：43－46.

［37］Hutchinson R. Haynesville Play：Keeping an Eye on the Haynesville Shale. 2009.

［38］Michael Wang，Andy Burnham. Methane Leakage，Water Issues，and Life－Cycle Analysis of Natural Gas and Shale Gas［Z］. 2012，11（15）.

［39］U. S. Environmental Protection Agency. Greenhouse Gas Emissions Reporting From the Petroleum and Natural Gas Industry－Background Technical Support Document［R/OL］. http：//www. epa. gov，2010.

［40］Terri Shires and Miriam Lev－On，URS Corporation，the Levon Group. Characterizing Pivotal Sources of Methane Emissions from Natural Gas Production－Summary and Analysis of API and ANGA Survey Responses［R/OL］. http：//www. api. org，2012－09－21.

［41］Charles G. Groat，Thomas W. Grimshaw. Fact－Based Regulation for Environmental Protection in Shale Gas Development［R/OL］. http：//energy. utexas. edu/，2012.

［42］夏玉强，李海龙．油气能源开发背后的溢油污染和水资源匮乏［J］．长江科学院院报，2011，28（12）：77－81.

［43］张碧，张素兰，张世熔，于丽娟，高成凤四川资源环境评价研究［J］．西南农业学报，2012，25（4）：1515－1518.

［44］四川省测绘地理信息局，四川省民政厅，四川省国土资源厅. 2012 四川省地理省情公报［R/OL］. 2012.

［45］四川省水利厅．四川省“十二五”水利发展规划［R/OL］．http：//www. sc. gov. cn/sczb/2009byk/lmfl/szfbgt/201201/t20120116_ 1169707. shtml.

［46］李志学，刘伟．油气田开发对环境的影响及其治理政策［J］．中国石油大学学报（社会科学版），2009，25（5）：21－25.

［47］王文兴，童莉，海热提．土壤污染物来源及前沿问题［J］．生态环境，2005，14（1）：1－5.

［48］ 胥尚湘．天然气工业的环境问题及对策［J］．四川环境，1992，11（1）：B11－16.

［49］ 夏建江．塔里木沙漠油田开发工程的环境影响评价［J］．油气田环境保护，1995，5（1）：B39－42.

［50］ 马春润．新疆石油和天然气勘探开发的环境问题［J］．新疆环境保护，1997（4）：B31－34.

［51］ 中煤国际工程集团．某气矿环评报告［Z］．内部资料，2010.

［52］ 中煤科工集团．某气矿环评报告［Z］．内部资料，2012.

附　录

附录1 油气勘探开发环境监管相关的法律法规

附表1-1 宏观指导石油天然气勘探开采水污染监管的主要法律法规、政策和标准

发文单位/编号	条文名称
全国人大	中华人民共和国宪法（2004）
全国人大常委会	中华人民共和国环境保护法（1989）
全国人大常委会	中华人民共和国水法（2002）
全国人大常委会	中华人民共和国水污染防治法（2008）
国务院	中华人民共和国水污染防治法实施细则（2000）
环境保护部（国家环境保护局）、卫生部、建设部、水利部、地质矿产部	饮用水水源保护区污染防治管理规定（1989）
环境保护部	限期治理管理办法（试行）（2009）
山东省人大常委会	山东省环境保护条例（2001）
山东省人大常委会	山东省实施《中华人民共和国环境影响评价法》办法（2005）
辽宁省人大常委会	辽宁省环境保护条例（2004）
甘肃省人大常委会	甘肃省环境保护条例（2004）
黑龙江省人大常委会	黑龙江省环境保护条例（1994）
新疆维吾尔自治区人大常委会	新疆维吾尔自治区环境保护条例（2011）
新疆维吾尔自治区人大常委会	新疆维吾尔自治区煤炭石油天然气开发环境保护条例（2013待发布）
新疆维吾尔自治区人大常委会	新疆维吾尔自治区矿产资源管理条例（1997）
新疆维吾尔自治区人大常委会	新疆维吾尔自治区自然保护区管理条例（1997）
GB 3838—2002	地表水环境质量标准
GB/T 14848—93	地下水质量标准
GB 11607—89	渔业水质标准
HJ 637—2012	水质石油类和动植物油的测定红外光度法
GB/T 16489—1996	水质硫化物的测定亚甲基蓝分光光度法
GB 15562.1—1995	环境保护图形标志——排放口（源）
HJ/T 91—2002	地表水和污水监测技术规范
HJ/T 164—2004	地下水环境监测技术规范
HJ/T 92—2002	水污染物排放总量监测技术规范
HJ 637—2012	水质石油类和动植物油的测定红外光度法

附表1－2　宏观指导石油天然气勘探开采大气污染监管的主要法律法规、政策和标准

发文单位/编号	条文名称
全国人大	中华人民共和国宪法（2004）
全国人大常委会	中华人民共和国环境保护法（1989）
全国人大常委会	中华人民共和国大气污染防治法（2000）
全国人大常委会	中华人民共和国环境影响评价法（2002）
山东省人大常委会	山东省环境保护条例（2001）
山东省人大常委会	山东省实施《中华人民共和国环境影响评价法》办法（2005）
辽宁省人大常委会	辽宁省环境保护条例（2004）
甘肃省人大常委会	甘肃省环境保护条例（2004）
黑龙江省人大常委会	黑龙江省环境保护条例（1994）
新疆维吾尔自治区人大常委会	新疆维吾尔自治区环境保护条例（2011）
新疆维吾尔自治区人大常委会	新疆维吾尔自治区煤炭石油天然气开发环境保护条例（2013待发布）
新疆维吾尔自治区人大常委会	新疆维吾尔自治区矿产资源管理条例（1997）
新疆维吾尔自治区人大常委会	新疆维吾尔自治区自然保护区管理条例（1997）
GB 16297—1996	大气污染物综合排放标准
HJ 604—2011	环境空气总烃的测定气相色谱法
GB/T 16157—1996	固定污染源排气中颗粒物测定与气态污染物采样方法
GB/T 15432—1995	环境空气总悬浮颗粒物的测定重量法
GB/T 14675—93	空气质量恶臭的测定三点比较式臭袋法

附表1－3　宏观指导石油天然气勘探开采土地污染监管的主要法律法规、政策和标准

发文单位/编号	条文名称
全国人大	中华人民共和国宪法（2004）
全国人大常委会	中华人民共和国环境保护法（1989）
全国人大常委会	中华人民共和国土地管理法（2004）
全国人大常委会	中华人民共和国环境影响评价法（2002）
山东省人大常委会	山东省环境保护条例（2001）
山东省人大常委会	山东省实施《中华人民共和国环境影响评价法》办法（2005）
辽宁省人大常委会	辽宁省环境保护条例（2004）
甘肃省人大常委会	甘肃省环境保护条例（2004）
黑龙江省人大常委会	黑龙江省环境保护条例（1994）
新疆维吾尔自治区人大常委会	新疆维吾尔自治区环境保护条例（2011）

续表

发文单位/编号	条文名称
新疆维吾尔自治区人大常委会	新疆维吾尔自治区煤炭石油天然气开发环境保护条例（2013待发布）
新疆维吾尔自治区人大常委会	新疆维吾尔自治区矿产资源管理条例（1997）
新疆维吾尔自治区人大常委会	新疆维吾尔自治区自然保护区管理条例（1997）
新疆维吾尔自治区土地管理局	新疆维吾尔自治区石油建设用地管理办法（1997）
甘肃省庆阳市环保、国土、水务等	甘肃省庆阳市石油勘探开发征用土地管理规定（2006）
GB 15618—1995	土壤环境质量标准
HJ/T 166—2006	土壤环境监测技术规范

附表1－4　地方石油天然气开发环境行政规章体系

编制单位	行政规章名称
甘肃省庆阳市环保局	甘肃省庆阳市长庆陇东油区生态环境保护和恢复治理规划（2012）
甘肃省庆阳市环保局	甘肃省庆阳市油田开发环境保护管理办法（2006）
甘肃省庆阳市环保局	甘肃省庆阳市陇东油区勘探开发环境管理工作指南（2012）
甘肃省庆阳市环保局	甘肃省庆阳市石油勘探开发产建项目环境保护管理要求（2002）
甘肃省庆阳市环保局	甘肃省庆阳市油田井场建设环境保护管理要求（2002）
甘肃省庆阳市环保局	甘肃省庆阳市油田开发环境敏感区保护办法（2002）
甘肃省庆阳市环保局	甘肃省庆阳市关于进一步加强项目环境管理的意见（2006）
甘肃省庆阳市环保局	甘肃省庆阳市关于进一步明确责任加强油田环境管理的意见（2006）
甘肃省庆阳市环保局	甘肃省庆阳市标准化井场建设要求（2006）
甘肃省庆阳市环保局	庆阳市石油开发水资源管理办法（2006）
甘肃省庆阳市环保、国土、水务等	庆阳市石油勘探开发征用土地管理规定（2006）
新疆塔城地区政府	塔城地区石油天然气勘探开发建设管理办法（2011）
新疆塔城地区政府	塔城地区石油天然气勘探开发建设管理办法实施细则（2011）

附录2　页岩气开发环境影响评估调研问卷

问卷编号：□□□□□

尊敬的专家：

您好！

为了评估页岩气开发过程环境影响特制定本调研问卷，恳请您在百忙之中协助我们完成这次调研。该调研信息仅供课题组研究分析使用，并为您保密。

本问卷包括单选和多选，请您根据提示填写。

感谢您的支持！

国家发改委能源研究所

联系人：田磊

电话：010－63908432，13811267265

邮箱：tianl@ eri. org. cn

地址：北京市西城区木樨地北里国宏大厦B座14层1411 国家发改委能源研究所能源经济与发展战略研究中心

邮编：100038

第一部分　基本情况

注：请在“□”内画“√”即可。

1. 您的性别：

（1）男□

（2）女□

2. 您的文化程度：

（1）大学以下□

（2）大学□

（3）硕士□

（4）博士及博士后□

3. 您的职称：

（1）中级□

（2）副高级□

（3）高级□

（4）其他□

4. 您的工作岗位：

（1）政府机关岗位（能源类）□

（2）政府机关岗位（环保类）□

（3）企业科研类岗位□

（4）企业生产类岗位□

（5）大学、科研院所等岗位□

（6）公益性组织岗位□

（7）金融业岗位 □

（8）其他□

若您选择“其他”，请注明您的工作岗位：______________________

5. 您的研究领域：

（1）地质勘探□

（2）油气开发工程□

（3）油气集输工程□

（4）油气加工利用□

（5）安全环保□

（6）经济管理□

（7）其他□

若您选择“其他”，请注明您的研究领域：______________________

6. 请问您的工作内容是否直接与页岩气开发相关：

（1）直接相关□

（2）部分工作内容相关□

（3）先前未接触页岩气相关工作内容□

7. 您获取页岩气开发相关资讯的最主要途径（单选）：

（1）会议

①技术类研讨会□

②政策类研讨会□

（2）专业类期刊和图书□

（3）报纸、杂志、电视等传统媒体□

（4）网络等新兴媒体□

（5）其他□

若您选择“其他”，请注明您获取资讯的途径：____________________

第二部分　对页岩气开发认识

注：请在“□”内画“√”即可。

1. 您认为页岩气开发的重要性为：

（1）重要，将对我国天然气行业和整个能源行业发展产生极大影响□

（2）一般，页岩气属非常规气资源的一种，未来几年对我国天然气供应影响较小□

（3）其他□

若您选择“其他”，请注明您认为的页岩气开发可能的作用和意义：

---

2. 您认为页岩气开发可能的作用和意义在于（可多选）：

（1）促进能源结构调整和优化，减少污染物排放，改善大气环境。□

（2）有利于增加天然气供给，缓解我国天然气供需矛盾，减少对外依存度。□

（3）拉动国民经济发展。作为一项重大能源基础产业，页岩气开发利用可以拉动钢铁、水泥、化工、装备制造、工程建设等相关行业和领域的

发展，增加就业和税收，促进地方经济乃至国民经济的可持续发展。□

（4）带动基础设施建设。我国部分页岩气勘探开发区交通不便，管网欠发达。开发这些地区的页岩气资源，对改善当地基础设施建设，促进天然气管网、液化天然气（LNG）、压缩天然气（CNG）等发展具有重要意义。□

（5）推动油气领域管理体制变革。页岩气勘探矿权招标已经实现了突破，在矿权管理体制、行业监管体系、环境监管制度等方面的改革也有望取得进展。□

（6）推动油气勘探理论创新和技术进步。页岩气成藏理论突破了传统地质学关于油气成藏的认识，有利于开拓页岩油等非常规油气资源勘探的思路。水平井钻井、分段压裂、同步压裂、微地震监测和批量工厂化生产等相应的开发技术也可应用到其他非常规油气的勘探开发。□

（7）其他□

若您选择“其他”，请注明您认为的页岩气开发可能的作用和意义：

---

3. 您认为当前页岩气开发的限制因素（可多选）：

（1）资源条件限制。我国页岩气资源虽然较为丰富，但普遍埋藏较深、地质条件复杂。□

（2）技术装备限制。当前我国尚未完全掌握适合我国页岩气地质特点的勘探、开发技术，相关设备大部分需从国外引进。□

（3）资金投入限制。页岩气勘探开发、开发需要大量资金投入，当前投入不足以支撑实现产业发展目标。□

（4）环境约束。相对于常规气，页岩气开发过程需占用更多土地进行井场设计，水力压裂技术消耗更大量水，并可能引发污染。□

（5）市场准入限制，当前页岩气勘探开发领域技术性、经济性准入条件较高。□

（6）管网及储气设施限制□

（7）天然气市场开拓尚不充分，价格形成机制待完善。□

（8）技术人才培养问题，我国大规模开发页岩气亟须加快技术人才队

伍建设□

(9) 其他□

若您选择“其他”，请注明您认为的页岩气产业发展限制因素：______

______

请将您选择出的页岩气产业发展的限制因素按重要程度进行排序：___

______

4. 您认为应从哪些方面出台页岩气开发鼓励政策（可多选）：

(1) 页岩气工程技术和装备研发鼓励政策□

(2) 价格补贴等财政扶持政策□

(3) 税收优惠政策□

(4) 管网等基础设施建设鼓励政策和公平准入政策□

(5) 其他 □

若您选择“其他”，请注明您认为应该出台的页岩气开发鼓励政策：

______

第三部分 对页岩气开发环境影响认知

注：请在“□”内画“√”即可。

基于页岩气开发流程及对环境影响种类，将页岩气开发活动区分为以下六个方面：(一) 场地平整与钻井准备；(二) 钻井活动；(三) 压裂操作与完井；(四) 气井生产和运营；(五) 压裂液、返排水和产出水的储藏与运输；(六) 其他活动。请您选择或列出各方面相应的环境风险，并按风险大小进行排序。

一、场地平整与钻井准备方面包括土地平整，道路、井场、管线和其他基础设施建设，以及在此过程中的车辆运输等。您认为这些活动可能导致（或诱发）的环境风险包括（可多选）：

(一) 自然景观破坏□

(二) 水土流失□

(三) 道路堵塞与破坏□

(四) 噪声污染□

（五）光污染□

（六）尾气排放等空气污染□

若您认为还存在其他环境风险，请注明：________________________________

____

请将您选择出的环境风险按危害程度进行排序：________________________________

____

针对上述选出的危害程度排在前两位的环境风险，请您继续选择（均为单选，请在对应选项下画“√”）：

1. 针对危害程度第一位的环境风险：

（1）与常规天然气开发引发的破坏程度相比：

①加重　②相同　③减弱

（2）危害程度：

①轻微　②一定程度　③严重　④非常严重

（3）可控难度：

①容易　②较困难　③困难　④非常困难

控制方法：________________________________

（4）所需成本：

①低　②适中　③高　④非常高

（5）目前是否有相关法律、法规、标准对此进行规范：

①有　②无　③不清楚

（6）您认为哪方应对此负责：

①政府　②企业　③政府和企业共同

2. 针对危害程度第二位的环境风险：

（1）与常规天然气开发引发的破坏程度相比：

①加重　②相同　③减弱

（2）危害程度：

①轻微　②一定程度　③严重　④非常严重

（3）可控难度：

①容易　②较困难　③困难　④非常困难

控制方法：______________________________

（4）所需成本：

①低　　②适中　　③高　　④非常高

（5）目前是否有相关法律、法规、标准对此进行规范：

①有　　②无　　③不清楚

（6）您认为哪方应对此负责：

①政府　　②企业　　③政府和企业共同

二、钻井活动方面包括地面钻井设备操作、直井和水平井钻进、下套管与固井等。您认为这些活动可能导致（或诱发）的环境风险包括（可多选）：

（一）自然景观破坏□

（二）水土流失□

（三）水资源消耗（地下水和地表水）□

（四）钻井液及碎屑对地下水污染□

（五）钻井液及碎屑对地表水污染□

（六）钻井液及碎屑对土壤污染□

（七）盐碱水侵入地下水□

（八）甲烷泄漏□

（九）硫化氢等泄漏污染□

（十）设备尾气排放等空气污染□

（十一）噪声污染□

（十二）光污染□

若您认为还存在其他环境风险，请注明：______________

请将您选择出的环境风险按危害程度进行排序：______________

____

针对上述选出的危害程度排在前三位的环境风险，请您继续选择（均为单选，请在对应选项下画"√"）：

1. 针对危害程度第一位的环境风险：

（1）与常规天然气开发引发的破坏程度相比：

①加重　　②相同　　③减弱

（2）危害程度：

①轻微　　②一定程度　　③严重　　④非常严重

（3）可控难度：

①容易　　②较困难　　③困难　　④非常困难

控制方法：________________

（4）所需成本：

①低　　②适中　　③高　　④非常高

（5）目前是否有相关法律、法规、标准对此进行规范：

①有　　②无　　③不清楚

（6）您认为哪方应对此负责：

①政府　　②企业　　③政府和企业共同

2. 针对危害程度第二位的环境风险：

（1）与常规天然气开发引发的破坏程度相比：

①加重　　②相同　　③减弱

（2）危害程度：

①轻微　　②一定程度　　③严重　　④非常严重

（3）可控难度：

①容易　　②较困难　　③困难　　④非常困难

控制方法：________________

（4）所需成本：

①低　　②适中　　③高　　④非常高

（5）目前是否有相关法律、法规、标准对此进行规范：

①有　　②无　　③不清楚

（6）您认为哪方应对此负责：

①政府　　②企业　　③政府和企业共同

3. 针对危害程度第三位的环境风险：

（1）与常规天然气开发引发的破坏程度相比：

①加重　　②相同　　③减弱

（2）危害程度：

①轻微　　②一定程度　　③严重　　④非常严重

（3）可控难度：

①容易　　②较困难　　③困难　　④非常困难

控制方法：________________

（4）所需成本：

①低　　②适中　　③高　　④非常高

（5）目前是否有相关法律、法规、标准对此进行规范：

①有　　②无　　③不清楚

（6）您认为哪方应对此负责：

①政府　　②企业　　③政府和企业共同

三、压裂操作与完井方面。水力压裂操作中，夹杂着化学添加剂（包括缓蚀剂、抗菌剂、防垢剂等多种组分）的压裂液被高压注入地下，压裂岩石、构造出扩张裂口。相关活动包括水取用（地表水和地下水）、套管穿孔、水力压裂、支撑剂注入、井冲洗、储层流体返排及储存、甲烷排放与燃烧等。您认为这些活动可能导致（或诱发）的环境风险包括（可多选）：

（一）自然景观破坏□

（二）水资源消耗（地下水和地表水）□

（三）压裂液扩散对地下水和地表水污染□

（四）支撑剂扩散对地下水和地表水污染□

（五）返排水和产出水对地下水、地表水和土壤污染□

（六）诱发地震□

（七）甲烷泄漏□

（八）硫化氢等泄漏污染□

（九）噪声污染□

（十）光污染□

若您认为还存在其他环境风险，请注明：________________

____

请将您选择出的环境风险按危害程度进行排序：________________________

____

针对上述选出的危害程度排在前三位的环境风险，请您继续选择（均为单选，请在对应选项下画“√”）：

1. 针对危害程度第一位的环境风险：

（1）与常规天然气开发引发的破坏程度相比：

①加重　　②相同　　③减弱

（2）危害程度：

①轻微　　②一定程度　　③严重　　④非常严重

（3）可控难度：

①容易　　②较困难　　③困难　　④非常困难

控制方法：________________________________

（4）所需成本：

①低　　②适中　　③高　　④非常高

（5）目前是否有相关法律、法规、标准对此进行规范：

①有　　②无　　③不清楚

（6）您认为哪方应对此负责：

①政府　　②企业　　③政府和企业共同

2. 针对危害程度第二位的环境风险：

（1）与常规天然气开发引发的破坏程度相比：

①加重　　②相同　　③减弱

（2）危害程度：

①轻微　　②一定程度　　③严重　　④非常严重

（3）可控难度：

①容易　　②较困难　　③困难　　④非常困难

控制方法：________________________________

（4）所需成本：

①低　　②适中　　③高　　④非常高

（5）目前是否有相关法律、法规、标准对此进行规范：

①有　　　　②无　　　　③不清楚

(6) 您认为哪方应对此负责:

①政府　　　　②企业　　　　③政府和企业共同

3. 针对危害程度第三位的环境风险:

(1) 与常规天然气开发引发的破坏程度相比:

①加重　　　　②相同　　　　③减弱

(2) 危害程度:

①轻微　　　　②一定程度　　　　③严重　　　　④非常严重

(3) 可控难度:

①容易　　　　②较困难　　　　③困难　　　　④非常困难

控制方法: ______________________________

(4) 所需成本:

①低　　　　②适中　　　　③高　　　　④非常高

(5) 目前是否有相关法律、法规、标准对此进行规范:

①有　　　　②无　　　　③不清楚

(6) 您认为哪方应对此负责:

①政府　　　　②企业　　　　③政府和企业共同

四、气井生产和运营方面。气井生产中,页岩气流入井筒并被抽送至地面进行分离操作,包括气井生产、脱水装置操作(冷凝槽等)、压缩机操作、甲烷收集与燃烧等。您认为这些活动可能导致(或诱发)的环境风险包括(可多选):

(一) 自然景观破坏□

(二) 返排水和产出水对地下水、地表水和土壤污染□

(三) 含添加剂的脱出水对地下水、地表水和土壤污染□

(四) 甲烷泄漏□

(五) 挥发性有机物泄漏□

(六) 硫化氢等泄漏污染□

(七) 噪声污染□

若您认为还存在其他环境风险,请注明: ______________________

请将您选择出的环境风险按危害程度进行排序：＿＿＿＿＿＿＿＿

针对上述选出的危害程度排在前两位的环境风险，请您继续选择（均为单选，请在对应选项下画“√”）：

1. 针对危害程度第一位的环境风险：

（1）与常规天然气开发引发的破坏程度相比：

①加重　②相同　③减弱

（2）危害程度：

①轻微　②一定程度　③严重　④非常严重

（3）可控难度：

①容易　②较困难　③困难　④非常困难

控制方法：＿＿＿＿＿＿＿＿＿＿＿＿＿＿＿＿

（4）所需成本：

①低　②适中　③高　④非常高

（5）目前是否有相关法律、法规、标准对此进行规范：

①有　②无　③不清楚

（6）您认为哪方应对此负责：

①政府　②企业　③政府和企业共同

2. 针对危害程度第二位的环境风险：

（1）与常规天然气开发引发的破坏程度相比：

①加重　②相同　③减弱

（2）危害程度：

①轻微　②一定程度　③严重　④非常严重

（3）可控难度：

①容易　②较困难　③困难　④非常困难

控制方法：＿＿＿＿＿＿＿＿＿＿＿＿＿＿＿＿

（4）所需成本：

①低　②适中　③高　④非常高

（5）目前是否有相关法律、法规、标准对此进行规范：

①有　　　　②无　　　　③不清楚

（6）您认为哪方应对此负责：

①政府　　　②企业　　　③政府和企业共同

五、压裂液、返排水和产出水的储藏与运输方面。页岩气开发的水力压裂操作需要消耗大量水，压裂液、生产过程返排水和产出水的储存、运输、处理和处置是影响环境的关键方面。存储方式包括原位简易坑存储、原位罐存储等；运输方式包括汽车、管道等；处理处置方式包括原位处理与回用、污水厂处理、深井回注、废水回用于道路除尘（除冰）、污泥及其他废物填埋处置等。您认为这些活动可能导致（或诱发）的环境风险包括（可多选）：

（一）压裂液对地下水、地表水和土壤污染□

（二）返排水和产出水对地下水、地表水和土壤污染□

（三）挥发性有机物泄漏□

（四）诱发地震□

若您认为还存在其他环境风险，请注明：________________________

____

请将您选择出的环境风险按危害程度进行排序：__________________

____

针对上述选出的危害程度最大的环境风险，请您继续选择（均为单选，请在对应选项下画“√”）：

1. 与常规天然气开发引发的破坏程度相比：

（1）加重　　（2）相同　　（3）减弱

2. 危害程度：

（1）轻微　　（2）一定程度　（3）严重　　（4）非常严重

3. 可控难度：

（1）容易　　（2）较困难　　（3）困难　　（4）非常困难

控制方法：____

4. 所需成本：

（1）低　　　（2）适中　　　（3）高　　　（4）非常高

5. 目前是否有相关法律、法规、标准对此进行规范：

（1）有　　　（2）无　　　（3）不清楚

6. 您认为哪方应对此负责：

（1）政府　　　（2）企业　　　（3）政府和企业共同

六、其他活动。页岩气井生命周期内其他活动包括气井维修、井堵塞处理、关井等。您认为这些活动可能导致（或诱发）的环境风险包括（可多选）：

（一）钻井液及碎屑对地下水、地表水和土壤污染□

（二）返排水和产出水对地下水、地表水和土壤污染□

（三）压裂液对地下水、地表水和土壤污染□

（四）盐碱水侵入地下水□

（五）甲烷泄漏□

（六）硫化氢等泄漏污染□

若您认为还存在其他环境风险，请注明：________________________

____

请将您选择出的环境风险按危害程度进行排序：________________

____

针对上述选出的危害程度最大的环境风险，请您继续选择（均为单选，请在对应选项下画“√”）：

1. 与常规天然气开发引发的破坏程度相比：

（1）加重　　　（2）相同　　　（3）减弱

2. 危害程度：

（1）轻微　　　（2）一定程度　（3）严重　　　（4）非常严重

3. 可控难度：

（1）容易　　　（2）较困难　　（3）困难　　　（4）非常困难

控制方法：____

4. 所需成本：

（1）低　　　（2）适中　　　（3）高　　　（4）非常高

5. 目前是否有相关法律、法规、标准对此进行规范：

（1）有　　（2）无　　（3）不清楚

6. 您认为哪方应对此负责：

（1）政府　　（2）企业　　（3）政府和企业共同

七、请您综合选择情况，对上述六个环节的环境危险性进行排序：___

____

1. 场地平整与钻井准备

2. 钻井活动

3. 压裂操作与完井

4. 气井生产和运营

5. 压裂液、返排水和产出水的储藏与运输

6. 其他活动

附录3 页岩气环境友好压裂技术进展

页岩气开发主要采用水平井和水力压裂技术。在页岩气开发问题上，相较于已经较为成熟的水平井钻井技术，全球各国政府和民众普遍关心的问题是压裂技术所带来的环境风险，这是目前全球页岩气环境监管所面临的共性问题和挑战，因此压裂技术是页岩气开发技术研发的难点和重点所在。

（一）页岩气压裂技术现状

据统计，美国俄克拉荷马州在2000—2011年约有6804口新完成的水平井，其中约2963口水平井有水力压裂液用量记载。水平井水力压裂平均耗水量为11350立方米，而直井耗水量平均为238.5立方米，前者是后者的47.6倍。截至2011年，德克萨斯州Barnett页岩气田，总计约15000口井水力压裂耗水总量为1.45亿立方米，而仅2010年一年内，其水力压裂的耗水量约相当于达拉斯城用水量（3.08亿立方米，人口130万）的约9%。2010年水平井压裂耗水量为2900~20700立方米/井，平均约10600立方米/井，水平井的平均用水强度为12.5立方米/米射孔段，而垂直井用水量为4500立方米/井。到2011年中期，TX-Haynesville页岩气田已有1820口井，用水总量36百万立方米，每口井用水在2700~28100立方米，平均为每口井21500立方米，耗水强度为14立方米/米射孔段，更详细统计结果如附表3-1所示。

附表3-1 美国得克萨斯州页岩气主产区耗水量统计

地层	Area（平方千米）	Use（百万立方米）	Wells（口）	WUW（立方米）	WUI（立方米/米）	Proj（百万立方米）
Barnett	48000	145	14900	10600	12.5	1050
TX-Haynesville	19000	6.5	390	21500	14.0	525
Eagle Ford	53000	18	1040	16100	9.5	1870
Other Shales						889
Tight Formations						895

注：Area：total area；Use：cumulative water use to 6/2011；Wells：number of wells to 6/2011；WUW：median water use per horizontal well during the 2009？6/2011 period；WUI：median water-use intensity for horizontal wells during the 2009？6/2011 period；Proj：projected additional total net water use by 2060. “Other Shales” are mostly located in West Texas，whereas tight formations occur across the state.

由于地层渗透率、结构组成等不同，页岩气开发水平井压裂使用的水量也有较大差异。一般认为天然裂缝网络和地层渗透率高的区域，其水耗低些。如在 Woodford 页岩区，平均耗水强度为 15774 立方米（15.73 立方米/米射孔段），Marcellus 页岩区，平均水量为 12500 立方米，Barnett 页岩区为 10600 立方米，Eagle Ford 页岩区为 16100 立方米，而 TX – Haynesville 页岩区单井水耗为 21500 立方米。可见，页岩地层水平井水力压裂单井耗水量为 10000 ~ 20000 立方米。相对耗水量较低的是 Hartshorne、Misener – Hunton – Viola 和 Arbuckle 等地，它们主要以渗透率较高的煤—砂岩地层、砂岩—碳酸盐地层和碳酸盐地层为主，其中 Arbuckle 地区的平均水耗最低，仅 0.12 立方米/米射孔段。

美国俄克拉荷马州在 2011 年水平井水力压裂耗水量达到最大，为 1200 万立方米，而直井在 2008 年耗水量最大，为 110 万立方米。2000—2011 年，水平井压裂水耗量逐年增加，如附图 3 – 1 所示。

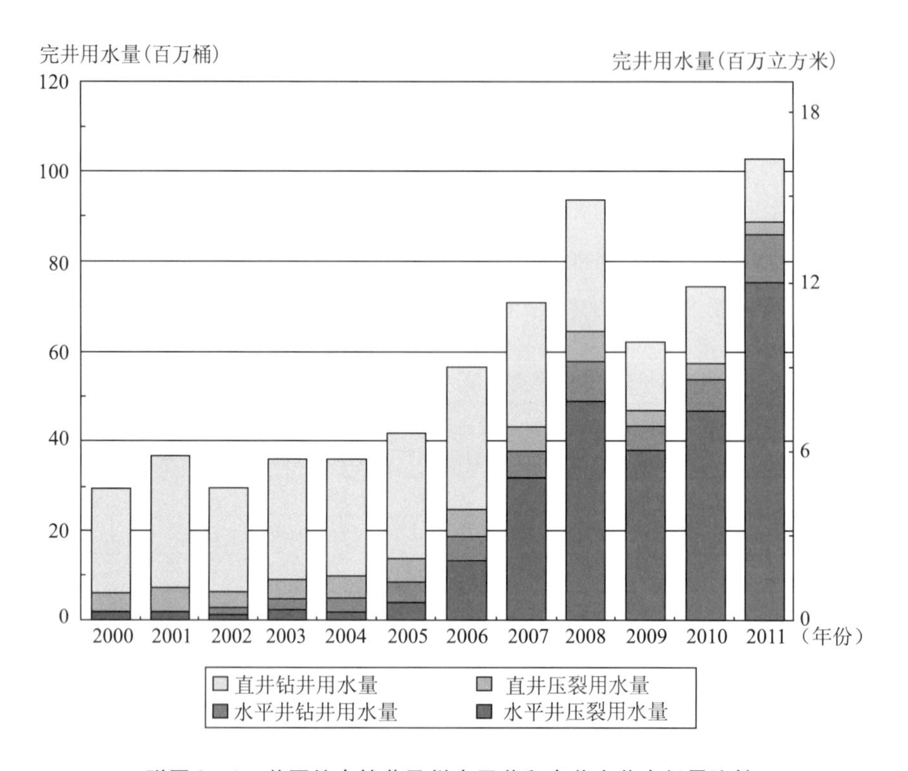

附图 3 – 1　美国俄克拉荷马州水平井和直井完井水耗量比较

另一个有意思的数据是，在俄克拉荷马州，2000 年和 2005 年油气开发水力压裂分别耗水 470 万立方米和 670 万立方米，分别占当年该州淡水用量的 0.19% 和 0.31%，其淡水耗量在该州还是相对较小的。

在得克萨斯州，页岩气开发用水水源并没有被很好地记录。据估计，得克萨斯州的 Barnett 地区，水力压裂用水水源约 60% 来自地下水，但其用水水源也随时间和地点变化，在得克萨斯州东部，丰富的地表水被用于压裂用水，但在地表水不丰富的地区（如 Eagle Ford），则主要采用地下水或浅层地下水。

页岩气开发压裂液回收利用比例目前还很少，在 Barnett 页岩气田，回用比例估计为 5% ~10%，而在 Tx – Haynesville 气田，还没有开始回收使用压裂液。

一般认为，页岩气水力压裂将消耗较大的水资源，但美国得克萨斯州的统计结果表明，相比于农业灌溉（占总用水量的 56%）和城市用水（占总用水量的 26%），页岩气开发耗水量还是少的（占比小于 1%）。但由于水力压裂液可能对环境造成影响，在一些缺水地区的应用也受到限制，因此，近年来也在研发一些新的压裂技术，替代或减少对水的依赖。新的压裂液流体包括液化石油气（丙烷）、氮气、二氧化碳，无流体的声波压裂和其他采用特殊钻井工具的无水方法等。目前，这些方法较水力压裂的成本高，但随着用水成本的增加、新方法的完善，新的压裂方法将变得更有吸引力。

（二）页岩压裂技术进展

自 1947 年美国采用第一次水力压裂以来，经过了半个多世纪的发展，压裂技术从理论研究到现场实践都取得了迅猛的发展。随着页岩气、致密砂岩气等非常规油气的开发，压裂井数不断上升，压裂工艺不断创新，油气产能不断增加。

20 世纪 70 年代，美国东部泥盆纪页岩气开发中曾采用裸眼完井、硝化甘油爆炸增产技术来提高采收率；20 世纪 80 年代使用高能气体压裂以及氮气泡沫压裂，使得页岩气产量提高了 3 ~4 倍。进入 21 世纪后，随着新压裂技术的运用和推广，页岩气单井产量增长显著，极大地促进了页岩气的快速发展。

压裂技术的不断革新主要表现在以下方面：①压裂液：由最初的原油和清水发展到目前低、中、高温系列齐全的优质低伤害且有延迟交联作用的胍胶有机硼“双变”压裂液体系和清洁压裂液体系；②支撑剂：从最初的天然石英砂发展到目前中、高强度的人造陶粒，加砂方式从人工加砂发展到混砂车连续加砂；③压裂设备：从原先的小功率水泥车发展到现在的3000型、3500型压裂车；④压裂施工：从小规模、低砂液比压裂发展到现在的超大型、高砂液比作业，且从单井作业施工发展到多个水平井组同时压裂作业；⑤压裂技术：从单项技术发展到整体压裂作业优化集成。

目前国内外页岩气开发使用的压裂技术和特点如附表3－2所示。

附表3－2 国内外页岩气压裂技术特点

压裂技术	技术特点	成熟度	压裂成本	环境相对影响程度
氮气泡沫压裂	只有固体支撑剂和少量压裂液进入地层，减轻压裂液对地层的伤害	成熟	中	低
清水压裂	成本低廉，改造规模较大；所需压裂设备和作业规模均较大，需数万吨清水和支撑剂混配，更需专门的混配设施，原料储运依赖数量庞大的作业车队，输运规模巨大	成熟	低	中
同步压裂	增加压裂缝网络的密度及表面积	成熟	高	中
重复压裂	重建储层到井眼的线性流，恢复或增加生产产能	成熟	中	低
水平井分段压裂	有效产生裂缝网络，增产效果显著	成熟	高	中
混合压裂	可以泵入更大粒度的支撑剂，增加裂缝宽度，降低储层伤害	应用研究	高	中
纤维压裂	采用新型纤维基压裂液作为页岩气压裂主剂，提高携砂能力，增强支撑剂嵌入	新技术	高	高
通道压裂	更高的导流能力，不受支撑剂渗透性的影响，油气不通过充填层，经由高导流通道进入井筒	新技术	高	中
二氧化碳压裂	解决了低压气层压裂液返排难、气层伤害严重的问题	成熟	中	低
液化石油气压裂	悬砂、携砂能力强，有效提高渗流能力，降低了压裂液的返排污染	应用研究	高	低

1. 氮气泡沫压裂技术

泡沫压裂施工始于1968年1月，自20世纪70年代开始，泡沫压裂以迅猛的势头在美国和加拿大得到广泛运用。作为一种新型的压裂方式，泡沫压裂特别适合于低压、低渗透水敏地层。与常规水力压裂相比，它具有如下优点：①氮气泡沫压裂液和常规水基压裂液相比只有固体支撑剂和少量压裂液进入地层；②氮气泡沫压裂液可在裂缝壁面形成阻挡层，从而大大降低压裂液向地层内滤失的速度，减少滤失量，减轻压裂液对地层的伤害；③返排效果好。

2. 清水压裂技术

清水压裂是利用含有减阻剂、黏土稳定剂和必要的表面活性剂的水为压裂液，替代通常使用的凝胶压裂液，可以在不减产的前提下节约30%的成本，以这种压裂液作为前置液来提供支撑剂输送。目前已成为美国页岩气井最主要的增产措施。

清水压裂技术提高岩石渗透率的依据：①天然的缝面不吻合和产生粗糙缝面剪切应力使缝面偏移，同时在裂缝扩展时，水力裂缝将开启早已存在的天然裂缝，提高岩层的渗透率；②水压裂采用的压裂液主要为清水，是一种清洁压裂技术，这也是提高岩层渗透率的重要因素之一。

清水压裂是目前应用最广的压裂技术（重复压裂和同步压裂也多以清水基液为主），但由于世界各地基础条件和储层特性的差异，并非所有页岩气藏都适合应用这一技术。压裂技术的选择要结合页岩的地质属性、矿物组成、微观结构、敏感性、脆性、技术条件、开发条件等多种因素综合考虑。北美在作业过程中总结了一套选择压裂技术的方法，主要根据地层特点选择压裂液类型、排量和加砂量等。这套遴选方法在北美页岩气开发中起到了较好的指导作用，但由于未考虑水资源供应能力、对周围环境的扰动效应等条件，也带来了一定的矛盾和问题。清水压裂成本低廉，改造规模较大，但也有自身技术局限，需要考虑以下问题：

（1）水资源供应能力

水基压裂（清水压裂、重复压裂、同步压裂）水资源用量巨大。生产数据显示，北美75%以上页岩气高产井均压裂10级以上，重复压裂1~2次，需压开井周60米以外储层。据美国国家环境保护局（EPA）统计，2010年单口页岩气井平均用水量在0.76万~2.39万立方米（取决于井深、水平段长度、压裂规模），其中20%~85%压裂后滞留于井下。美国水资源相对丰富，大致可以满足开发需求。但中国水资源匮乏，很难满足大量清水需求。

（2）储层特性限制

清水的携砂性能较差，长水平段和裂缝中支撑剂易沉降，铺砂效率低，有效缝长较难达标。与美国相比，中国页岩气储层石英含量低，碳酸盐岩和黏土含量高，支撑剂嵌入后蠕变明显，且裂缝容易重新闭合，改造后长期导流能力不足。

（3）大型设备和作业规模约束

清水压裂所需压裂设备和作业规模均较大，数万吨清水和支撑剂混配更需专门的混配设施，原料储运依赖数量庞大的作业车队，输运规模巨大。中国页岩气的勘探开发以川、渝、滇、黔、鄂、皖、赣、苏、陕、豫、辽、新为重点，这些区域进行水平钻井和大型压裂除面临上述问题外，还受到地质构造、地形、地貌、储层埋深等多种因素的限制，这些约束条件将在可预见的未来制约中国页岩气的大规模勘查和开发。

3. 同步压裂技术

这项技术是近几年在美国沃斯堡盆地Barnett页岩气开发中成功应用的最新压裂技术。同时对配对井（Offset Wells）进行压裂，即同时对两口（或两口以上）的井进行压裂。在同步压裂中，采用使压力液及支撑剂在高压下从一口井向另一口井运移距离最短的方法，来增加压裂缝网络的密度及表面积，该技术可以快速提高页岩气井的产量。同步压裂最初是两口互相接近且深度大致相同水平井间的同时压裂，目前已发展成三口井同时压裂，甚至四口井同时压裂，采用该技术的页岩气井短期内增产非常明显。

4. 重复压裂技术

当页岩气井初始压裂处理已经无效或现有的支撑剂因时间关系损坏或

质量下降，导致气体产量大幅下降时，重复压裂能重建储层到井眼的线性流，恢复或增加生产产能，可使估计最终采收率提高8% ~10%，可采储量增加60%，是一种低成本增产方法。该方法有效地改善了单井产量与生产动态特性，在页岩气井生产中起着积极作用，压裂后产量接近甚至超过初次压裂时期。直井中的重复压裂可以在原生产层再次射孔，注入的压裂液体积至少比其最初的水力压裂多出25%，可使采收率增加30% ~80%。

美国天然气研究所（GRI）研究证实，重复压裂能够以0.0035美元/立方米的成本增加储量，远低于收购天然气储量0.019美元/立方米或发现和开发天然气储量0.026美元/立方米的平均成本。

5. 水平井分段压裂技术

在水平井段采用分段压裂，能有效产生裂缝网络（如附图3－2所示），尽可能提高最终采收率，同时节约成本。最初水平井的压裂阶段一般采用单段或2段，目前已增至7段甚至更多。水平井水力多段压裂技术的广泛运用，使原本低产或无气流的页岩气井获得工业价值成为可能，极大地延伸了页岩气在横向与纵向的开采范围，是目前美国页岩气快速发展最关键的技术。

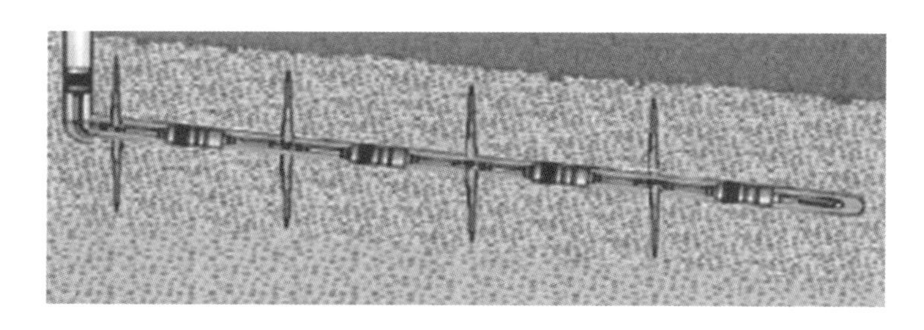

附图3－2 水平井分段压裂示意图

美国新田公司位于阿科马盆地Woodford页岩气聚集带的Tipton－1H－23井经过7段水力压裂措施改造后，增产效果显著，页岩气产量高达14.16万立方米/天。

6. 混合压裂技术（Hybrid Fracturing）

清水压裂虽造缝能力强、经济成本低，但页岩储层中的强滤失使压开裂缝易于闭合，需通过高排量弥补压裂液滤失量，因此对泵注要求和水资源的需求较高。由于清水压裂携砂能力差，裂缝宽度难以保持，近井筒地带易砂堵，采用小粒径支撑剂降低沉降速度则易使裂缝在高地层压力下重新闭合，影响了清水压裂的增产改造效果。混合压裂的出现显著改善了清水压裂滤失高、黏度低和携砂能力差的缺陷，其可以泵入更大粒度的支撑剂，增加裂缝宽度，降低储层伤害。混合压裂技术的施工流程是先泵入滑溜水，利用清水的强造缝能力产生长裂缝，再泵入交联凝胶前置液，最后利用凝胶和一定粒径支撑剂的混合液在先前形成的长裂缝中发生黏滞指进，减缓支撑剂沉降，确保裂缝导流能力。混合压裂的技术特点是能够获得比普通清水压裂更长的有效裂缝，具有更好的携砂能力和较低的滤失。在储层伤害方面，混合压裂技术介于清水压裂和凝胶压裂之间，伤害程度明显小于交联凝胶压裂，且可节约部分用水量。该技术在 Barnett 页岩黏土含量较高的地区应用，显示单井产量可提高 27.7%。阿纳达科石油公司在美国 Haynesville 页岩气开发中采用压裂诊断技术来对比混合压裂和清水压裂的应用效果。结果显示，小规模清水压裂的平均有效裂缝半长为 25 米，混合压裂后有效裂缝半长为 75 米。因此，采用混合压裂可显著增长裂缝，提高裂缝影响范围。贝克休斯公司在俄克拉荷马州 Anadarko 盆地 Atoka 地层同时采用清水压裂和混合压裂进行施工，结果显示在 18 次清水压裂中，7 次成功，2 次砂堵中断，9 次脱砂。而 14 次混合压裂中，12 次成功，2 次发生洗井时脱砂，仅 5.37 立方米压裂液未成功泵入。对 Atoka 层段完井的 A、B 两井试验性作业结果进行分析，储层厚度都在 13 米左右，A 井清水压裂，B 井混合压裂（见附表 3－3）。对比结果显示，A 井比 B 井多用 35.9% 的压裂液，泵入速率高 26.8%，支撑剂泵入量却少 47.6%。费用方面，A 井需更高功率的泵入设备和更多清水资源，B 井则需略多支撑剂费用。从长期生产效果看，B 井创造的产能显著高于 A 井，经济效益更好。

附表 3－3 Atoka 地层清水压裂和混合压裂设计对比

井号	A 井	B 井
压裂技术	清水压裂	清水＋凝胶混合压裂

续表

井号	A井	B井
排量（立方米/分）	8.27	6.52
压裂液用量（立方米）	516.05	379.78
支撑剂类型	20/40目氧化铝	20/40目轻质陶粒
支撑剂用量（吨）	30.30	57.84
平均施工压力（百万帕斯卡）	58.49	56.20
泵入功率（千瓦）	7952.22	6024.47

7. 纤维压裂技术（Fiber FRAC Fracturing）

清水压裂技术普遍存在水力裂缝中支撑剂充填不到位、渗透率不达标的问题。究其原因，一是水力裂缝宽度不够，支撑剂嵌入困难；二是压裂液携砂能力不足，支撑剂自混合液中快速沉淀、聚集在井周裂缝底部。为克服上述难题，延长支撑剂悬浮时间，斯伦贝谢等公司采用新型纤维基压裂液（Fiber FRAC）作为页岩气压裂主剂，有效地改善了上述问题（如附图3－3所示）。

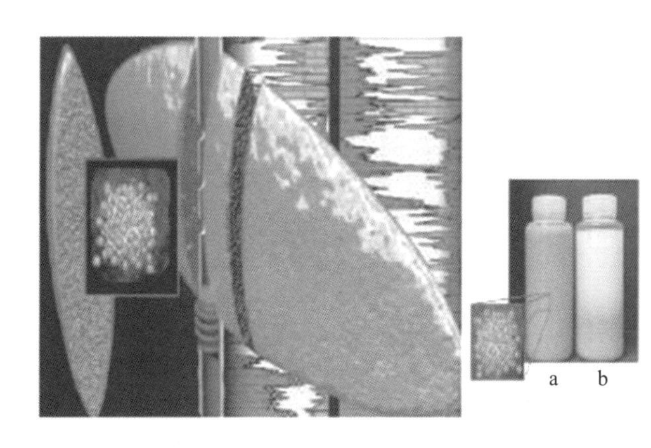

附图3－3　纤维支撑剂充填层及悬砂效果

注：右图a为纤维压裂液，右图b为常规滑溜水。

纤维压裂技术的工艺原理是在压裂液中加入纤维（或光纤）类物质使石英砂等支撑剂在压裂过程中保持悬浮态，裂缝闭合时能改善支撑效果，有些纤维结构可在压裂结束后自动溶解，从而进一步提高改造缝的导流能力。纤维压裂技术的优点是：①良好的悬砂性能，提高支撑剂运至裂缝尖端的比例，改善裂缝导流能力；②避免支撑剂过早沉降，改善裂缝闭合时支撑剂半充填造成的效率低下问题；③设备需求简单，成本优势显著。不足之处在于纤维聚合物较清水压裂对储层伤害率略高，压裂质量控制方面有待完善。

可降解纤维压裂技术适合在低弹性模量、弱脆性、浅埋藏页岩储层中使用，配合滑溜水基液和轻质支撑剂效果更好。纤维压裂在北美致密气藏开采中表现优异。墨西哥国家石油公司在开发 Burgos 盆地 Wilcox4 致密砂岩气时对比了常规清水压裂和纤维压裂的生产效果。选用 2 口邻近井配对，A 井用常规清水压裂，压裂液密度为 3.6 克/立方厘米，泵入支撑剂（陶粒）113 吨；B 井用纤维压裂，以 5.57 立方米/分速度泵入支撑剂（陶粒）93 吨。两井均返排 1 周，B 井产气能力是 A 井的 7 倍以上（如附图 3 -4 所示）。该技术在美国 Barnett 页岩气开发过程中也多有应用，并表现出极大的改造优势。与传统清水压裂相比，纤维压裂的有效裂缝体积更大，改

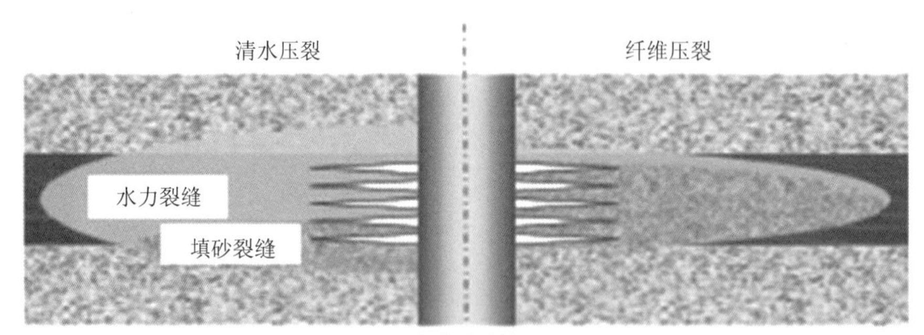

直井改造效果

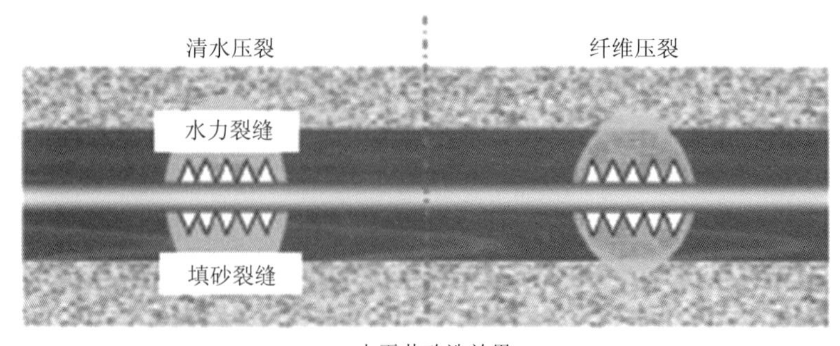

水平井改造效果

附图 3 -4　清水压裂和纤维压裂铺砂效果对比

造效果更明显，投产后日产量明显高于传统方法。Barnett 地区 2 口对比井分析结果显示（如附图 3－5 所示），纤维压裂井产能是清水压裂井的 2 倍左右，120 天产气量提升 80 万立方米。

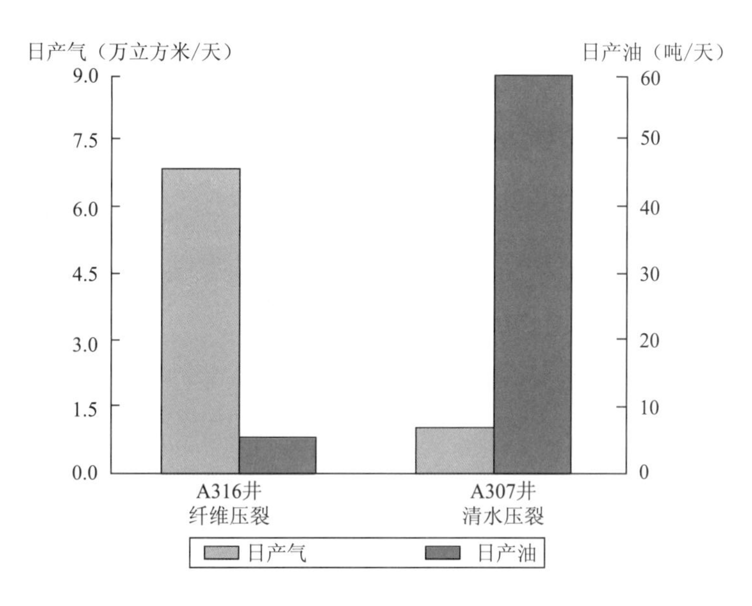

附图 3－5　纤维压裂与清水压裂生产对比

8. 通道压裂技术（HiWAY Channel Fracturing）

页岩气储层黏土矿物以蒙脱石、伊利石为主，水化作用下强度易降低，支撑剂嵌入水力裂缝后常为点接触，塑性形变易导致裂缝闭合。清水压裂技术多通过提高支撑剂磨圆度、强度，减少支撑剂破碎与凝胶吸附等提高裂缝导流能力，但无法避免支撑剂堆积和脱出造成的导流能力降低。通道压裂技术主要由斯伦贝谢公司设计研发并于 2010 年推出。该技术整合了完井、填砂、导流和质量控制技术，在水力裂缝中聚集支撑剂创造无限导流能力的通道，形成复杂而稳定的油气渗流，使油气产量和采收率最大化。通道压裂技术创造出来的裂缝有更高的导流能力，不受支撑剂渗透性的影响，油气不通过充填层，经由高导流通道进入井筒，这些通道从井筒一直延伸到裂缝尖端，增加了裂缝的有效长度，从根本上改变了裂缝导流能力。通道压裂技术施工时，通过专业混配设备和操控系统将支撑剂以较高速率脉冲式泵入井下，泵送完成后支撑剂收缩成柱，保持裂缝开启，高速渗流通道围绕支撑剂单元贯通连接（如附图 3 –6 所示）。压裂液中除混入支撑剂还将掺入特制纤维材料，用以防止泵注时支撑剂分散，提高携砂、悬砂能力。通道压裂与清水压裂技术相比最大的革新在于支撑剂起到阻止裂缝闭合，而非疏导中介的作用，避免了支撑剂粉碎、压扁、流体伤害和非达西渗流对裂缝导流的影响。

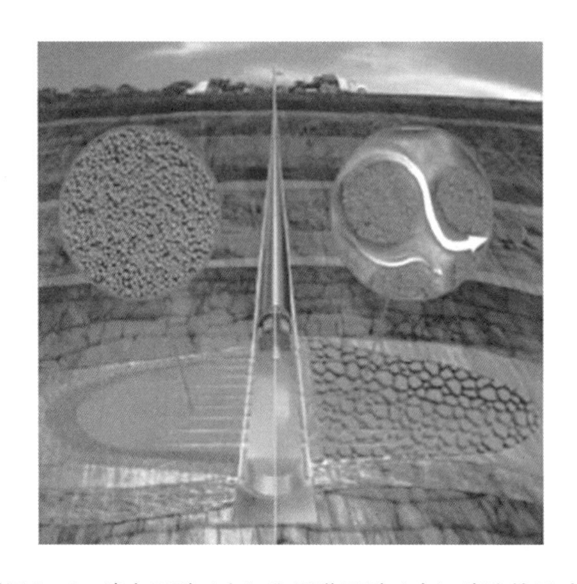

附图 3 –6 清水压裂（左）和通道压裂（右）渗流效果对比

该技术主要优点：① 可显著提高最终采收率，降低人工举升成本；②优化支撑剂嵌入位置，降低采油气过程中的生产阻力；③ 减少清水（50% 以上）和支撑剂（30% 以上）用量；④ 减少裂缝壁面伤害；⑤ 应用范围较广，可适应直井、水平井的单级或多级压裂需求，储层温度 38℃ ~ 163℃均可应用。目前，斯伦贝谢公司已将通道压裂技术用于 10 多个国家的近 3000 段压裂作业中，向超过 30 个公司提供该服务。阿根廷国家石油（YPF）公司将此技术用在晚侏罗系 Eolian 储层二次改造上，结果显示通道压裂显著减少了返排时间，增加了水力裂缝有效半长，提高了压裂液回收比率，大幅度增加了油气产量。对比分析发现，与清水压裂技术相比（初期日产气为 15. 3 万立方米），通道压裂技术改造后初期日产气

（23.2 万立方米）提高了53%。按照已有的2a生产数据计算，通道压裂技术处理后，单井采收率在10a间可提高15%以上，平均单井产气量达2800万立方米。此外，为改善水平井多级压裂效果，提高最终采收率，Petrohawk公司在Eagle Ford页岩气开发时也应用了通道压裂技术，结果显示改造效果显著增强，页岩气渗流通道稳定、高效，与配对井（清水压裂）对比，初期日产气提高37%，最终采收率提高25%～90%。斯伦贝谢公司承接的所有Eagle Ford页岩气开发业务均转为通道压裂技术进行开发。

9. 二氧化碳压裂技术（CO_2 Fracturing）

CO_2 压裂技术在北美试验和应用较多，可大幅降低清水用量，降低储层伤害，也被称为“干式压裂技术”。通常按照 CO_2 和水基配比分为 CO_2 泡沫压裂和纯 CO_2 压裂两种，前者泡沫质量比为30%～85%，一般高于60%；后者采用100%液态 CO_2 作为压裂液，受压裂规模和井深限制，作业时需专业密闭混配车，不适合中等以上规模压裂。CO_2 泡沫压裂的关键技术包括起泡、酸性交联和提高砂液比三方面。压裂前需针对储层埋深、地温梯度、裂缝温度场和地层压力的动态变化，分析 CO_2 起泡时间和深度范围，保证正常起泡。液化 CO_2 呈弱酸性，只适合选用酸性羟丙基瓜尔胶类作增黏剂，酸性条件下的有效交联是 CO_2 泡沫压裂设计、施工的核心。国外研究发现，采用恒定内相技术可提高砂液比，保证压裂液黏度。作业时，先将加压泵、管线、阀门、接头等组成的压裂系统用低温气态 CO_2 冷却至相态变化，防止管材热损（以系统表面凝霜为标志），然后开始泵入预先汽化、混配好的 CO_2，井下起泡，也可直接注入汽化好的 CO_2 泡沫（如附图3－7所示）。

CO_2 泡沫压裂的优点是清水用量少，抗滤失和携砂能力强，泡沫黏度高，储层伤害和返排问题少。但由于水基压裂液用量少，难以实现高砂比，施工压力对设备有较高要求。20世纪80年代，美国和加拿大开始进行 CO_2 泡沫压裂的实验研究。1986年德国费思道尔夫气藏采用 CO_2 压裂增产近12倍，取得了巨大成功。美国在Wasatch、Cotton Valley致密砂岩气储层先后试用该技术，增产效果优于常规水基压裂。2000年美国压裂公司在俄亥俄州页岩气开发过程中进行了试验和应用，2002 年伯灵顿公司在 Lewis Shale 进行页岩气藏 CO_2 泡沫压裂成功并取得重大突破。

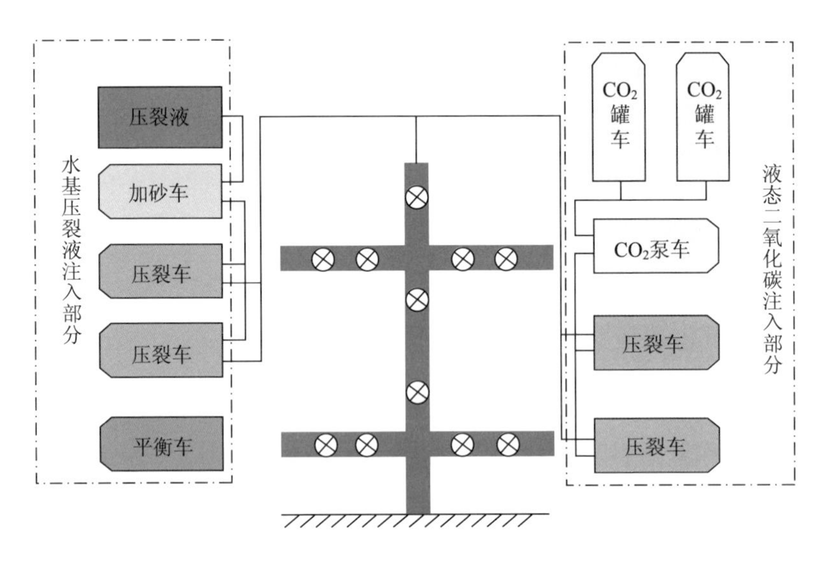

附图 3-7　CO_2 压裂施工地面流程图

中国 CO_2 压裂技术始于 20 世纪 90 年代，吉林、大庆、苏里格气田均有试验性应用。2000 年后长庆油田在油井上进行了 CO_2 泡沫先导性压裂试验，试验井超过 20 口，取得了较好的改造效果，现场统计结果显示压裂液返排大多高于 70%，效率大幅提升，CO_2 泡沫压裂技术解决了低压气层压裂液返排难、气层伤害严重的问题。其中，陕 28 井初测日产气 2 万立方米，压后试气日产气 22 万立方米，产量提高 11 倍。中国已初步掌握应用此项技术的关键技术。

10. 液化石油气压裂技术（LPG Fracturing）

液化石油气压裂技术也称无水压裂或丙烷/丁烷压裂，由加拿大 Gasfrac Energy Services 研发，获第一、第二届世界页岩气技术创新奖。该技术采用液化丙烷、丁烷或二者混合液进行储层压裂。液化石油气压裂相对清水压裂的突破在于使用液态烃类（丙烷和丁烷等）而非清水基液作为压裂介质，液态烃纯度常高于 90%，若压裂成功，液态烃低密、低黏和可溶的优势将非常突出，洗井迅速且近 100% 返排，可消除多相流问题，压后获得更长的裂缝，从而大幅提高产量（如附图 3 –8 所示）。

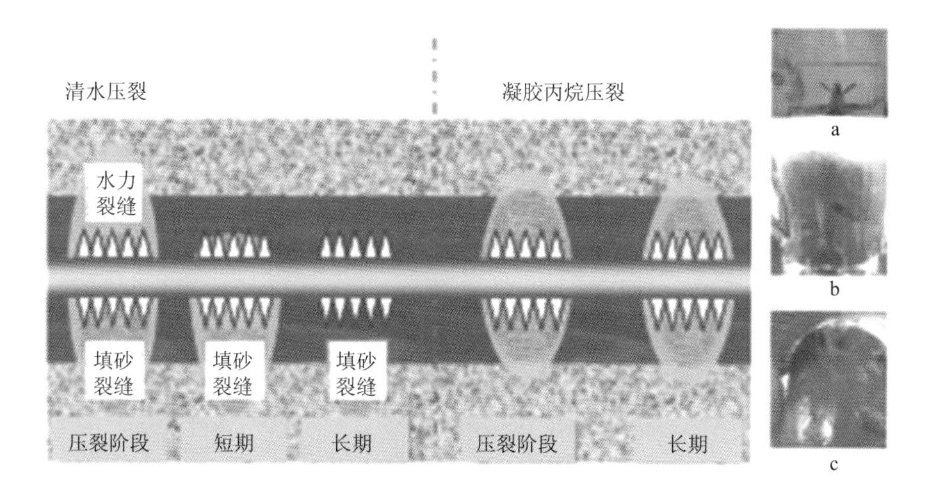

附图 3 –8　水基压裂液和液化石油气压裂铺砂效果对比

注：右图 a 为加入支撑剂前；右图 b 为搅拌 8 秒；右图 c 为搅拌 15 秒。

液化石油气压裂系统由气体凝胶系统、氮气密闭系统、混配系统（凝胶与支撑剂）、压裂注入系统、远程监控系统（风险控制）、气体回收系统组成。施工时全程封闭，先将气体液化，加入支撑剂完成混配后以远程红外监控压裂（如附图 3 –9 所示）。

附图 3 –9　液化石油气压裂系统作业流程

液化石油气压裂可提高单井油气产量和最终采收率（20%以上），降低储层伤害，压裂过程不需要清水，降低了压裂液的返排污染（丙烷等可回收，如附图3－10所示），减少对环境的扰动。此外，优异的悬砂、携砂性能保证铺砂效率和长期支撑、渗流能力。然而，值得注意的是，液化石油气压裂的短期成本是常规清水压裂的2倍，烃类回收后变为120%，投入较大；液化石油气属高危气体，可燃性强，安全防爆问题非常关键，需进行严格监测。

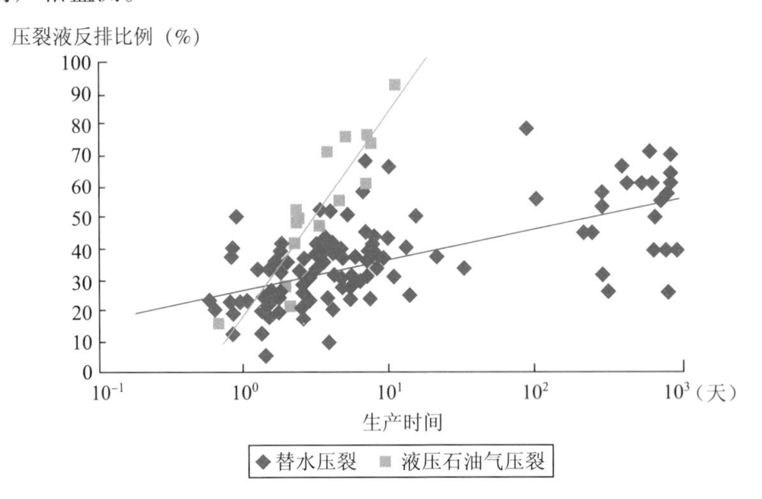

附图3－10　压裂返排效果对比

目前，掌握丙烷压裂技术的公司主要是加拿大Gasfrac Energy Services。该公司拥有10组作业队，在加拿大Cardium、Mannville、Viking地层和美国Niobrara、Eagle Ford、Permian、Marcellus页岩地层中均取得了成功，气井投产后经济效果显著。2012年GeoScout Industry Database公布了该公司液化石油气压裂与清水压裂效果的对比结果，结果显示丙烷压裂初产产量提高50%～80%，累计产能提高103%以上。

自2008年1月开始，该技术已服务于Apache、Royal Dutch Shell、Chevron、Husky Energy、DevonCorporation、Murphy Oil和Pennwest Energy等50多家国际油气公司。截至2012年3月，液化石油气压裂技术共作业400井次，压裂1200级，泵入丙烷16.1万立方米、支撑剂3.1万吨。最多压裂10级（水平段为1200米），泵入450吨丙烷，最高处理压力为9000

万帕斯卡，最高泵速为8立方米/分，适用于45类油气藏，最深井垂深达4000米，适应地层温度为15℃～149℃。

（三）新型压裂技术的适应性分析

页岩气压裂技术的发展是逐渐革新的过程，从最初的凝胶、N_2压裂到广泛应用的清水压裂，每次创新都给页岩气开发带来了革命性突破。

压裂技术的优选是一项系统性工程，不同的压裂技术适应性不同，高效开发页岩气常需要多种压裂技术的综合应用。

中国页岩气产业的资源潜力与开发基础已大致具备。高效的勘探开发工作需要建立在对储层特性的理解上。通过借鉴国外经验，考虑实际技术条件和开发限制因素，研发适应中国国情的页岩气压裂开发技术是目前的重要任务。

现有压裂技术以清水压裂、重复压裂、同步压裂和水力喷射压裂为主。这些技术多以清水为压裂基液，混配添加剂和支撑剂，用水量巨大，混配设备和压裂设备需求量大。清水压裂在中国页岩气前期试探性开发阶段具有不可替代的作用，对于落实页岩气储量、验证资源可采性意义重大，需要集中力量，摸索规律。大规模应用阶段将有许多因素影响着开发技术的应用和推广，目前宜探索适合中国页岩气开发的新型压裂方法作为技术储备。

混合压裂技术能够显著改善清水压裂高滤失、低黏度和携砂能力差的状况，可以泵入更大粒度、更高强度的支撑剂，增加裂缝宽度，减缓支撑剂沉降，确保裂缝导流能力。采用混合压裂可节约1/5左右的清水用量，泵入设备和压裂条件更简单，针对中国页岩气开发的瓶颈，能较好满足实际需求，可作为页岩气开发技术研发目标进行攻关。

纤维压裂技术能够克服清水压裂时支撑剂嵌入困难、近井眼砂堵造成的低产问题，设备需求简单，边际效益显著，对于浅层、塑性易蠕变的页岩具有良好的适用性。纤维压裂能够高效提升页岩气单井产量，不需特别配置大型设备，对于中国南方寒武系、志留系老页岩储层，纤维压裂能够满足弱脆性、高黏土和低石英含量层段的改造需求，创造出满足生产所需的裂缝长度和宽度，提高增产效果。

通道压裂技术从根本上改变了裂缝导流能力，是常规清水压裂的重要革新，能够有效防止裂缝闭合，大幅提升流体渗流能力。该技术可显著提高最终采收率，降低人工举升成本，与清水压裂相比平均节约 1/2 的清水和 1/3 的支撑剂，适用于不同地层和多种井型需求。纤维压裂具有成熟的应用案例，可大量节约清水用量和降低设备需求，满足中国页岩气开发的实情，在研发和应用方面值得科研和生产部门大力攻关与探索。

CO_2 泡沫压裂和液化石油气压裂技术均可大幅降低（或不需）清水用量，压裂液抗滤失性能好，储层伤害小，携砂能力强，后期生产时返排回收容易，但均需特殊配置的压裂设备。CO_2 泡沫压裂在中国致密砂岩气的试验性应用效果良好，在页岩储层中的应用有待研究。

液化石油气压裂技术在北美页岩气开发中已有大量尝试，在中国尚无应用先例，其显著的节水、环保性，在提高产量、减少压后问题方面表现出的优异特性，具有极大的吸引力，技术引进与自主研发均具有重要的战略意义。

（四）小结

第一，中国的页岩气资源开发受到特殊的地质和作业条件限制，在学习国外先进压裂技术的同时要立足实际，探索适宜的新型压裂技术。

第二，新型压裂技术能够解决中国水资源匮乏、大型压裂设备运输困难、压裂液处理技术烦琐等问题，施工时能减少清水压裂铺砂不到位、强滤失、易脱砂等技术问题，并能显著提高页岩气产量。

第三，混合压裂技术结合清水强造缝和凝胶高携砂能力能形成高导流长裂缝；纤维压裂技术是解决清水加砂压裂时支撑剂回流、破碎和堆积造成压裂效果不理想的有效手段，对厚度大，闭合压力高，出砂严重的低—特低渗储层有良好的应用效果；通道压裂技术可从根本上改变裂缝导流能力，降低作业成本，在优化支撑剂分布、降低生产阻力的同时，减少清水和支撑剂用量，适用面广；CO_2 泡沫压裂和液化石油气压裂可直接减少清水用量，降低返排阻力和储层伤害，减少返排液污染问题，从而成倍提高页岩气产量。

第四，随着中国页岩气可采储量的进一步落实，大规模商业开发工作将很快展开，许多技术难题会陆续出现，在解决已有技术问题，提高页岩气产量方面，新型压裂开发技术具有极大优势，但由于研发时间较短，尚需更多试验和应用验证，宜结合实际国情，走适合中国页岩气开发的自主道路。